幸福城市之研究

王淑梅 王光宇 何序哲 张 琼 著

U0306073

清华大学出版社
北京

内 容 简 介

本书在系统梳理东西方幸福理论、厘清城市发展内在逻辑的基础上，结合沈阳市发展的历史和幸福城市建设的实践，针对如何让"城市更美好，生活更幸福"的问题，从理论和实践两方面做出具有实际意义的探讨。在理论方面：首先，在分析城市的历史和本质的基础上，结合各种理想城市的设计，提出幸福是城市自身发展所追求的最终目标；其次，针对城市化发展的内在逻辑，在比较发达国家和发展中国家城市化进程的基础上，总结了中国城市化进程的特点。在实践方面：首先，针对城市化进程中出现的各种"城市病"，结合国内外生态城市和智慧城市的建设经验，提出如何让沈阳"城市更美好"的对策建议；其次，重点结合对沈阳市民幸福感的实证分析，提出了如何让沈阳市民"生活更幸福"的指导思想、基本原则、工程体系和保障措施。

本书的读者主要为关注幸福理论、幸福城市建设问题的高校研究者和政府决策者，以及对这些问题有兴趣的其他研究者。

本书封面贴有清华大学出版社防伪标签，无标签者不得销售。

版权所有，侵权必究。侵权举报电话：010-62782989 13701121933

图书在版编目 (CIP) 数据

幸福城市之研究 / 王淑梅 等著. —北京：清华大学出版社，2019
ISBN 978-7-302-52253-9

Ⅰ. ①幸… Ⅱ. ①王… Ⅲ. ①城市建设—研究 Ⅳ. ① TU984

中国版本图书馆 CIP 数据核字（2019）第 017079 号

责任编辑：施 猛
封面设计：常雪影
版式设计：红点印象
责任校对：牛艳敏
责任印制：李红英

出版发行：清华大学出版社
　　　网　　址：http://www.tup.com.cn，http://www.wqbook.com
　　　地　　址：北京清华大学学研大厦 A 座　　　　　邮　编：100084
　　　社 总 机：010-62770175　　　　　　　　　　邮　购：010-62786544
　　　投稿与读者服务：010-62776969，c-service@tup.tsinghua.edu.cn
　　　质 量 反 馈：010-62772015，zhiliang@tup.tsinghua.edu.cn
印 装 者：北京密云胶印厂
经　　销：全国新华书店
开　　本：185mm×260mm　　　印　张：18　　　　字　数：321 千字
版　　次：2019 年 5 月第 1 版　　　印　次：2019 年 5 月第 1 次印刷
定　　价：68.00 元

产品编号：078439-01

序言 *Preface*

　　幸福是人类的永恒追求。古今中外的哲人智者对幸福做出了自己的思考，成为今天我们研究幸福的重要资源。柏拉图在《会饮篇》中说过："追问一个人为什么向往幸福是毫无必要的，因为向往幸福是最终的答案。"恩格斯在 1874 年为共产主义者同盟写的一个信条草案中也做出了如下判断："每一个人的意识或感觉中都存在着这样的原则，它们是颠扑不破的原则，是整个历史发展的结果，是无须加以证明的……例如，每个人都追求幸福。"在西方思想发展史上，对幸福的追问涉及人性、家庭、社会、国家、道德、伦理等各个层面，产生快乐主义、理性主义、古典功利主义以及马克思主义等多种幸福理论。而在中国的传统文化中，对"福"与"乐"的思考，不仅成为儒家、墨家、道家、法家理论中的核心问题，也是魏晋玄学、道教、佛教所涉及的内容。

　　19 世纪以来，人类对外部世界的认识和利用可谓突飞猛进，与此同时，人类自身的生存境遇却面临诸多挑战。何为幸福？有哪些因素会影响人类的幸福？如何追求幸福？诸如此类的追问，又一次成为人们关注和思考的焦点。城市的出现及其迅速发展，成为与幸福生活息息相关的客观现实，成为人类追求幸福过程中无法回避的存在，如何以城市为载体、让生活变得更美好，进而全面提升整个社会的幸福感受，已经成为这个时代必须面对的挑战。城市的发展有其内在的逻辑，各类"城市病"的产生和恶化已经成为城市发展的客观阻力，并且严重影响人们的幸福体验，成为人类在新时代追求幸福所必须面对的难题。如何恰当处理城市中人与交通、人与环境、人与资源、经济发展与资源承载的关系？怎样着力提升城市生活质量和水平？怎样在经济增长的同时让资源和环境可持续发展？怎样在经济发展的同时以城市为载体建构居民的幸福生活？凡此种种，已经成为考验人类智慧和创造力的重要课题。

沈阳大学幸福城市研究中心的研究者推出的这本专著，尝试在梳理幸福理论、厘清城市发展内在逻辑的基础上，结合沈阳市发展的历史和幸福城市建设的实践，针对如何让"城市更美好，生活更幸福"的问题，做出比较具有实际意义的探讨。沈阳大学幸福城市研究中心成立于 2015 年 9 月，是全国第一家幸福城市专业研究机构。该中心成立三年多来，很好地发挥了城乡居民生活质量状况评价、政府公共政策评估、创新城市管理服务等方面研究优势，在幸福城市、社会治理和智库服务等方面取得可喜的成绩。本书涉及的理论问题，实际上已经成为该中心在研究具体问题时的理论背景，而本书的每一个具有实际意义的对策和建议，都是该中心研究人员在理论联系实际的过程中碰撞出来的思想火花，相信会对相关领域的研究和实践探索提供重要的参考。

邢占军

2018.3.28

目录 *Contents*

第一章

人类的永恒追求
——
幸福

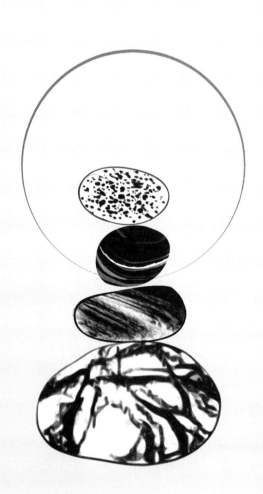

　　虽然中外的思想家对于"幸福是什么"这一问题有多种多样的回答，但他们都承认"幸福"应该是我们生活的目标，是人类的永恒追求。人总是追求幸福，这一判断在某种意义上带有公理的属性，对幸福的追求是人的宿命和天性。恩格斯在 1874 年为共产主义者同盟写的一个信条草案中就已有这样的判断："每一个人的意识或感觉中都存在着这样的原则，它们是颠扑不破的原则，是整个历史发展的结果，是无须加以证明的……例如，每个人都追求幸福。"①

　　人并非在痛苦和幸福中"选择"了幸福，而是在特定时空中对痛苦的选择，或是因为他把战胜痛苦视为到达幸福的途径，或是因为他把痛苦本身视为幸福。与"痛苦"相反的体验不是幸福，而是"快乐"。人可以在痛苦和快乐中进行选择，但其终极目标仍然是幸福。人不能不"选择"幸福。为了孩子的幸福而含辛茹苦的母亲，为了逃避现世痛苦而削发苦行的僧人，为了健康而节制饮食的胖汉……他们放弃的不是幸福，而是以往可以获得幸福的某种手段。他们和那些直奔主题地选择快乐的人一样，追求或选择幸福仍是其行为的真正本因。幸福是无法放弃的，对于幸福，人别无选择。人对幸福的追求诚如动物趋利避害的行为倾向一样，

———————————

① 马克思，恩格斯. 马克思恩格斯全集：第 42 卷 [M]. 北京：人民出版社，1979：377.

是一种先在的规定。

人们在生活中追求幸福，是和我们生命的本性相适应的。动物只是在生存，而人是在生活。人的生活与动物的生存相比较，最重要的区别就在于人的生活是有目的的。每一个活着的人类个体，都知道自己在做什么、这样做将有什么后果、对自己有什么价值和意义等，正如雨果所说："生活就是知道自己的价值、自己所能做到的与自己所应该做到的。"[①]而动物的生存则是无目的的，动物在其整个生存链条中或许自有其功能和作用，但这一点绝非为它们自己所知晓。作为有目的的人类个体，其生活首先具有客观性。生活虽然变动不居，但生活又是实在的和客观的，绝非思维的臆造。生活虽然有人的主观创造，但是人不能背离他的时代和时代中的历史背景，现实的人永恒地处于客观性的制约之中。这种客观性的终极表现就是每个人类个体，都是有限的，因此必然以死亡为其结局。但是，人类的生活就其作为类的总体属性而言，又是无限的，是永恒的。人的生活因个体的多样性而丰富，同时又因其类的统一性而单一。人的生活永恒地处于客观和主观、有限与无限、丰富与单一的矛盾对立之中，在这些矛盾对立之中保持一种必要的平衡和微妙的张力，才能成就个体的真实生活。

第一节 | 幸福是什么

幸福，往往被看作人生的目的和权利，在长久的历史发展中具有持续恒久而又变革常新的意义。亚里士多德曾说过，幸福是人类的终极目的。追求幸福是人类生活的永恒主题和社会发展的强大动力。但是，对于什么是幸福，不同的人有不同的认识。

一、三种具有代表性的幸福观

在人类历史上，有三种具有代表性的幸福观，那就是享乐主义的幸福观、禁欲主义的幸福观以及功利主义的幸福观。

---

① 雨果. 雨果论文学 [M]. 柳鸣九，译. 北京：人民文学出版社，1981：P169.

享乐主义的幸福观认为幸福就是快乐。西方享乐主义始祖伊壁鸠鲁说："我们的一切取舍都从快乐出发，我们的最终目的乃是得到快乐。"[1]17世纪到18世纪的唯物主义者爱尔维修说："快乐和痛苦永远是支配人行动的唯一原则。"[2]他认为趋乐避苦、趋利避害是人的本能。费尔巴哈也认为一切人甚至一切生物，其终极目的都是在追求快乐和幸福。他曾如此说："一个幼虫经历了长时间的寻觅和紧张的流浪以后，终于安息在它所期望的适宜于它的植物上，是什么驱使它采取行动，是什么促使它作这样的苦难的流浪？那就是对幸福的追求。"[3]他同时认为人的本性就是追求幸福与追求感官上的快乐欲望，于是大胆提出"我欲故我在"[4]。在古代中国，魏晋时代《列子·杨朱篇》中也有这样的观点，总结起来就是：人生有限，"十年亦死，百年亦死；仁圣亦死，凶愚亦死"；活着就应不失时机地享乐，"为美厚尔，为声色尔"；人生别无他求，"为欲尽一生之欢，穷当年之乐，惟患腹溢而不得恣口之饮，力惫而不得肆情于色"。康有为也曾大声疾呼："普天之下，有生之徒，皆以求乐免苦而已，无他道矣。""夫天生人必有情欲，圣人只有顺之而不绝之。"[5]严复则提出：人人都会本能地避苦趋乐，"凡属生人，莫不有欲"[6]。

禁欲主义的幸福观认为最高的幸福在于禁绝自己的欲望，获得精神上的富足。在享乐主义幸福观的引导下，人们曾极力想通过欲望的满足来实现对幸福的体验，却通常发现人类欲望的满足是无法穷尽的，根本不可能通过欲望的满足而最终达到幸福，于是认为：幸福在本质上只是一种主观上的感受，它与物欲的满足没有必然联系，因此要得到真正的幸福须抛开一切欲望而去追求一种精神上的满足。在西方，柏拉图说："每种快乐和痛苦都是一个把灵魂钉在身上的钉子。"埃皮克蒂塔认为："使人扰乱和惊骇的不是物，而是对物的意见和幻想。"[7]禁欲主义极其鄙视肉体欲望，视肉体为尘土和灰烬，肉体只不过是背负着灵魂的一头"驮载的驴子"。罗马帝国的统治者教化人们：肉体的物质欲望是卑贱的，它只是幸福的桎梏。中世纪神学提出，人的最高幸福在来世，认为尘世幸福绝不是人生的最终目的，更不是最幸福的，它只是达到来世幸福天堂的手段和阶梯。托马斯·阿奎那说："人们在尘世的幸福，

① 周辅成. 西方伦理学名著选辑：上卷 [M]. 北京：商务印书馆，1987：103.
② 北京大学西方哲学史教研室. 十八世纪法国哲学 [M]. 北京：商务印书馆，1979：497.
③ 费尔巴哈. 费尔巴哈哲学著作选集：上卷 [M]. 荣震华，李金山，等译. 北京：商务印书馆，1984：535-536.
④ 费尔巴哈. 费尔巴哈哲学著作选集：上卷 [M]. 荣震华，李金山，等译. 北京：商务印书馆，1984：591.
⑤ 康有为. 大同书 [M]. 上海：上海古籍出版社，1956：6.
⑥ 张锡勤，饶良伦，杨忠文. 中国近现代伦理思想史 [M]. 哈尔滨：黑龙江人民出版社，1984：91.
⑦ 恩特·卡西尔. 人论 [M]. 甘阳，译. 上海：上海译文出版社，2004：34.

就其目的而论，是导向我们有希望在天堂中享受幸福生活……"[①] "人在尘世生活之后还另有命运；这就是他在死后所等待的上帝的最后的快乐。"[②]在中国，先秦思想家主张安贫乐道，认为恬淡寡欲、节制自足就是幸福。老子曰："见素抱朴，少私寡欲。"孔子认为"生死有命，富贵在天"，对于某些东西都不必强求，在生活中"一箪食，一瓢饮"足矣。孟子主张"养心莫善于寡欲"。庄子也认为"人为物役""以人顺物""堕肢体，黜聪明，离形去知"。禅宗六祖慧能提出："菩提只向心觅，何苦向外求？"宋明理学中二程明确主张："人心私欲，故危殆；道心天理，故精微。灭私欲则天理明矣。"[③]朱熹强调："圣贤千言万语，只教人明天理，灭人欲。""革尽人欲，复尽天理。"[④]王阳明认为："学者学圣人，不过是去人欲而存天理耳。"[⑤]归其宗旨就是：只有"存理灭欲"，才是幸福之所在。

　　功利主义的幸福观认为幸福就是追求个体利益的最大化。他们认为"趋乐避苦"是人性的本质特征，为了实现人的这一本性，追求个人利益就成为人类一切行为的目的和归宿。西方在公元前5世纪就有关于功利主义的人生观。17世纪英国的霍布斯提出"趋利避害"是人的本性。荷兰斯宾诺沙认为"相害取小，有利取大"是个人行为的准则。法国爱尔维修认为，幸福和痛苦是支配人们行为的唯一原则，人的判断和行为受利益所支配，而大多数人的公共利益是一切法律的基础。到了19世纪，边沁说："所谓功利，意即指一种外物给当事者求福避祸的那种特性，由于这种特性，该外物就趋于产生福泽、利益、快乐、善或幸福，或者防止对利益攸关之当事者之祸患、痛苦、恶或不幸。"[⑥]他认为，人生就是追求快乐，而快乐的根源在于利益的满足，利益、功利是人们行为的唯一目的和标准。每一个人都应该追求个人的利益和幸福，每个人的利益总和构成社会利益；每一个人追求个人利益和幸福时，整个社会的利益和幸福自然就增加了。密尔（又译穆勒）进一步指出，功利主义就是"主张行为的是与它增进幸福的倾向为比例；行为的非与它产生不幸福的倾向为比例。幸福是指快乐与免除痛苦；不幸福是痛苦和丧失了快乐"[⑦]。在中国，功利主义思想也是源远流长。早在战国时期，墨子就提出过"志功合一"的功

① 阿奎那. 阿奎那政治著作选 [M]. 马清槐，译. 北京：商务印书馆，1963：86.

② 阿奎那. 阿奎那政治著作选 [M]. 马清槐，译. 北京：商务印书馆，1963：83.

③ 程颢，程颐. 二程遗书：第24卷 [M]. 上海：上海古籍出版社，2000.

④ 黎靖德. 朱子语类：第2卷 [M]. 北京：中华书局，1986.

⑤ 王阳明. 传习录 [M]. 北京：中国画报出版社，2012.

⑥ 周辅成. 西方伦理学名著选辑：下卷 [M]. 北京：商务印书馆，1987：212.

⑦ 约翰·穆勒. 功利主义 [M]. 徐大建，译. 北京：商务印书馆，2014：7.

利思想；以后法家又提出过权力功利主义；北宋李觏认为"利欲可言"；王安石提出"理财乃所为谓义也"；南宋叶适也说过"以利与人，而不自居其功，故道义光明"；到清朝颜元总结为"正其谊以谋利，明其道而计其功"；近代则以龚自珍、康有为为功利主义思想的卓越代表。功利主义在现代工业文明和商品经济下愈演愈烈，它主要以经济的增加以及事业的成功为基本任务，市场经济占统治地位以后，对等级特权的追求逐渐转化为对金钱的追求，形成了金钱面前人人平等的商业社会规则，金钱成了衡量一切事物的根本价值尺度，人类高科技的发展制造出大量奢侈品，更加刺激了人们的金钱欲和权力欲，对金钱数量的追求几乎变成现实生活的全部意义。

二、幸福理论的历史发展

人类对幸福的追求从来没有停止过，历史上各个伦理学派别也针对幸福问题进行过各种论证，但始终没有得出统一的结论，幸福的理论魅力也在于此——对幸福问题的不断求索。幸福问题也是伦理学家无法回避但又不能给世人以完全满意解答的问题，以至于连康德都感叹："不幸的是：幸福的概念是如此模糊，以致人人都在想得到它，但是谁也不敢对自己所决意追求或选择的东西，说得清楚明白，条理一贯。"[1]可见伦理学家对幸福的认识很难达成共识，这也意味着，并没有绝对的衡量幸福与否的标准，也不存在具有普遍性的幸福概念。有关幸福的各种理论始终是开放性的没有最终结论的体系，所以幸福是相对的，不同时代、不同地域、不同的人对幸福的认识有所不同。

（一）古希腊罗马时期的幸福理论

从荷马史诗中描述的英雄时代过渡到古希腊城邦时代，公民已成为古希腊罗马时期的基本成员，妇女、外邦人和奴隶是没有公民权利的，作为个体的公民如何在作为整体的城邦中生活得更加幸福便成为社会生活的主题。

这一时期有的人把幸福同现实生活、物质利益联系起来，如梭伦认为谁拥有最多的东西，才能给他加上幸福的头衔；伊壁鸠鲁指出，肉体的健康和灵魂的平静乃是幸福生活的目的。可把这种幸福观视为自然主义幸福观，具有朴素的自然主义特征。这种幸福观最具代表性的人物是德谟克利特，他认为，出于人的自然本性，对幸福的追求是人生活的目的，幸福就存在于实实在在的现实生活中，幸福是物质生

---

① 周辅成. 西方伦理学名著选辑: 下卷 [M]. 北京: 商务印书馆, 1987: 366.

活享受和精神欲求满足的统一。

有的人否认幸福源自现实生活，而是源于这个物质世界之外并超越这个现实世界的精神实体，这与古希腊晚期城邦民主制的衰落有关，人们无法从现实生活中得到幸福的满足，便将目光放到理念、神以及来世那里，如亚里士多德认为只有对神的沉思冥想才是真正的幸福；塞涅卡认为最高的幸福是在于精神上的无动于衷；皮浪认为聪明的人应该像猪一样不动心才能得到幸福等。柏拉图是这一时期幸福论的典型代表，他的幸福论是建立在他的理念论基础上的：理念的世界是现实世界的完美模型，理念世界是最真实的存在，而现实世界则是变化不定的、不真实的，所以我们通过感官所感知到的这个现实世界是不可靠的，也无从在其中寻找到幸福，不要期望从现实世界中寻找到快乐，所谓现实中的快乐和痛苦都是同时发生的，感官欲望的满足无助于人们得到幸福。在他看来："任何快乐——不论是高级的还是低级的——都是没有必要的……每种快乐和痛苦都是一个把灵魂钉在身上的钉子。"[1]所以柏拉图要人们放弃现世的一切物质利益和感官欲望，把一切对幸福的希望都寄托在"理念世界"，因而主张禁欲主义，他的幸福论思想也成了后来基督教思想的主要来源之一。

这一时期的幸福论因为时代的关系，人们抽象思维、思辨能力有限，大都呈现直观性、现实性的特点，不过到后来柏拉图、亚里士多德那里才稍稍精致些，理论性、思辨性更强一些，但并没有形成完整的理论体系。到了古罗马后期，连年的战乱、饥荒，无休止的政治动荡，人们看不到现世生存的希望，便期望来世能过上幸福的生活。理论上，伦理学逐渐倒向神秘主义，新柏拉图主义的诞生为基督教的产生做了充分的理论准备。后来，随着基督教成为世界性宗教，教父哲学便应运而生，奥古斯丁的神学理论成为正统。总之，这个时期的幸福论是人们从追求现世幸福到来世幸福、从积极寻求欲望的满足到完全禁绝欲望的观念不断转变的时期，虽然很多幸福理论是极其朴素的、自然的，但绝不是简单的，而是呈现出多样性的特点，也充分体现了当时社会处于大变革的这一历史趋势。

（二）中世纪的幸福理论

这个时期宗教成了人们生活的主题，人们无法选择和裁断自己命运，只好把它交给一位绝对至上的他者——上帝来处理，这个时期往往被称为西方历史上最为黑暗的时期，其实这个说法是不准确的。宗教神学超自然主义幸福论成了人们信仰和

---

[1] 周辅成. 西方伦理学名著选辑：下卷 [M]. 北京：商务印书馆，1987：179.

追求的目标，神学家教导人们漠视现实生活，把幸福寄托于来世，从上帝那里寻找通往幸福之门的钥匙，这个时代被称为信仰的时代，《圣经》成了基督教伦理学的经典，它教导人们去服从、忍耐、禁欲，这样才能踏上幸福的途程，而宗教神学往往为当时的政治服务。整整这一时期的幸福论都集中在"幸福是神的幸福还是人的幸福"这个问题上，最终人的幸福战胜了神的幸福，人们从上帝那里把幸福带回了人间，幸福从来世回到现世。这一时期幸福理论的最大代表是中世纪经院哲学家托马斯·阿奎那，他利用了亚里士多德哲学，以经院哲学的方式来表述，树立了宗教哲学的权威，使其学说成为正统。他在对亚里士多德哲学与奥古斯丁神学整合与调节的基础上建立起一种神学目的论的幸福观，认为有两种幸福，一种是现世中不完满的幸福，它可凭借理智德性和伦理德性在现世获得；另一种是来世完满的幸福，它可以通过上帝和神学德性在来世获得。他认为人类的幸福决不在于身体的快乐，万事万物的最后目的是上帝，而世俗快乐阻碍了人接近上帝，要想去寻找到天堂里真正的幸福就要漠视尘世物质生活，排除肉体快乐，对上帝无限的信仰、希望和爱戴。这样一来，对幸福问题的探讨只能限于对上帝信仰的纯精神世界里，完全剥夺了人们追求世俗幸福的权力，但同时也促进了日后幸福论在精神领域的发展。

这一时期总体来说神学幸福论的形式相对单一——对上帝的信仰、希望、爱戴是人们从事神圣生活与世俗生活的基础，幸福不在今生而在来世，今生所享受的幸福是短暂的而非恒久的，因而是不完满的，得到真正的幸福只有靠上帝的恩典在来世方可实现。神学家们通过对基督教教条的烦琐论证来不断加强信仰的权威。但是，在相对单一的理论形式下却含有丰富的理论内容，唯名论与唯实论的对立冲突就表现出这一特点，唯名论与唯实论的争端既是经院哲学内部的争端，又为近代哲学"认识论"转向做了有利的理论铺垫。

（三）近代以来的幸福理论

经过漫长的中世纪的禁锢，人们迎来了近代的曙光，文艺复兴与宗教改革本身就促进了人们追求自由、追求现世幸福生活意识的觉醒，进而资产阶级走上历史舞台、王权对神权的节节胜利、民族国家的诞生和独立以及工业革命的来临，这是此前人类历史上从未有过的充满活力的时代，适应这一发展时期的理论形态——近代幸福论便应运而生。由于西方这段历史非常复杂，幸福理论便呈现出种种差别：英国与欧洲大陆不同，德国与其他欧洲国家又不同，这是因为各国幸福论是对本国政治及社会生活的真实反映。这个时期的理论都带有启蒙的性质，这个时代也被称为启蒙的时代，启蒙促成了资产阶级革命，同时也推动了理论的活跃和人们对幸福生活追求意识的觉醒，这个时期的幸福论继承了前两个时期的思想内容，既有自然主义的思想，又有超自然主义的精神内容，同时这两种形态的幸福论对前两个时期的幸福论又是一种超越。近代幸福论从反对中世纪宗教神学幸福论开始的，近代伦理学家们指出幸福不在"天国"，而在人间；不在上帝，而在自己。

人的基本需求就是满足现实生活中的个人欲望，人文主义之父彼特拉克就公开宣称："我自己是凡人，我只要求凡人的幸福。"[1]爱拉斯谟更是痛斥宗教神学幸福论，他说："基督徒们要尽千辛万苦追求的幸福不过是一种疯狂和愚蠢而已，我实在看不出你们为什么把一个按照自己身份、教育、本性而生活的人称之为不幸。"[2]文艺复兴时期的文化巨匠们公然与宗教神学对抗，倡导人们回到现实生活中去坦然享受幸福，这种幸福论大都是对压抑在心灵上的宗教神学的情感宣泄，并没有系统的理论形态。到了近代，哲学理论形态不断完善，幸福论也就越来越系统，洛克指出，一切含灵之物，本性都有追求幸福的趋向，所以趋乐避苦是人的自然本性，边沁和密尔由此出发，把对幸福的追求诉诸功利主义，追求大多数人的最大幸福，同时把功利原则上升到人们得到幸福与否的准则，这是一种精致的利己主义的幸福论。在法国，大部分伦理思想家继承了文艺复兴时期的伦理思想，他们以人道主义和利己主义来反对封建神学的神道主义和禁欲主义，认为人类是自然的产物，而不是上帝的罪人，主张人们应该全力以赴去追求今生今世的幸福，而不要想象来世会有什么灾难和幸福。伏尔泰就认为人的一切观念都源自于人的感觉器官，而人的健全的感觉器官正是人寻求幸福的手段，卢梭认为："由于每一个人对保存自己负有特殊的责任，因此，我们第一个重要的责任就是而且应当是不断地关心我们的生命……为了保持我们的生存，我们必须爱自己，我们爱自己要胜过爱其他一切的东西。"[3]爱尔维修更是赤裸裸地宣称，"自爱"鼓动着人的一切欲望，是人们"一切行动的准则"。与英法不同，德国伦理学家的幸福论更精致，更思辨，更注重精神的幸福。康德伦理学说中表达很明确："道德学就其本义来讲并不是教人怎样谋求幸福的学说，乃是教人怎样才配享幸福的学说……我们永远不该把道德学本身当作一个幸福学说

---

① 高清海. 欧洲哲学史纲新编 [M]. 长春：吉林人民出版社，1990：172.

② 高清海. 欧洲哲学史纲新编 [M]. 长春：吉林人民出版社. 1990：171.

③ 周辅成. 西方伦理学名著选辑：下卷 [M]. 北京：商务印书馆，1987：120.

来处理，即不该当作教人怎样获得幸福的教导，因为它只研究幸福的合理条件（必要条件），而不研究获得幸福的手段。"①作为感性个体的人类个体必须要求享有幸福，作为理性个体的人应具有德性，至善状态是人类个体幸福与德性的统一，只有意志自由、灵魂不朽和上帝存在才能保证人类个体达到这种状态。总的来说，这一时期的幸福论的产生和发展离不开近代社会轰轰烈烈的变革与革命，离不开哲学观念的发展变化。

第二节｜有关幸福的两个悖论

对幸福问题的理论探讨在伦理学史上有很多相互矛盾的观点，即便那些能用抽象、思辨的哲学术语来论证幸福问题的伦理学家也没有在这件事情上达成一致甚至使对方妥协，所以也就没有一个被绝大多数人认为最为标准、最为科学的论证。看看下面这些话吧，梭伦说："拥有最多的东西，把它们保持到临终的那一天，然后又安乐死去的人……才能给他加上幸福的头衔。"②霍尔巴赫说："德行不过是一种用别人的福利来使自己成为幸福的艺术。"③费尔巴哈说："生命本身就是幸福。"④托马斯·阿奎那说："人一定得靠上帝的恩赐，再加添某一原理，然后才可以走上超自然的幸福之路。"⑤斯宾诺莎说："一个人的幸福即在于他能够保持他自己的存在。"⑥还有很多很多这样的论述，我们不禁要产生疑惑，为什么会有这么多种不同甚至观点相悖的幸福理论呢？难道人与人所希求的幸福果真有这些不同？抑或幸福这一词本身就是个陷阱，人们对它不能求解。想来这也很正常，处于不同历史时期、不同社会地位、不同伦理学派别的人，都会对幸福有不同的理解和研究，这似乎给我们一种感觉，研究幸福问题的人，他们得到了有关这一问题的答案和通向幸福之路的好方法，那么他们都是幸福的人，所以柏拉图是幸福的，奥古斯丁是幸

---

① 康德. 实践理性批判 [M]. 韩水法，译. 北京：商务印书馆，1999：121.
② 希罗多德. 历史 [M]. 王嘉隽，译. 北京：商务印书馆，1959：182.
③ 周辅成. 西方伦理学名著选辑：下卷 [M]. 北京：商务印书馆，1987：76.
④ 周辅成. 西方伦理学名著选辑：下卷 [M]. 北京：商务印书馆，1987：466.
⑤ 周辅成. 西方伦理学名著选辑：下卷 [M]. 北京：商务印书馆，1987：381.
⑥ 斯宾诺莎. 伦理学 [M]. 贺麟，译. 北京：商务印书馆，1983：170.

福的，康德是幸福的……其实不然，幸福与痛苦相生相伴，人们不会永久停留于某种状态，人生中总会有种种新的痛苦不断出现，忧虑、烦恼充满人生，也就是说，这些研究幸福论的伦理学家们不会一生都体验幸福而没有痛苦，他们的理论也不可能一直带给人们永久的幸福而没有痛苦，幸福本身就是一个悖论。

一、幸福理论与现实生活

理论往往产生于对现实生活的抽象概括，也是对现实生活的超越，因此它往往具有理想性的特点。一个好理论是一个完美形态的理论，而现实生活则无法达到理论预设的状态，理论与现实之间就必然带有一种与生俱来的悖论。这一悖论在有关幸福的问题上表现得极为明显。有关幸福的各种理论有很多，但是很少有人在现实生活中能够坚定地宣称自己是幸福的，甚至很多人都认为自己很不幸。作为理论研究者和制造者的伦理学家们，他们本身也在经历着理论与现实之间矛盾的困惑，一个研究幸福论的伦理学家自己未必过得幸福。

柏拉图胸怀理想国蓝图，但是现实中雅典城邦民主制逐渐衰败，他自己甚至要游走他邦"推销"自己的理论，我们很难肯定他当时的心情是幸福满足的；伊壁鸠鲁一向以哲学的目的在于享乐而著称，他认为哲学能够使人唱着动听的歌曲离开人间，但是他晚年患有结石症，并且在剧烈疼痛中向死神走去，他那一声一声的痛苦呻吟并不是欢快的安乐赴死的歌曲。

有人会认为，作为幸福理论的研究者，他们幸福与否无关紧要，只要他们的理论成果能给日常人们带来幸福就好，果真如此吗？每个幸福理论研究者都会把自己的理论说得如何完善、如何高明、如何能使人得到最大的幸福，而人们往往也有这样的憧憬，然而理论与现实之间的巨大鸿沟造成这些幸福理论必然不能带领所有人走向幸福。每个幸福论者的研究成果都不能作为一剂妙药来应用于现实生活，除非他忘乎所以地陶醉于自己的理论，否则他看到自己的理论研究不能给现实中的人们带来幸福，反而带来痛苦和不幸，他的理论未在现实中产生预期的有用效果，他本人也不会幸福。

理论同现实之间的这种悖论使人们对幸福感到困惑，既然幸福的理论状态是无法达到的，那么就在现实中求得幸福的满足吧。很多人把幸福看成欲望的满足，一个又一个接踵而至的欲望被满足了，人们也就享受了一次又一次的所谓的幸福，然而由于生活在不断变化，人的欲望也不断变化，需求不断更新，欲望的满足只能是暂时的、相对的，这种所谓的欲望满足而带来的幸福就显得飘忽不定，那么在整个人的一生中痛苦便成为生活的主旋律，那这样的人生还有什么意义呢？人们在迷茫困惑中、在短暂欲望的满足中渴望恒久而稳定的幸福，这也只是幻想罢了。任何关于幸福的理论改变不了且适应不了千变万化、不断更新的生活现实，理论与现实无法完全契合。

二、个人幸福与他人幸福

不同人对幸福有不同的理解和体验，而这些理解和体验往往不可通约。对幸福的追求，我们更多认为它是一种个人获得性的行为。他人与社会为个人提供幸福的外在条件，表面看来，个人幸福同他人幸福并无多大关系，但同时个人也是他人中的个人，这两者是相互依存、相互制约的关系。如果个人幸福的获得是以牺牲他人幸福为代价的，那么个人的幸福也不会稳定和长久，因为他人为你获取幸福所提供的资源毕竟是有限的、有条件的。这样看来，个人幸福与他人幸福陷于悖论之中。

你去问一百个人"你是否在追求自己的幸福"，一百个人都会给你肯定的回答；你再进一步追问"什么是你所追求的幸福呢"，你会得到一百种不同的回答。每个人都有趋乐避苦的本能，也就是追求幸福的欲望，英国哲学家洛克说："人人都有欲望——人们如果再问，什么驱迫欲望，则我可以答复说，那是幸福，而且亦只有幸福。"[①]这里幸福并不等于欲望本身，但幸福是欲望的根源和目标，人人都在追求幸福，只是他们在走着各不相同但都认为足以得到幸福的道路。可以说，对幸福的追求是个人生存的根本动力，相对于整个茫茫宇宙来说，人不过是世间匆匆的过客，在相对有限的生命中人人都在求得最大值的幸福，同时社会活动空间又是有限的，不同的、多种多样追求幸福的脚步在社会这张大网中纵横交错，相同的追求目标和不同的追求道路、方式之间的矛盾必然引发冲突，给每个人带来无穷的烦恼和痛苦。亚里士多德就指出："不同的人，对幸福有不同的了解，有时甚至同一个人，前后解释也不一致。当其病时，以健康为幸福；当其穷困时，则以财富为幸福；当感觉其无知时，又羡慕那些能宣传某种为他所不能想到的伟大理想的人。"[②]构成幸福的要素不是单一的，而是多种多样的，不同时期、不同条件下对幸福的追求也不同，而构成幸福的要素一旦与他人处于交集，就会产生冲突甚至对抗。

---

① 洛克. 人类理解论 [M]. 关文运，译. 北京：商务印书馆，1959：228.
② 周辅成. 西方伦理学名著选辑：下卷 [M]. 北京：商务印书馆，下卷，1987：283.

尽管伦理学家使出浑身解数构造种种迷人的理论企图消解以上的悖论，但现实总是无情地摧毁着这些理论，幸福变成了康德哲学中的"自在之物"，永远停留在现象的彼岸，永远是可望而不可即的东西。既然如此，人们还要不要追求幸福、探索幸福和研究幸福呢？历来的西方伦理学家从没间断过对幸福问题的研究，虽然他们的理论不能让人们全都满意，但那毕竟是人类思想的精华，是对其所在时期社会生活及个人心理状况的概括和总结，对于今天人们认识当时的幸福观以及现代人追求什么样的幸福都有一定的借鉴和指导意义，也有助于缓解上述悖论。

第三节 | 通往幸福的三种进路

幸福是人类的永恒追求。若要讨论通往幸福的进路，无非要从人本身入手。首先人是肉体与精神或者说心灵的集合，肉体接受外界刺激，从而产生由身体诸感官感应而带来各种心理体验，或达致精神的愉悦、平静，或痛苦；其次，人不同于动物，人是感性与理性机能的结合体，人除了满足自然欲望的需求外，还会有意识、有目的追求精神上的满足，运用理性对过去进行反思、对现在和将来进行预期，从而构成了人们精彩的生活。同时，人类因生命有限而渴望永恒，因心灵孤寂而渴望回归精神家园，因社会混乱而渴望内心宁静，随之便出现了精神寄托，诉诸信仰来解决非感性和非理性的问题。

深入研究西方伦理学史上有关幸福的理论，可以从中总结出三种通往幸福之路的方式，也就是通过幸福的三种进路：自然的进路、德性的进路和信仰的进路。

一、自然的进路

人是自然界的一员，人有感官之需，人有寻求快乐的冲动，对于这些，人们本能地去追求，这是人的自然本性所使然。在西方伦理学史上持这种理论的主要代表是伊壁鸠鲁和德谟克利特。

伊壁鸠鲁把快乐看作幸福生活的开始和目的，他说："快乐是幸福生活的开始和目的。因为我们认为幸福生活是我们天生最高的善，我们的一切取舍都从快乐出发，我们的最终目的乃是得到快乐。"①人是肉体之躯，就要满足肉体所需，伊壁鸠鲁把人们的感觉器官能够直接感应到的一切都作为真实的东西，而这些东西主宰了一个人一生的命运。他认为人生就应该追求快乐，只有肉体的快乐和感官的快乐才能使人生充满欢乐；没有感官快乐的满足，人生就不会有真正的幸福可言。服从感官享乐符合人的本性，快乐是绝对的善，快乐就是幸福，快乐不是抽象的善，不是对虚无缥缈的理念的寻求，"如果抽掉了嗜好的快乐，抽掉了爱情的快乐，我就不知道我还怎么能够想象善"②，"就快乐与我们有天生的联系而言，每一种快乐都是善"③。可见，他认为幸福就是追求现实中实实在在的快乐，现实中的快乐就完全可以满足人们的基本需求。

那幸福仅仅是肉体欲望的满足吗？为了肉体欲望的满足而不择手段去享乐、纵欲？事实并不是这样，在伊壁鸠鲁看来，"当我们说快乐是终极目标时，并不是指放荡者的快乐或肉体之乐……我们认为快乐就是身体的无痛苦和灵魂的不受干扰"④。人不应仅仅停留在满足感官快乐上，这只是人最低级的人生追求，还要追求那些使心绪平和、灵魂宁静的高级快乐。"灵魂的最完满的幸福有赖于我们思考到那些使人心发生最大惊惧的东西，以及与它们同类的东西"⑤，"构成快乐生活的不是无休止的狂欢、美色、鱼肉及其他餐桌上的佳肴，而是清晰的推理、寻求选择和避免的原因、排除那些使灵魂不得安宁的观念"⑥。无论是肉体的无痛苦，还是灵魂的不受干扰，都是为追求快乐服务的，人生的目的既然是追求快乐，那么，人的一切行为都必须紧紧围绕着这个目标进行，一旦有什么阻碍这个目标就会给人类带来不幸，造成痛苦。那么人最大的不幸是什么呢？那就是死亡。想到死亡是人生的必然结局和最终命运，人们便心生恐惧、灰心丧气，认为人生本来是毫无意义的，所有的奋斗和努力到头来只不过是在灰飞烟灭中变为虚无，人生变成了一潭死水，毫无价值和意义可言。对死亡的恐惧让人产生了这种想法，而伊壁鸠鲁将死亡的意念与人本身相剥离来消除人对死亡的恐惧，他说："因为一切善恶吉凶都在感觉之中，而死亡不过是感觉的丧失……当我们存在时，死亡对于我们还没有来，而当死时，我们

① 周辅成. 西方伦理学名著选辑：下卷 [M]. 北京：商务印书馆，1987：103.

② 周辅成. 西方伦理学名著选辑：下卷 [M]. 北京：商务印书馆，1987：95.

③ 周辅成. 西方伦理学名著选辑：下卷 [M]. 北京：商务印书馆，1987：104.

④ 苗力田. 古希腊哲学 [M]. 北京：中国人民大学出版社，1989：649.

⑤ 周辅成. 西方伦理学名著选辑：下卷 [M]. 北京：商务印书馆，1987：103.

⑥ 苗力田. 古希腊哲学 [M]. 北京：中国人民大学出版社，1989：649.

已经不在了。因此死对于生者和死者都不相干……贤者既不厌恶生存，也不畏惧死亡，既不把生存看成坏事，也不把死亡看成灾难。贤者对于生命，正同他对于食品那样，并不是单单选多的，而且选最精美的；同样地，他享受时间也不是单单度量它是否长远，而是度量它是否最合意。"① 消除了对死亡的恐惧，便推开了阻挡人们奔向快乐、奔向幸福路上的一块绊脚石。

另外一位被称为"西方伦理学史上最早的自然主义幸福论代表"的德谟克利特也强调了人是自然界的产物，幸福是人的自然需求，应该只追求高尚的快乐，这种高尚的快乐是肉体快乐与心灵快乐的结合，而愚蠢的人只追求肉体的快乐，忽视精神的快乐。他不否认物质生活能带来快乐，他说："愚蠢的人愿意长久地活着，而不享受生活的快乐。"② 如果"一生没有宴饮，就像一条长路没有旅店一样"③。后来功利主义者继承了这种快乐理论，使这种理论更加精致和完善，他们在承认人的本性是趋乐避苦的基础上，建立了所谓的功利原则，并以获得快乐的数量和质量来衡量功利原则的应用程度和效果，最终目的仍是为求得幸福和快乐，这里不详加论述。

以上的快乐主义幸福论虽然跨越不同时代，具体时代背景、自然条件和社会条件也不尽相同，但都从人的自然本性出发，认为无论是肉体快乐还是精神快乐，都会给人以幸福的享受。论者往往兼顾很多方面而不失其求取快乐的目的，往往对他人和社会产生深远的影响，而小苏格拉底学派中昔兰尼学派创始人阿里斯提普的快乐主义幸福论完全以个人享乐为目标，追求物质财富、肉欲的满足。不过就当时历史条件而论，今人要给以理解。

阿里斯提普认为，人有感觉，可以通过感觉获取各种知识。感觉是最真实的，但人们除了能感觉到快乐和痛苦之外，再也没有什么可感觉的东西了，所以幸福就是逃避痛苦、追求快乐，只有永不停息地追求快乐人才能获得真正的幸福，"所有的生物都对快乐感觉舒适，对痛苦表示厌恶。人做每次行动都为了获得快乐，幸福是一切特殊快乐的总和，其中包括过去的快乐和将来的快乐"④。那么这种快乐究竟是什么样的快乐呢？他认为这种竭尽全力去追求的快乐就是感官的快乐、寻求感官的刺激，以往的快乐已成了过去，将来的快乐还没有到来，追求眼前的快乐才是最实惠、最明智的。阿里斯提普认为追求感官享乐可以不择手段，采取什么手段都不

---

① 苗力田. 古希腊哲学 [M]. 北京：中国人民大学出版社，1989：366.
② 周辅成. 西方伦理学名著选辑：下卷 [M]. 北京：商务印书馆，1987：83.
③ 周辅成. 西方伦理学名著选辑：下卷 [M]. 北京：商务印书馆，1987：82.
④ 苗力田. 古希腊哲学 [M]. 北京：中国人民大学出版社，1989：229.

过分，甚至自己的身份被贬低也毫不在乎，"快乐即使是从最不光彩的行为中产生的，也是善的，因为即使行为是不合理的，但所产生的快乐却是人们所希求的，因而是善的"[①]。所以，幸福即是当下的享乐，肉体的快乐远远胜于灵魂的快乐，肉体的痛苦远比灵魂的痛苦更让人难以忍受。只要有机会就要享乐，哪怕一生只有一次机会，"即使只有一种快乐来临，我们能享受到，也就足够了"[②]。在一个社会动荡、人们看不到生存希望的时代，人们很容易产生"今朝有酒今朝醉"的念头；或是在治世中繁华浮于表面，人们情绪浮躁，拜金主义、物质享乐观念盛行也容易产生这种快乐主义。可见，社会环境是滋生这种极端幸福观的温床。这种极端的幸福论既有来自自然主义幸福论内部的批判，又有来自其外部伦理学派的无情嘲弄和猛烈批判。

我们把伊壁鸠鲁、德谟克利特的快乐主义称为温和的快乐主义，这种快乐既包括感官快乐，也包括理智快乐；既包括眼前的快乐，也包括长久的快乐。而把阿里斯提普的快乐主义称为极端的快乐主义，这种快乐仅注重感官享乐，只追求眼前的快乐。但在一定的历史时期，把幸福等同于感官快乐和眼前快乐，充分考虑到人的自然本性和基本欲求，在一定程度上有其合理性。

把幸福等同于快乐，这种自然主义幸福论仍不能展现幸福的全部含义，幸福是远比快乐含义更为广泛的。就人本身来说，除了有感官、理智需求的满足，还有相当程度的理性自觉，有抑制情感需求、欲望满足的能力，人与人之间是共生共荣的关系，这种关系需要道德的调节和制约，当然道德不同于法律，法律是强制性的，道德则依靠人的内心自觉，人心向善是一种心理的冲动和趋向，幸福也便有了另一种含义，幸福就是善本身或善与德性结合，构成至善。

二、德性的进路

德性本身应作为一种目标去追求，这里将其作为一种获得幸福的方式、方法并无贬损德性、道德之意，毕竟，通过获取德性有可能助人实现幸福。人总要追求完美，追求自我完善，幸福是人生的终极目标，是实现至善不可缺少的因素。亚里士多德和康德对这种幸福论做了很好的诠释，尽管他们的学说不尽相同，一种是目的论，一种是义务论。

首先对亚里士多德幸福论思想作简要概述：幸福是灵魂合于德性的实现活动，

---

① 苗力田. 古希腊哲学 [M]. 北京：中国人民大学出版社，1989：229.
② 苗力田. 古希腊哲学 [M]. 北京：中国人民大学出版社，1989：230.

这与其对善的定义相同；幸福是作为人生存的最终目标而有待实现的；幸福不是一种品质，而是一种实现活动，如果一个人具有善的品质和行善的想法而没有在现实中行善，那么这个人就不是善的，从而也不会获得幸福；幸福不是为获得暂时的德性，而是一生都要去践行德性，德性也是具有不同等级的，"如若德性有多种，则须合于那最美好、最完满的德性。而且一生中都须合于德性，正如一只燕子造不成春天，一个白昼的、一天的和短时间的德性，也不能给人带来幸福和至福"①。

幸福是一种善，是一种最高的善，把善视为目的，那最高的善就是最好的目的，在人的实践中，有些东西是作为手段为人期求的，而有些东西是作为目的为人期求的，这种以其自身被期求而其他目的也是实现这个期求，那么这个目的就是善，就是最高的善。那么被人所期求的善是什么呢？几乎大多数人都会同意这是幸福，认为：善的生活、好的行为就是幸福。亚里士多德对这一问题的论证总是很小心，既不绝对又不失普遍性，他认为善的事物有三种，一种是外在的善，一种是灵魂的善，另一种是身体的善，而"灵魂的善是主要的，最高的善"②，灵魂的善就是灵魂的实现活动，我们生活的目的是获得属于灵魂的善而不是外在的善，幸福就是善的生活、善的实践，把幸福定义为最高的善的实现，这种实现完成于人的功能的充分发挥，所以幸福是人的功能的充分发挥。人不同于植物和动物，植物和动物属于非理性世界部分，它们只具有营养和生长的功能，而人则具有理性，"人的功能，决不仅是生命，因为甚至植物也有生命，我们所求解的，乃是人特有的功能……人的特殊功能是根据理性原则而具有理性的生活"③。

苏格拉底曾言，未经思考的生活没有价值，也就是说幸福是和思辨是联系在一起的，幸福合于最高德性（即智慧的活动），理智是人自身中最好的或神性的东西，智慧是其德性，深思是其活动，所以幸福与深思是同一的，人把自己的理性能力完全发挥出来，去思辨、去深思人生、真理。理智思辨是一种神性的幸福活动，思辨为何能作为人类神性的幸福活动呢？这是因为思辨是人所特有的功能，动物没有思辨活动，因此动物不能分享思辨的幸福，人则以自己所具有的思辨功能享有思辨的幸福；思辨具有连续性，思辨活动最为强大，而且最为持久，和其他任何行为相比，人们能不断地思辨；思辨具有自足性，智慧的人靠他自己就能够进行深思，一个思辨者除了个人的思辨之外别无所求，而思辨之外的万物则是思辨的障碍，思辨是自

---

① 亚里士多德. 尼各马可伦理学 [M]. 苗力田，译. 北京：中国社会科学出版社，1990：10.
② 亚里士多德. 尼各马可伦理学 [M]. 苗力田，译. 北京：中国社会科学出版社，1990：12.
③ 周辅成. 西方伦理学名著选辑：下卷 [M]. 北京：商务印书馆，1987：280.

足的活动；思辨最能给人带来快乐，幸福虽不完全等同于快乐，但幸福应有快乐伴随，而德性活动的最大快乐就是智慧的深思活动，哲学理论以其纯净和经久而具有惊人的快乐；思辨本身就是目的，在思辨活动自身之外，别无追求的目的，这种高贵的活动被亚里士多德称为"神的活动"，是"最高的至福""完美的幸福"，"凡思辨所及之处都有幸福，哪些人的思辨能力越强，哪些人所享有的幸福就越大"[1]，"如若人以理智为主宰，那么理智的生命就是最高的幸福"[2]。

讲到这里，亚里士多德对幸福看似作了一个很完善的论述了，幸福作为人的终极目标是灵魂合于德性的实现活动，幸福即是至善，是人的功能的最大程度的发挥，幸福是自足的，最大的幸福是思辨活动，是人对神的理智的深思。幸福理论是亚里士多德伦理学的基石也是目标，这种理论绝不是建立在空中楼阁的基础上，亚里士多德当然知道获得幸福不是凭借自己已有的品质和纯粹的想象，而是有条件的，因为幸福本质意义上是"一种现实活动，而没有一种完美的活动是可以阻止的"[3]，为此它要"增加身体的善、外在的善、机遇的善，以免它的活动因对此的缺乏而受阻碍"[4]。因此，获得幸福需要健康的身体，要以外在的善为补充，比如朋友、财富、政治势力，还需要适时的机遇，幸福是需要外在的幸运为其补充的。有了这些条件幸福才有可能实现，并且要终其一生地合于德性，才会得到真正的幸福，这样亚里士多德的幸福论才算完整。

亚里士多德教人如何获得幸福，告知人们获取幸福的手段，这似乎对追求幸福的人更为实用，但仅仅这些还不能构成一个完整的德性幸福论，把德性当成能够使人们获得幸福的学说，带有把德性单纯作为获取幸福的手段的意味，这是康德所不能同意的，因此他认为："道德学就其本义来讲并不是教人怎样谋求幸福的学说，乃是教人怎样配享幸福的学说……我们永远不该把道德学本身当作一个幸福学说来处理，即不该当作教人怎样获得幸福的教导，因为它只研究幸福的合理条件（必要条件），而不研究获得幸福的手段。"康德的幸福论所研究的目标一目了然，他认为，道德学说要告诉人们怎样才能享受幸福，而不是告诉人们通过哪些手段获得幸福。以往的幸福论则把人们引向歧途，造成对幸福概念的模糊理解，另外，如果人们失去理性的指导，而被感性欲望驱使着去追求所谓的幸福，

① 亚里士多德. 尼各马可伦理学 [M]. 苗力田，译. 北京：中国社会科学出版社，1990：228.

② 亚里士多德. 尼各马可伦理学 [M]. 苗力田，译. 北京：中国社会科学出版社，1990：226.

③ 亚里士多德. 尼各马可伦理学 [M]. 苗力田，译. 北京：中国社会科学出版社，1990：158.

④ 亚里士多德. 尼各马可伦理学 [M]. 苗力田，译. 北京：中国社会科学出版社，1990：15

也会在追求的路上迷失方向。

在康德看来，人是一种跨越双重世界的存在物。一方面，人是感性世界的现象存在，是自然因果链条上的一个环节，服从因果律，有求得幸福的本能冲动；另一方面，人是理性世界本体，也就是物自体存在，人能通过理性为自己、为社会立下行为准则，从而过一种有德性的生活，正因为人有理性，所以不至于为感性欲望所驱使，不会坠入群畜的行列。幸福只具有经验的品格，幸福不构成德性的基础，幸福不是完全、绝对的善，而德性是最高的善，是人所特有的品格。德性与幸福在经验世界不能统一，而且是互相排斥的，只有理性世界为最高的善的德性之上设立一个"至善"才能使德福统一。康德哲学的幸福观可以用以下三个互相关联的命题来解释。

第一个命题是：幸福是经验人的自然欲求。在康德的理论中，这是首先需要明确的一个观点。人不是神，人是有限的存在物，具有经验的品格。人是自然存在物，欲求幸福是人的必然倾向。康德指出："幸福的概念是个极不确定的概念，因而尽管每个人都希望得到幸福，但却决无法确定而一贯地说出，他到底希望且意欲什么？其故在于，属于幸福的概念的要素均是经验的。"[①]从而，康德对幸福做出一个不很明确的解释："人对一切爱好的满足之总和就是幸福。""一个有理性的存在者有关贯穿他整个此在的人生愉悦的意识就是幸福。"[②]幸福是由一个人当下感觉所决定的，它建立在纯经验的基础上的，幸福是愉快的感觉，是感官之乐，也就是幸福感。在康德道德哲学体系中，幸福是主观的，不具有客观性，没有统一的幸福标准，不同的人，不同的时代，所追求的幸福也不尽相同。欲求幸福是人的本能，根本不能被命令、被驱使。人们会自觉地追求幸福，正如康德认为的"求得幸福，必然是每一个理性的然而却有限的存在者的热望"[③]。

在经验世界中，人们受自然本能的驱使，追求快乐和幸福，这个世界也是人类恶的来源，它叫人只讲享受不讲道德，正如康德所说："（人）既然是一个被造物，而且总是有待于外面条件才能完全满足于自己，所以他永远摆脱不了欲望和爱好。"[④]拥有幸福是令人愉悦的，但就幸福本身来说，并不是完全的、绝对善的。由此康德进入了他的幸福理论的第二个观点，那就是道德才是理性人的高尚品格。

① 康德. 道德形而上学之基础 [M]. 李明辉，译. 台湾：台北聊经出版公司，1992：79.
② 康德. 实践理性批判 [M]. 韩水法，译. 北京：商务印书馆，1999：37.
③ 康德. 实践理性批判 [M]. 韩水法，译. 北京：商务印书馆，1999：40.
④ 康德. 实践理性批判 [M]. 韩水法，译. 北京：商务印书馆，1999：86.

第二个命题是：道德才是理性人的高尚品格。在理性世界中，人们追求高尚的道德，排除各种欲望和利益，理性世界使人高尚和善。作为理性的人，人心都有向善的倾向，人本身具有很多善的品质，理智、机敏、判断力强都可视为善。另外，勇气、果断、刚毅等也被视为善。善和善的意志是有区别的。人的意志是自由的，如果人运用的意志不是为善的，那么即使他有善的品行，这个人也不会是善的，反而会使这些善的品质转向恶，因此，能使这些自然禀赋呈现出善的品质，就需要一个善的意志约束并纠正它们对心灵的影响，从而康德引出了德性。在康德看来，德性保证了善的意志的存在。一个有德性的人，必然具有善的意志，德性或道德行为不能以任何个人欲望满足为动机，而是完全出于一种义务，为义务而义务，这样德性保证了人的纯粹的善良意志，从而实现人的品格完善。另外，德性是对道德法则的绝对服从，并且不管这种服从会带来多大的牺牲，道德法则是绝对的命令，要求每一个有理性的人都要绝对服从，当一个理性存在者的个人利益或意图与道德法则相冲突时，他必须自觉地牺牲个人的愿望，而把道德法则置于优先地位，德性的价值也在于这种牺牲。同时，在康德看来，德性不仅仅是一种善，甚至还是最高的善，因为德性不受任何外在东西所决定，它自身便是自身的条件，也就是无条件。德性只与理性联系，而与感性完全脱离联系。

一个有德性的人会自觉地追求行为的理性目的，并用道德人格的完善来遏制自己的感性欲望。论述至此，人们不禁产生疑惑，康德把人分成现象人和物自体人，幸福和道德分属两界并毫不相干，那么幸福与道德就是完全割裂开来的，人只能获取其一而不能两者兼得吗？一旦这推论是肯定的，那世间只有两类人了，完全享有感性幸福的人和完全拥有纯粹德性的人，这怎么可能？康德当然也不会止于此，寻求德性与幸福的同一性历来是伦理学家们所向往的，康德对他们的批判也正是由此入手，康德指出，德性与幸福是完全两类的，是两种在种类上完全相异的元素，对幸福的渴望是发生在经验世界中的，若把意志的决定根据置于对幸福的渴求之中是非道德的；如果把德性建立于幸福的基础之上，那么就会颠倒道德原则。到这里，德性与幸福之间的冲突看来是不可调和的了，但现实中毕竟有的人兼具幸福与德性两种品格，即使在现象界找不到幸福与德性的直接联系，也必然能在其他方面找到两者的间接联系，那只好去超验世界寻找了。通过上述推论便可得出幸福与德性的关系：幸福与德性是绝不可能同一的，幸福绝不能产生德性，而德性在感性世界里不能带来幸福，但在超验世界里是可以的。进一步说，幸福不能产生德性，德性可以带来幸福，德性是因，幸福是果，但这种因果关系绝不是我们说的现象界中的机械因果关系，也就是说，有福未必有德；同样，有德未必有福。幸福与德性既不具有同一性也不具有同等地位，德性为主，幸福为次，康德更强调德性对幸福的决定意义，正如康德所说："我暂把道德解释为不是教导人们怎样才能幸福，而是教导我们怎样才能配得上幸福这样一种科学的入门。"[①]那么既然幸福与德性不在同一世界、同一层面中取得，不具同一性，又如何将两者统一起来呢？这就涉及康德幸福理论的第三个观点。

第三个命题是：至善是德性与幸福的统一。康德认为德性为最高的善，而在这个最高的善之外还有个至善，这便是幸福与德性的统一。康德提出至善论，用意是在调和德性与幸福的关系，康德本意是批判幸福而高扬德性的，但德性本身构不成完满的善，不是有限的理性存在者的唯一欲求对象，作为现象界的人还有各种欲求需要满足，也就是对幸福的欲求并期望得到满足，这样便很明了，德性是重要的，幸福却也必不可少，所以必须把德性与幸福协调、统一起来。这样，作为一个含有"至上性"和"完整性"双重属性的"至善"便将两者统一起来，并且明确：德性和幸福的地位不是并列的，幸福不能位于德性之上，因为"追求幸福产生德行的意向的根据，是绝对虚幻的；但是……德行意向必然产生幸福，不是绝对虚幻的"[②]。只有德性才能居于最高地位，"无上的善（作为至善的第一条件）是德性，反之，幸福虽然构成了至善的第二因素……只有在这样一种隶属次序之下，至善才是纯粹实践理性的整个客体"[③]。

如果真有这种情况，即有德者必有福，有福者必有德，那这样人生就真的达到完满的至善了，然而现实却令康德失望至极，"通过一丝不苟遵循道德法则成就的幸福与德行之间必然的和足以达到的连接，在这个世界是无法指望的"[④]。作为它们统一体的"至善"，如何能被证明在实践上是可能的呢？应该进一步追问这种可能性的根据，"寻求根据的需要产生了实践理性的公设。'至善'的前提是'意志自由'：人应当是个道德人，就是说，有理性的存在者应当完全本于道德法则而行动"[⑤]。意志自由便是实践理性的第一个公设。人的意向与道德法则完全契合是至善的无上条件，但是这种完全的契合在个体有生之年是不可能实现的，而只有在"无止境的进

---

① 康德. 实践理性批判 [M]. 韩水法，译. 北京：商务印书馆，1999：145.

② 康德. 实践理性批判 [M]. 韩水法，译. 北京：商务印书馆，1999：126.

③ 康德. 实践理性批判 [M]. 韩水法，译. 北京：商务印书馆，1999：130.

④ 康德. 实践理性批判 [M]. 韩水法，译. 北京：商务印书馆，1999：131.

⑤ 高清海. 欧洲哲学史纲新编 [M]. 长春：吉林人民出版社，1990：458.

步中"才能实现，"而无止境的进步必须以有理性的存在者和人格的无限延续为条件"①。这样便产生了实践理性的第二个公设，即"灵魂不朽"，这样，"有理性的存在者才会从低级的道德完善性向高级的道德完善性的前进"②。既然德性与幸福之间的联系被设定为必然的，即统一于至善，我们就应设法促进至善，也就是要寻求幸福与德性精确的契合一致的最终根据。但是，在感性世界中，我们无法寻找到幸福与德性精确契合的最终根据，所以应将目光转向道德世界中，而只有设定一个道德世界的创造者，才能够找到这一最终根据，只有上帝才符合这样的条件，由此产生了实践理性的第三个公设，即"上帝存在"，这样最终至善被证明为在实践理性中是可以实现的。

总之，人作为感性的存在者需要幸福，而德性要求完全排斥幸福，这是康德伦理学所遇到的尖锐的矛盾，为了解决这一矛盾，康德推出了至善作为德性与幸福的统一，而至善仅仅是人期望的对象，在今生今世无法实现，康德允许有限的存在者（人）追求幸福，但康德将幸福也一并推向了遥远的、虚幻的将来。

康德伦理学中论证幸福本身不是目的，幸福论是为其德性论服务的。康德把人的幸福限制在感性世界中，是为其在实践理性中的德性与信仰留下地盘，把幸福和德性分割在感性世界与理性世界中，而亚里士多德则把幸福视为人生的终级目标，是人类合于德性的实现活动，幸福与德性建立在同一世界、同一层面的基础上。亚里士多德的幸福论与德性论是具有同一性的，而康德的幸福论与德性论则不具同一性，它们统一于至善；但他们两人都重视德性和实践，认识到实现幸福需要相应的内部和外部条件。

当人的自然欲求无法满足，无从寻找到快乐，德性又显得虚无缥缈，至善成了可望而不可即的存在之时，信仰便乘虚而入，即通过爱上帝从而享受神赐的幸福。由此我们就有了获得幸福的第三种进路，那就是信仰的进路。

三、信仰的进路

这里所说的信仰主要指对神（即上帝）的信仰，相对来说，这种获取幸福的方式更为直接，更为简便，是一种由纯粹精神愉悦带来的幸福，是一种不需要一次次

---

① 高清海. 欧洲哲学史纲新编 [M]. 长春：吉林人民出版社，1990：459.
② 康德. 实践理性批判 [M]. 韩水法，译. 北京：商务印书馆，1999：135.

欲望满足所达到的幸福，也是一种不需要通过遵守种种道德法则来过德性生活而达到的幸福状态，单凭内心对上帝的信仰、希望和真诚的爱就能达到幸福之境，这种幸福在今生是得不到的，凭上帝的恩典和个人在今生的修行才能在来世得到。这种进路的典型代表是奥古斯丁和托马斯·阿奎那。

奥古斯丁的幸福理论主要由以下两个方面构成。首先，幸福就在于爱上帝，幸福就是拥有上帝。其次，人们今生今世得不到完满的幸福，只有依靠上帝的恩典在来世才能得到永恒的幸福。

奥古斯丁的伦理学及幸福论都是从上帝开始的，并最终又回归上帝。上帝创造了一切包括每个人，人只有爱自己的造物主——上帝，持存对上帝无限的信仰和永恒的追求，这样才能获得最大的幸福，而以往人们把幸福局限在肉体、灵魂或两者的结合中，奥古斯丁认为这些现世的幸福都是极为浅薄的。古希腊人把智慧、勇敢、节制和正义当成幸福，还有的人把知识、真理作为幸福，但那些所谓的知识和真理并没有包括上帝，所以人们仍然无法获得幸福，最主要的是人们没有认清真理的本质，按照《约翰福音》所讲："天主即真理。"爱真理即爱天主，也就是爱上帝。为什么要热爱与信仰上帝呢？因为上帝是全知、全智、全能、至高无上的，它能给人们带来一切，如果不信仰上帝，否认上帝的存在，人们根本无法解释什么是幸福，世上的一切便也不具备幸福的意义了。仅仅因为上帝承诺满足我们的幸福要求就爱他吗？不是的，这种爱不含任何功利目的，不因上帝承诺给我们来世一点点恩惠而爱，而是仅仅为了爱而爱，是一种纯粹的精神的爱，爱是唯一能占领与充满永恒的东西，爱无尽期，爱无止境，为爱而死，虽死犹生，爱能使人变得圣洁、高尚和虔诚，爱能使所有的人得到幸福。

幸福是人类行为的最终目的，是永恒不变的追求，但这一目标不能在俗世中达到，因为俗世中的存在物是有限的，它们作为外在的善不能满足人的全部对幸福的要求。同时，人本身也是有限的存在者，获取幸福是人无法独自完成的事业，当然，仅凭人自身也无法单独完成"爱上帝"的崇高事业。与上帝相比，人因为原罪的缘故而显得非常渺小，是微不足道的，人的存在就是无，作为被造物的人无力给自己带来幸福，所以只能依靠上帝的恩典而获得幸福。在奥古斯丁的著作《上帝之城》中，他把地上之城描写成暂时的、不完美的、充满痛苦的世界，而上帝之城则是永恒的、完美的、充满幸福的天堂。人们在现世中，只能忍受种种苦难，根本寻找不到幸福，但人们可以通过自觉忍耐，向上帝忏悔，方能在上帝的指引下达到上帝之城，去享受永久的幸福。也就是说，现世的苦难并不可怕，只有忍受现世的苦难，并且内心毫不动摇对上帝的信仰与热爱，人们在现世所受之苦在来世才可能得到补偿。在现世忍受的苦难越深，在来世所得到的补偿也就越多。

到了中世纪，基督教学说成了唯一正统，哲学、伦理学都沦为神学的"婢女"，但在基督教内部，各种异端向正统说教挑战。以往奥古斯丁神学决定论和传统的基督教道德已经不能成为控制人们思想的武器，许多人不信神，不相信上帝，也不相信地狱的可怕和来世的幸福，有的人甚至公开诅咒上帝，在这种形势下，就急需一种宗教思想统一时下的各种纷争和异端。"举世无比的导师""天主教圣徒""大主教会博士"托马斯·阿奎那应时而出，他吸取了亚里士多德哲学思想和奥古斯丁的神学思想，对正统基督教理论作了适当的修改和补充，使之更加适应新形势下的需要。

托马斯·阿奎那的幸福理论，基本上继承了奥古斯丁的"幸福在于拥有上帝、幸福在于来世"的思想，但又有自己的创新。他把幸福同古希腊伦理学家所宣扬的"善"结合起来，他说幸福是"人的最完善的境界"，"善的顶峰"是指来世和上帝，今生无法达到。在今生，人们大都受物质利益的驱动和情欲的诱惑，道德堕落、诅咒上帝，怀疑、动摇对上帝的信仰。他认为"人类的幸福，决不在于身体上的快乐"[①]。日光短浅之人只追求感官享乐，寻求欲望的满足，这种快乐是一时的，快乐过后便会陷入无尽的痛苦之中，而聪明人则心向一个终极的永久的幸福，这是人最后的生存目的。"最后的目的，总是属于现实事物中最高贵的事物，它具有最好的事物的性质，但上述的快乐（指感官快乐），根据人类最高贵的理智而言，它是不适合于人类的，它只是感官的需要，所以幸福不会寄托在这样的快乐上。"[②]那么究竟什么是人的最后目的呢？那就是上帝，万事万物的最后目的就是上帝，因此我们必须把那些特别使人接近上帝的东西作为人的最后目的。

托马斯·阿奎那并不像奥古斯丁那样一味强调来世的幸福，他认为人们追求现世的幸福是合理的，人作为上帝的被造之物，被赋予意志和理智，有追求现世幸福生活的自由，但现世的幸福只是人们追求来世幸福的一个过程，不是一种真正的完满的幸福。托马斯·阿奎那虽然在一定程度上承认人们应追求现世幸福，但对这种幸福观主要持批判的态度。首先，幸福不在于财富、荣誉、权力等外在的善。其次，

---

① 周辅成. 西方伦理学名著选辑：下卷 [M]. 北京：商务印书馆，1987：276.
② 周辅成. 西方伦理学名著选辑：下卷 [M]. 北京：商务印书馆，1987：277.

幸福的本质也不在于身体之善。因为对人而言，身体只是工具性的，只是灵魂的寓所和实现目的的工具，它不是人的最终目的，但托马斯·阿奎那承认肉体的完满有助于幸福的完满。第三，他认为幸福的本质不在于获取快乐。因为无论是肉体快乐，还是精神快乐，都是偶然的，并且还会阻碍人接近上帝的理性活动，从而妨碍人们获得幸福。

亚里士多德把理智的生活方式、思辨的生活方式紧密结合起来，称之为"神圣的生活方式"，即最高的幸福，但托马斯·阿奎那认为，这种幸福仍然是现世庸俗的幸福，不是最高的幸福。托马斯·阿奎那认为现世的沉思活动不具有统一性和连续性，现世幸福不能持存，很容易失去，现世的深思活动只能认识被造物的本质，而不能认识我们的造物主——上帝的本质。最终完满的幸福只存在于对神的本质的洞见中，而不存在于其他任何事物中，只有在理智的深思中认识上帝的真正本质，在人的深思活动中注入上帝完满的属性，即拥有上帝，这样的深思活动才是最完满的。对比亚里士多德的理智主义可知，托马斯·阿奎那把完满的幸福归结为一种来世的理智活动，是亚里士多德理智主义、基督教神秘主义和信仰的奇异结合。

托马斯·阿奎那把幸福分为现世不完满的幸福和来世完满的幸福，这是一种双重幸福观。完满的幸福在彼岸洞见上帝的本质中实现，完全存在于深思活动中；不完满的幸福首先且主要存在于理智深思中，其次才存在于人的感情和行为的实践理智活动中。托马斯·阿奎那不否认现世的幸福，他的幸福观是对亚里士多德幸福观的一种超越，现世幸福只是来世幸福一个必经的过程，来世幸福才是最完满的，人仅凭自己的能力无法获取来世完满的幸福，必须依靠神的恩典才能实现。托马斯·阿奎那的那句名言"恩典不摧毁自然，它只成全自然"完全适用于评价他的幸福观。总的来说，他的幸福理论是理智主义、信仰主义和神秘主义的高度统一。

信仰往往是一种无形的精神力量，是单凭理性所不能理解的，信仰者的幸福是一种无可言传的心理体验，这种体验的根基是内心拥有上帝和对来世充满希望。虽然现代科学技术的进步对宗教信仰有所冲击，甚至动摇了人们对宗教的信仰，但宗教神学也跟随时代潮流，利用当下的科学知识和理论论证上帝存在，让人们坚定对上帝的信仰。进化论似乎很能反驳上帝造人说，也很可能推翻上帝存在这一说法，而有些神学家却利用这一理论证明了上帝的存在。生物是由低级到高级、由简单到复杂的进化过程，这一过程看似完全自然，没有上帝的插手，但神学家们辩称：按这一趋势，人类并不是最完善的生命形式，一定有比人类更加完善、更加伟大的存在，那就是上帝，生命进化过程也是上帝一手制造的，这是一个等级序列，上帝则是最高等级。不管怎么说，宗教作为一种信仰、作为一种达于幸福生存状态的方式，总有它的优越之处。信仰的幸福不能用感觉和理性去解释，只能靠个人内心来体验、直觉，有时是一刹那的顿悟，体验这种幸福的时刻往往很短暂，更多的是在求索、在信仰的过程中给你来世的幸福。

第二章

西方哲学家研究
幸福的多种维度

柏拉图曾经在《会饮篇》中说过："追问一个人为什么向往幸福是毫无必要的，因为向往幸福是最终的答案。"[①]人作为"未定型的动物"，本质上是一个开放的、通过选择不断地超越"此在"的存在物。但是，无论怎么超越，他都不能游离于追求幸福这一本真，否则，人就成了一个无根、无意义的存在。人不能回避幸福，幸福是无法放弃的，对于幸福，人别无选择。人对幸福的追求，既体现了人的综合本性，又体现了人不同于其他动物的独特本性或本质特征。动物的趋利避害，仅限于生物性欲望或冲动规定的狭小范围，人对幸福的追求则因生物性欲望向社会、精神和文化性需求的扩展而呈现无限大的可能性。以幸福作为终极追求，也是社会的使命。人们组成社会，不是为了让社会来统治自己，而是为了使自己和每一个人都生活得幸福。亚里士多德说，人天生是城邦政治动物，城邦的目的就是公民的幸福。因此，有关幸福问题的讨论就不仅涉及对人性的认识，还应涉及对家庭、社会、国家、道德、伦理等各个层面的认识。这也构成了伦理学思想史上讨论幸福的各种维度。在本章以及下一章的内容中，我们将以东西方思想史中有关幸福的重要派别中的重点人物为线索，展示有关幸福讨论的各种维度。

---

① 柏拉图. 柏拉图全集. 第 2 卷 [M]. 王晓朝，译. 北京：人民出版社，2003：247.

第一节｜快乐主义的幸福观

西方思想史上有很多伦理学家坚持一种快乐主义的幸福观，其思想最早可以追溯到古希腊的哲学家德谟克利特、伊壁鸠鲁。

一、德谟克利特的幸福观

德谟克利特是古希腊著名的哲学家，被马克思和恩格斯誉为"希腊人中第一个百科全书式的学者"[①]。根据第欧根尼·拉尔修的记载，他出生在色雷斯城邦的海滨城市阿布拉德的一个富裕商人家庭。由于他在本性上淡泊名利，而放弃了经商，专心学术。据称他曾经师从波斯术士、加勒底的星象家、埃及的数学家、雅典的哲学家等，系统学习神学、天文学、几何学等知识。他的鼎盛年约在公元前440年，在那时，他已经能够通晓哲学的每一个分支，同时他还是一位出色的音乐家、画家、雕塑家和诗人。

为了游学，据说他花光了自己的祖产，并因此被告上法庭。根据阿布拉德城的法律，凡是被控"挥霍财产罪"的人，要被剥夺一切权利并驱逐出城外。在法庭上，德谟克利特为自己做了辩护："在我同辈的人当中，我漫游了地球的绝大部分，我探索了最遥远的东西；在我同辈的人当中，我看见了最多的土地和国家，我听见了最多的有学问的人的讲演；在我同辈的人当中，勾画几何图形并加以证明，没有人能超得过我，就是埃及所谓丈量土地的人也未必能超得过我……"在当众阅读了他的名著《宇宙大系统》之后，他的学识和雄辩征服了整个城市。法庭不仅判他无罪，还决定奖赏他，而这笔奖金是他所继承财产的五倍。

对于幸福，德谟克利特认为，人生的真正幸福在于灵魂的快乐和安宁。而只有节制欲望、做到心灵的安宁、追求理性和知识、养成良好的道德品质，才能找到真正的幸福，达到灵魂的快乐。德谟克利特关于幸福的观点，既反对禁欲主义，又反对纵欲主义，是一种合理的幸福主义。德谟克利特的幸福观不仅在历史上产生了重大的影响，还对我们构建社会主义和谐社会、提高社会的道德水准以及提升现代人的生活品质，具有重要的借鉴价值和启示作用。

---

① 马克思，恩格斯. 马克思恩格斯全集：第3卷[M]. 北京：人民出版社，1965.

（一）德谟克利特幸福观的理论基础

德谟克利特认为，世界的本原是原子和虚空。在此基础上，他构建了自己独具特色的幸福观。德谟克利特认为幸福是人类的一种感觉和思想，它是外界物体发射一种波流形成"影像"，作用于我们的器官透过身体内部而产生的。因而，幸福在人的认识层面也存有感性和理性之分。感性的幸福是肉体的、物质层面的幸福；理性的幸福则是心灵的、精神层面的幸福。在德谟克利特的原子论中，构成感性的原子是暗淡而粗糙的，构成理性的原子则是圆滑而精致的。在认识论中，他肯定了感性和理性并非截然对立，但在认识的深度上强调理性比感性更为优越。德谟克利特在不排斥人们对感性幸福和快乐追求的前提下，将理性的幸福作为人生追求的目标，强调人生的目的在于灵魂的安宁，人生的真正幸福是灵魂的快乐。而如何实现真正的幸福，就成了德谟克利特幸福观的核心问题。

（二）德谟克利特幸福观的基本内涵

德谟克利特认为，幸福的本质就是快乐。快乐分为肉体的、物质的、精神的、灵魂的等多个方面，然而与幸福紧密联系的是精神和灵魂的快乐。"人们比留意身体更多留意他们的灵魂，这是适宜的。因为完善的灵魂可以改善坏的身体，至于身强力壮而不伴随着理性，则丝毫不能改善灵魂。"[1]所以，人生真正的幸福，在于"高尚的快乐"，而不是沉溺于物质生活的享受和情欲。"幸福不在于占有畜群，也不在于占有黄金，它的居所是在我们的灵魂之中"[2]。"人生的目的在于灵魂的愉快，这与快乐完全不同，人们由于误解，把两者混同了。在这种愉快中，灵魂平静地、安泰地生活着，不为任何恐惧、迷信或其他情感所扰"[3]。德谟克利特认为追求灵魂的快乐，应从节制欲望、做到心灵的安适和宁静、追求理性和知识，以及养成良好的道德品质等几个方面努力。

1. 节制欲望

德谟克利特认为人要获得精神上的快乐和灵魂上的幸福，就必须"节制"。他说"人们通过享乐上的节制和生活上的宁静淡泊，才得到愉快"[4]。可见，节制是获得快乐的手段，是人的意志支配自己行为的一种精神力量，通过有节制的享乐和宁静淡泊

---

① 北京大学哲学系外国哲学史教研室. 古希腊罗马哲学 [M]. 北京：商务印书馆，1961.
② 北京大学哲学系外国哲学史教研室. 古希腊罗马哲学 [M]. 北京：商务印书馆，1961.
③ 北京大学哲学系外国哲学史教研室. 古希腊罗马哲学 [M]. 北京：商务印书馆，1961.
④ 北京大学哲学系外国哲学史教研室. 古希腊罗马哲学 [M]. 北京：商务印书馆，1961.

的生活，人们才能得到快乐。他将快乐分为感官肉欲的低俗之乐和灵魂精神的高尚之乐。对于这两种快乐，德谟克利特并不反对人们对它们的追求，但是要区别对待，前者应当严格节制，因为寻求肉体快乐的人得到的好处"容易幻灭"；后者则应积极地追求，因为对灵魂快乐的追求是对"灵魂之善"的期求，这种期求能获得"某种神圣"而持久的真正让人愉悦的东西。对于节制自己的欲望，德谟克利特提出了"适度"的思想。所谓适度，就是让自己的行为不走极端，即不过度，也非不足。在对于财富和享乐的态度上，德谟克利特认为它们是好的，但也须有节制。他说："如果对财富的欲望没有餍足的限度，这就变得比极端的贫穷更难堪。"就是说，把财富限制在中等水平上，就可以避免由过分的贫穷和极其富有这两个极端所引起的"灵魂中的大骚扰"。他还说："如果你所欲不多，则很少的一点对你也就显得很多了，因为有节制的欲望使得贫穷和富足一样有力量。"德谟克利特认为适当节制自己的欲望，把自己的生活和那些更为不幸的人相比较，想一想他们所经受的痛苦，就会感到自己是幸运的，这样有助于消除生活中诸如"嫉妒""仇恨"的恶劣品质，从而使你生活得更愉快。

2. 做到心灵的安适和宁静

德谟克利特认为，让灵魂安宁，首先要区分快乐和不快、划清有利和有害之间的界限。在人们追求幸福与快乐的过程中，许多事情总是混杂在有利和有害之间，难于分辨，这也给人们对幸福和快乐的追求造成很大困扰。快乐与不快总是同行的，随着快乐而来的则是时常折磨人的痛苦。有理性的人，在追求幸福和快乐之前就应该考虑后果，正确地划定和区分快乐和不快，尽量追求快乐，避免不快。其次，要在追求物质性的幸福和精神性的幸福中保持适度。德谟克利特指出："对一切沉溺于口腹之乐，并在吃、喝、情爱方面过度的人，快乐的时间是很短的，只有当他们在吃着、喝着的时候是快乐的，而随之而来的坏处却很大。"[1]因此，要使灵魂安宁，就应在追求物质快乐和精神快乐时，保持恰当的限度。德谟克利特说："恰当的限度对一切事物都是好的，过与不及都非我所好。"[2]无论是什么样的过与不及，都具有相互转变的趋势，这是引起精神震动、内心慌乱不安及不和谐的原因。最后，还要学会自觉"按照哲学所提供的好处来安排生活"[3]，并借此排除"不合理性的"愚蠢的希望，驱除"鲁钝的灵魂所不能控制的烦恼"，适应生活上的匮乏，拥有一种"平

---

① 北京大学哲学系外国哲学史教研室. 古希腊罗马哲学 [M]. 北京：商务印书馆，1961.
② 北京大学哲学系外国哲学史教研室. 古希腊罗马哲学 [M]. 北京：商务印书馆，1961.
③ 北京大学哲学系外国哲学史教研室. 古希腊罗马哲学 [M]. 北京：商务印书馆，1961.

衡的性格"，把生活中大部分事情安排妥当，从而过上惬意而很有规律的生活。

3. 追求理性和知识

德谟克利特认为，灵魂的快乐是幸福的最高境界，但是这种精神的境界只有那些具备高度理性、智慧和文化教养的人才能达到。因此，德谟克利特非常注重理性和知识。他认为理性可以为情欲提出限度，约束情欲，辨别出令人惬意的、长久的快乐，并把它同暂时的、易逝的、随后会带来痛苦的快乐区分开来。对于德谟克利特来说，放纵无度的生活和缺乏理性的生活是一回事。"神灵永远给人一切好的东西。相反，无论是过去还是现在，他们从来不给人坏的、有害的和无用的东西。是人们自己，由于自己的盲目和无知，去迎接这些坏东西的。"①在德谟克利特看来，有关善和恶的判断，其根源不是自然客体的品质，一切事物其本身都是善的，事物获得好和坏的标志取决于它们被如何利用，而它们如何被利用则取决于人们所具有的理性和知识。如果人们拥有足够的理性和知识，就可以对事物做有益或有害的合理判断，使事物的发展和个人的满足得到合理的结合，从而获得真正的幸福。相反，如果人们缺乏理性和知识，对事物处于无知状态，则易于犯错误，甚至滑入罪恶的深渊。正如德谟克利特所说，"对善的无知就是犯错误的原因""罪恶的原因在于对美好事物的无知"。"美好的东西只有通过学习和巨大的努力才能获得，而丑恶的东西却能使你无师自通"②。唯有理性和知识，才能把行为指向道德，并同时限制个人的本能表现，从而获得心灵上的快乐和灵魂上的幸福。

4. 养成良好的道德品质

在德谟克利特看来，真正的幸福是建立在道德品质基础上的，若一个人不具备良好的道德品质，即使有最多的钱和最高的荣誉，也不会有人生真正的幸福和快乐。良好的道德品质主要从下面几个方面来形成。首先，要正直、诚实。对事物的赞美要符合实际情况，对坏事加以赞美"是一个骗子和奸诈的人的行为"，"有许多人，虽然做了最可耻的事，却毫不在乎地说着最漂亮的话"③。在他看来，用漂亮的语言为自己丑恶的行为披上华丽外衣的人和在众人面前竭尽哗众取宠的人，是虚伪的、丑陋的。其次，要加强道德自觉性，做到"慎独"。他说："要留心，即使当你独自一人时，也不要说坏话或做坏事，而要学得在你自己面前比在别人面前更知耻。"④

---

① 北京大学哲学系外国哲学史教研室. 古希腊罗马哲学 [M]. 北京：商务印书馆，1961.
② 北京大学哲学系外国哲学史教研室. 古希腊罗马哲学 [M]. 北京：商务印书馆，1961.
③ 北京大学哲学系外国哲学史教研室. 古希腊罗马哲学 [M]. 北京：商务印书馆，1961.
④ 周辅成. 西方伦理学名著选辑 [M]. 北京：商务印书馆，1964.

他认为一个人要做到"慎独"，就要经常进行反省，特别是对于自己的过错进行反省。他说："对可耻行为的追悔是对生命的拯救。"[①]人们只有不断地自觉加强道德修养，才能趋善避恶。再次，要加强对人们的道德教育。他认为，"教育很能改变一个人"[②]，"用鼓励和说服的言语来造就一个人的道德，显然是比用法律和约束更能成功"[③]。他意识到道德教育具有法律约束所不能代替的作用。此外，他还认为养成良好的道德品质，单靠空谈是不够的，必须加强道德实践，"应该热心地致力于按道德行事，而不要空谈道德"[④]。

二、伊壁鸠鲁的幸福观

伊壁鸠鲁祖籍雅典，公元前341年出生于萨摩斯。他的父亲是教师，母亲是巫婆。伊壁鸠鲁从小就喜欢对深奥的问题寻根问底，可是许多老师都不能令小伊壁鸠鲁满意，于是他自学德谟克利特的著作。18岁的伊壁鸠鲁来到雅典服兵役，之后他在小亚细亚学习和教学。公元前306年，36岁的伊壁鸠鲁再次来到雅典，在自己住宅的花园里开办了一所学校，这所学校因而被称为"伊壁鸠鲁花园"。"花园"聚集着伊壁鸠鲁的朋友，也吸引来不少学生，甚至包括一些妓女，形成了著名的伊壁鸠鲁学派。该学派人员居住在他的住房和庭院内，与外部世界完全隔绝，因此，伊壁鸠鲁也被后人称为"花园哲学家"。公元前269年，伊壁鸠鲁因肾结石病了整整14天。临终前，伊壁鸠鲁躺在温水浴盆里，喝了一杯醇酒，然后对身边的学生们说："再见了朋友们，请牢记我传授给你们的真理吧！"这位72岁的哲学家与世长辞。

伊壁鸠鲁生活的时代与希腊古典时期截然不同。人们从苏格拉底、柏拉图，以及亚里士多德口中学习到的以城邦为本体的古典伦理学早已不复存在，以"共相""理念"和"至善"支撑的价值体系也早已坍塌。无处不在又荒谬无比的战争使人们失去安身立命之所，城邦生活中对伦理风俗和传统美德的破坏让人们的心灵家园也无所归依，人们不再从公共生活的参与中实现自己的价值，而是考虑如何在个人与庞大帝国中来寻找自己的处世之道，如何在大变化的时代下寻求自身的幸福。伊壁鸠鲁就生活在这样的时代，他的快乐哲学为那些在时代的洪流中不断流浪和漂泊的灵

① 周辅成. 西方伦理学名著选辑 [M]. 北京：商务印书馆，1964.
② 北京大学哲学系外国哲学史教研室. 古希腊罗马哲学 [M]. 北京：商务印书馆，1961.
③ 北京大学哲学系外国哲学史教研室. 古希腊罗马哲学 [M]. 北京：商务印书馆，1961.
④ 北京大学哲学系外国哲学史教研室. 古希腊罗马哲学 [M]. 北京：商务印书馆，1961.

魂提供了一个喘息的庇护所。

（一）伊壁鸠鲁幸福观的理论基础

作为古希腊晚期的哲学家，伊壁鸠鲁的哲学思想受到了当时历史发展环境的影响，研究方向从自然哲学转向伦理哲学，但是，伦理哲学从来没有摆脱自然哲学的影响，伊壁鸠鲁快乐主义的幸福观的根基仍然是他的自然哲学理论。

与德谟克利特相似，伊壁鸠鲁也坚持一种原子论的自然哲学，而且他的原子论实际上是对德谟克利特原子论的继承和发展。在伊壁鸠鲁看来，任何事物皆由原子构成，人也不例外，世界上除了原子与虚空之外，再无其他。但是与德谟克利特不同，伊壁鸠鲁认为原子不仅有大小，还有重量。正因如此，原子运动的轨迹就不仅仅局限于直线运动，而是有可能发生偏斜。他的这一说法肯定了原子自发运动的特征，不仅解释了现存世界中的多种偶然性，也为人的自由意志找到了理论依据。伊壁鸠鲁派哲学在历史发展中最早提出了"一个人被鞭挞的时候也可以是幸福的"说法。原子的偏斜运动，让我们避免了宿命论的道路，在命运的盲目和冷酷之外，为精神的平静找到了避风港。同时，伊壁鸠鲁认为诸神是存在的，但与人们以往因恐惧而臆想出来的形象不同，诸神并非世界的创始者，因为一种原子不能创造另一种原子，而且诸神对人间的一切事物也不感兴趣，他们出于神的本性而幸福地生活，没有任何理由去插手人间事务。伊壁鸠鲁还认为诸神自身就是某种身体类型，拥有人的形状，他们傲慢又冷酷，过着无忧无虑的生活。

在认识论领域，伊壁鸠鲁同德谟克利特的观点一样，认为感觉就是由周围的物体流射出来的影像并作用于我们的感官而产生的。因此，伊壁鸠鲁认为"感觉就是真理的试金石"[①]，没有感觉，就没有知识。在感觉的基础上，存在"预先图式"，我们可以以此来认识世界。此外，还存在意见与假说，如果它们与感觉相符，它们就是正确的。根据伊壁鸠鲁的观点，在理论的领域里，真理的标准就是感觉；而在实践的过程中，快乐与痛苦是衡量的准则：凡是能引起快乐的，就是好的；那些引起人们痛苦的，就是不好的。伊壁鸠鲁认为，原子的结合产生了肉体和灵魂，同时也产生了感觉，当原子离散时，感觉也同时消散。他认为，死亡并不可怕。当我们终日惶恐不安时，死亡尚未降临，而当死亡真正降临的时候，我们的感觉就会随之而散。对于自由的人来说，人们既不要把必然性绝对化，把命运看成不可抗拒，也

---

① 梯利. 西方哲学史 [M]. 葛力, 译. 北京: 商务印书馆, 2004: 105.

不要把偶然性绝对化，把命运看成不可捉摸的。他强烈地反对做命运的奴隶，也反对碰运气。他主张人应该自由地去寻找和享受人间的快乐和生活的幸福。快乐和幸福是人生的出发点和目的，是人生的基本原则和评价人生的标准。

（二）伊壁鸠鲁幸福观的基本内容

1. 快乐是最大的善，宁静是最高的快乐

伊壁鸠鲁的快乐并不是单纯的吃、喝、玩、乐，过奢侈的生活，因为伊壁鸠鲁认为快乐的生活离不开理智、美好和正义，同时理智、美好和正义的生活也离不开快乐。如果一个人的生活缺乏其中之一，比如缺乏理智，那么虽然他还过着美好和正义的生活，但他已经不可能过上快乐的生活了。聪明的人应该使自己生活在宁静之中，应该学习哲学，而强烈的感情则不属于宁静的生活，应该尽量减少。伊壁鸠鲁认为有两种不同的快乐，即"动态"的快乐与"静态"的快乐。"动态"的快乐是人们在满足自己愿望的过程中获得的，例如饥饿时美餐一顿，这种幸福与感官的满足有关，也就是现代人所称的"快乐"。"静态"的快乐是当一个人的愿望得到满足后，那种满足的状态，并认为这种"静态"的快乐是最完美的快乐。伊壁鸠鲁还阐释了身体的快乐或痛苦与精神的快乐或痛苦的区别。身体的快乐或痛苦只与现在有关，而精神的快乐与痛苦还包括过去和未来（对将来的信心或恐惧）。伊壁鸠鲁坚信：恐惧，特别是对上帝和死亡的恐惧，是快乐的最大敌人，如果人能够摆脱对将来的恐惧，勇敢地面对将来，并相信将来的愿望能够满足，人就能够获得"宁静"这个最佳状态。

2. 快乐是内在的善，为了寻求更大的快乐，有时必须得忍受痛苦

伊壁鸠鲁认为，如果快乐来自愿望的满足，痛苦来自愿望的不能满足，那么我们可以用两种方法来对待愿望：实现愿望或者消除愿望。伊壁鸠鲁提倡消除愿望，他认为，如果能把愿望减少到最低限度，这样愿望就能满足，就能得到快乐。伊壁鸠鲁把人的愿望分为三种："自然的，必要的愿望""自然的，但不必要的愿望"和"徒劳的，无意义的愿望"（伊壁鸠鲁教义第二十九条）。"自然的，必要的愿望"包括衣、食、住等，这些愿望容易满足，不容易消除，一旦满足，就能给人带来很大的快乐。伊壁鸠鲁认为，我们应该尽量去满足这些必要的愿望。"自然的，但不必要的愿望"就是对奢侈的食物的愿望。虽然食物对生命是必要的，但人的生命并不需要奢侈的食物来维持。尽管伊壁鸠鲁提倡享乐主义，他却提倡简朴的生活。"徒劳的愿望"包括权欲、财欲、名欲等，这些愿望难以满足。如果一个人有财欲、权欲，无论他得到多少财、多少权，他都觉得不够，他得到的越多，他想拥有的就越多，伊壁鸠鲁认为这些愿望应该消除。

同时，按照伊壁鸠鲁的观点，人们的一切行为应当由身体上的快乐和精神上的快乐来决定。不过，虽然快乐是内在的善，但最快乐的生活有时要求人们必须为寻求更大的快乐而忍受痛苦，他说："快乐是我们天生的最高的善。但我们并不选取所有的快乐，当某些快乐会给我们带来更大的痛苦时，我们每每放过许多快乐；如果我们一时忍受痛苦而可以有更大的快乐随之而来，我们就认为有许多痛苦比快乐还好。就快乐与我们有天生的联系而言，每一种快乐都是善，然而并不是每一种快乐都值得选取；正如每一种痛苦都是恶，却并非每一种痛苦都应该趋避。对于这一切，我们必须加以权衡，考虑到合适不合适，从而加以判断；因为有的时候我们会觉得善是恶的，而有的时候则相反，我们会认为恶是善的……"[1]比如，真正的快乐不一定就是由于拥有大量财富或得到民众认为的荣誉和尊严而产生的。因为这些东西有时会给灵魂带来很大的骚动和不安，不利于获得真正的快乐。有无限欲望的人，即使拥有巨大的财富，也是不能满足的。因为这种欲望是没有穷尽的，所以应该严格否弃这些有害的东西。再如，不幸有时是由过高的欲望或者无限的欲望而引起的，但是，如果一个人能够控制这些欲望，就能够避免不幸，获得可以领悟的幸福。

3. 明辨是非，是享受快乐的基础

想要获得真正的快乐生活，必须善于区分哪些是真正的快乐、哪些只是表面的快乐，必须要了解各种愿望的性质和产生于各种乐事中的快乐。伊壁鸠鲁说："我们要体会到，在欲望中间，有些是自然的，有些是虚浮的；在自然的欲望中，有些是必要的，有些则仅仅是自然的；在必要的欲望中，有些是幸福所必要的，有些是养息身体所必要的，有些则是生命本身的存在所必要的。"[2]在他看来，人们应该善于运用哲学分析的方法，选取那些自然的、为健康和幸福所必要的快乐，摒弃那些虚浮的，对自己的精神和肉体有所损失的快乐。因为有些事物虽然在表面上看来是好事，但是如果为了争取它而给精神、肉体带来极大的痛苦，使灵魂骚动不安，其实就表现出它并不是真正有价值的东西。要以清醒的头脑对这些事物进行严格否弃，否则就会受害无穷。比如，有些人虽身居茅屋却无忧无虑，要比那些虽有金床盛宴而异常苦恼的人好得多。人们只要对于这些事物有正确的了解，就能够从肉体健康和灵魂平静的角度来考虑取舍，因为肉体健康和灵魂平静乃是幸福生活的目的。人

---

① 北京大学哲学系外国哲学史教研室. 伊壁鸠鲁至美诺寇的信，古希腊罗马哲学 [M]. 上海：三联书店，1957：368
② 周辅成. 西方伦理学名著选辑：上卷 [M]. 北京：商务印书馆，1987：103.

们一旦达到了这种境地，灵魂的骚动就会消散，真正的幸福才能开始。

4. 知足常乐、节俭朴素是通向幸福的必由之路

伊壁鸠鲁教导人们说："我们认为知足是一件大善，并不是因为我们在任何时候都只能有很少的东西享用，而是因为如果我们没有极多的东西，我们就可以满足于极少的东西。其实，最能充分享受奢侈品的人，也就是最不需要奢侈品的人，凡是自然的东西，都是最容易得到的，只有无用的东西才不容易到手。当欲望得不到满足所造成的痛苦被取消了的时候，简单的食品给人的快乐就和珍贵的美味给人的快乐一样大；当需要吃东西的时候，面包和水就能给人极大的快乐。简单朴素的生活习惯是增进健康的一大因素，使人对于生活必需品不加挑剔。比较奢侈的生活习惯，朴素的习惯可以让我们把生活处理得更好一点，让我们对命运无所畏惧。"①

5. 要审慎地判断和选择善恶

伊壁鸠鲁认为，审慎是决定一个人是否能获得快乐和幸福的重要因素，因为不是命运决定着他的幸福，而是他本身支配着那些因素，能很好地利用各种偶然发生的事件。总之，宁愿要一个明智的判断，也不能求侥幸的结局，这是审慎的原则。

在那些具有审慎态度的人们看来，自己本身是决定事变的主要力量。因为那些决定事变的力量，一部分要归因于必然，一部分要归因于机遇，一部分归因于自己；可是"必然"取消了责任，"机遇"是不经常有的，而"自己"是自由的，这种自由就形成了使自己承受褒贬的责任。由此，一个人为了获得幸福，就应该对自己的行为负责，应该慎重地选择、明智地判断、果断地行动。

诚然，人们也应正确地对待机遇，既不要把机遇看成一位幸运的女神，也不要把机遇看成一个不确定的原因。具有审慎态度的人不相信机遇能使人生活得更幸福，但大善或大恶总是从机遇开始的。在那些具有审慎态度的人们看来，遵从理性而不走运比不遵从理性而走运还要好，因为凡是被判定为最好的行为，都是遵从理性而正当地做成的。

此外，伊壁鸠鲁还认为，善是容易谋求并且容易实现的，而最大的恶只能于短期内持续，并且只能致使顷刻的痛苦。因为，"痛苦并不持续留住在肉体内，就是极端的痛苦，也不过出现于一个极短的时间内"②。所以，我们不能为了回避暂时的痛苦，而去选择那种"短命"的"受人蔑视"的恶。

① 北京大学哲学系外国哲学史教研室. 伊壁鸠鲁至美诺寇的信, 古希腊罗马哲学 [M]. 上海：三联书店，1957: 370
② 北京大学哲学系外国哲学史教研室. 伊壁鸠鲁至美诺寇的信, 古希腊罗马哲学 [M]. 上海：三联书店，1957: 372

6. 幸福需要在社会生活中坚持公正原则

伊壁鸠鲁在研究了社会生活的实质后发现：公正原则的前提是确保人与人之间的相互支持，并阻止他们之间的相互伤害。为此，人们建立了一种社会契约，要用公正来调整他们之间的关系。自然的公正，乃是引导人们避免彼此伤害的互利约定。如果有一些民族不能或不愿有一种尊重相互利益的约定，是没有公正或不公正可言的。与此相反，公正没有独立的存在，而是由相互约定而来的，无论在任何时间、任何地方，只要有一个防范彼此伤害的相互约定，公正就成立了。

不公正并非本来就是坏的，其所以称为"坏"，只是因为有一种畏惧随之而来：怕不能逃避那奉命惩罚行为不公正的人。不公正的人常常想要秘密地做那种违背人们互相约定不该做的事，而不被人们觉察。其实，这是不可能的，因为哪怕他逃避人们的耳目已有一万次之多，但直到他死，还是不确定他的行为是否不被发现。因此，人们只要没有坚持公正原则而做了某种违心的事情，即使这样做对他会暂时有利，甚至带来一时的痛快，就会永远因之而不快乐。因为公正是相互交往中的一种相互利害关系，只要你以不公止的原则来对人，别人也可能同样会以不公正的原则对你。这样，你由于不公正做人的痛苦，必然会回到你自身来。所以，人类为了获得真正的快乐与幸福，就必须要坚持公正原则。

7. 友谊是幸福生活的强大助力

伊壁鸠鲁认为，当人处于孤立状态时，很可能由于担心自身的安全而戒备别人，这样，就往往会因为要戒备邻人（周围的人）的不端行为而受到非难。在这种情况下，有一种最稳妥的办法，那就是有选择地交往一群可靠的朋友，从事务的禁锢中解脱出来。他说："在智慧提供给整个人生的一切幸福中，以获得友谊最为重要。"[1]由此，获得相对于别人而使自己得到安全的任何手段都是自然的善。有些人设法使自己有名望，觉得这样他们就可以在与别人相对立中得到安全。那么，如果这种人的生活真正安全了，他们就得到了自然的善，可是如果不安全，他们就没有达到本性所要求的、他们最初所寻求的那种目的。所以，为了应付对外面敌人的恐惧，应尽量交友，但交友也要有所选择，否则会适得其反。即便是对于那些不能交好的人，至少也要避免结冤……总之，能否正确地择友和交友，是决定人们是否能够获得愉快与幸福的重要内容之一。

---

① 北京大学哲学系外国哲学史教研室. 伊壁鸠鲁至美诺寇的信, 古希腊罗马哲学 [M]. 上海：三联书店, 1957: 379

第二节 | 理性主义的幸福观

与快乐主义相对，在古希腊的思想史上，还存在着另一种幸福观，就是理性主义的幸福观。理性主义的幸福观并不全然是禁欲主义的观点，而是首先表现为对那些由满足身体欲望带来的幸福的反思，由此导致对身体欲望的贬斥乃至拒绝。这主要是因为人们按照快乐主义幸福观的引导，曾极力想通过欲望的满足来实现对幸福的体验，却通常悲观地发现人类欲望是无法穷尽的，根本不可能通过欲望的满足而最终达到幸福。他们进一步认为幸福在本质上只是一种主观上的感受，它与物欲的满足没有必然联系，因此，要得到真正的幸福须抛开一切欲望，从而追求一种精神上的满足。

持有理性主义幸福观的思想家往往认为最高的幸福在于贬斥乃至禁绝自己的感官欲望，并由此获得精神、理念的完满和富足。他们在思考幸福问题时，崇尚人的理性力量，宣扬人的道德品性，相信人类具备权衡和辨别利害关系的能力。以理性主义为幸福观的思想基础，将幸福渗透于人的灵魂深处，关注人内在的精神追求和完满，不重视甚至摒弃物质的享受和满足，强调人类的精神幸福。他们认为理性是人与动物的根本区别，因而，以理性获得幸福只有人类才能做到，这也正是人类的骄傲。这一派思想家的杰出代表是苏格拉底、柏拉图和亚里士多德。

一、古希腊人的悲剧幸福观

理性主义幸福观的萌芽可以追溯到古希腊从立法时期流传下来的悲剧幸福观，这一观点在有关梭伦的一则故事中得到了明显体现。这个故事在普鲁塔克的《希腊罗马名人传》之《梭伦传》和希罗多德的《历史》中都有记载。

这个故事可以简略叙述为：吕底亚国王克洛伊索斯邀请梭伦访问萨尔迪斯（当时吕底亚王国的首府），并向他展示了自己拥有的巨大财富。然后，克洛伊索斯神气地发问："梭伦，我知道你作为哲学家的声名，也知道你游历天下见多识广，能告诉我，你所遇见的最幸福的人是谁吗？"克洛伊索斯以为梭伦一定会回答"国王是最幸福的人"，然而，梭伦的回答却让他始料不及："雅典的泰洛斯是最幸福的人，因为他生活在一个管理得很好的城邦里，膝下有一群既勇敢又善良的儿子；他也看到了健康的孙儿们的诞生，并且在享受了一个人在正常情况下所能有的幸福生活之后，为雅典抵御埃勒西斯而光荣献身，人们为他举行了隆重的葬礼，并且心怀感激地纪念他。"听了梭伦的回答，克洛伊索斯便迫不及待地问道："除了泰洛斯之外，还有谁是最幸福的人呢？"他以为这第二的位置总该轮到自己了吧。然而，梭伦却说："是阿尔哥斯城邦的克列欧比斯和比顿，这两个年轻人曾在赛会上双双获胜。有一次，他们的母亲要乘车到五英里外的赫拉神庙参加节日庆典，由于拉车的牛未能及时从野外回来，他们就自己拖车。庆典中所有的人都为这两个年轻人的力量喝彩，并纷纷向他们的母亲道贺。母亲喜不自胜，祈求女神赐予她的儿子人类所能有的最大福分。结果，祈求应验了。祭祀和宴饮之后，两个小伙子在神庙中沉睡，这时女神把他们召进了天国。"

听了梭伦的回答，克洛伊索斯恼火极了，他说："雅典的客人啊！为什么您把我的幸福这样不放在眼里，竟认为我的幸福还不如一个普通人重要呢？"梭伦说："在一个人活着的日子里，其中的每一天都会有与以往不同的事情发生，所以在一个人死前，你无法断定他这一生是否幸福；而你作为尊贵的国王所认为的幸福，其实并不是真正的幸福。真正的幸福是充满智慧地享受你所拥有的人生财富和荣誉，而你现在所拥有的感觉，只不过是眼下的一种被权力所装饰的虚荣，是一种对占有欲一时的满足罢了。"听后，克洛伊索斯把这个不注重当前幸福的"大傻瓜"梭伦送走了。①

在以后的日子里，克洛伊索斯先失去儿子，后在希波战争中被居鲁士俘获并处以火刑，而就在火焰舔着克洛伊索斯双脚的时候，克洛伊索斯终于体悟了梭伦的话——活着的人没有一个是幸福的。他对天大喊梭伦的名字，并向居鲁士道出了缘由。就在这时，一直是晴朗、平静的天空上，乌云集合起来，刮起了暴风并下了暴雨，火焰熄灭了，克洛伊索斯获救了。②

美国学者达林·麦马翁将这个故事纳入整个古希腊文化中进行考察，认为这是幸福的悲剧。因为在古希腊人的世界里，人类的目标总是经常受到各种不可预知的神秘力量的威胁，整个世界都是由命运或者诸神支配的，苦难无处不在，不确定性更是伴随着日常的生活。而泰洛斯、克列欧比斯和比顿在其有生之年英勇地"克服了生命中的苦难，且在他们人生最光荣的时刻荣耀地死去"③。达林·麦马翁实际上将梭伦的幸福观上升为那个时代的一般性看法，特别是死亡对于幸福的意义：在一个充斥着不确定性和不可捉摸性的生活境遇中，神不过是让许多人看到了幸福的一

---

① 希罗多德. 历史 [M]. 王以铸，译. 北京：商务印书馆，1997：14-16.

② 希罗多德. 历史 [M]. 王以铸，译. 北京：商务印书馆，1997：44-45.

③ 达林·麦马翁. 幸福的历史 [M]. 施忠连，徐志跃，译. 上海：上海三联书店，2011：14-15.

个影子，随后便把他们推上了毁灭的道路，所以只有死亡才能定格整个人生的幸福。在古希腊的传统秩序中，克洛伊索斯的"当前幸福"不过是昙花一现的"幸运"，抑或是"幸福的一个影子"。在人类不可能支配自己命运的世界里，人类以为自己最幸福是一种自大傲慢的表现，这种傲慢挑战了神威，从而必遭神的惩罚。这就是克洛伊索斯的命运。

罗念生先生认为："古希腊人把他们所不能解释的种种遭遇统统归之于命运。"[①]命运对古希腊人而言是不可捉摸的东西，但又是一种真实的存在，而以存在和不可捉摸性为特征的命运观是古希腊悲剧的主题，这一主题在"悲剧冲突"中得到极力彰显。所谓"悲剧冲突"即是主人公在一种极端情境下被迫在两种对立又彼此正确的价值选项中做出抉择的行为。如阿伽门农、俄狄浦斯和美狄亚，他们既被诸神追猎，又遭到家族的诅咒，最终只能任由命运摆布。古希腊人信仰多神教，且认为诸神又都是正确的，将诸神之间的冲突转化为人自身的冲突。因此，不论凡人选择哪种价值，都会以牺牲另一种价值为代价，悲剧没有圆满的结局，这就是其内涵。

在埃斯库罗斯的《俄瑞斯忒亚》中，主人公阿伽门农面临着抉择：按照神谕把自己的女儿献祭或放弃对特洛伊的战争。在鱼和熊掌不可兼得的情况下，阿伽门农选择了前者，而这又埋下了妻子的复仇计划，致使阿伽门农最终没有逃脱被复仇的惩罚。正如剧中歌队所唱："凡人的命运啊！在顺利的时候，一点阴影就会引起变化；一旦时运不佳，只需用润湿的海绵一抹，就可以把图画抹掉。""哪一个凡人能够夸口说，他生来是和厄运绝缘的呢？"[②]剧中无奈的伤感同样是剧作者的情愫："凡人没有一个能逃离（悲剧），我们永远躲避不了这种悲惨的命运。"[③]人成了诸神的玩偶。

在索福克勒斯的《俄狄浦斯王》中，瘟疫笼罩着忒拜城，当神谕要求必须找出杀死拉伊俄斯的凶手（即俄狄浦斯）时，合唱队道出了命运不可逃避的可怕性："那神示刚从帕耳那索斯山上响亮地发出来，叫我们四处寻找那没有被发现的罪人。他像公牛一样凶猛，在荒林中、石穴里流浪，凄凄惨惨地独自前进，想避开大地中央发出的神示，那神示永远灵验，永远在他头上盘旋。"[④]这种表达既突显了神对人的权威，又内涵了一种人存在的境遇：遭受无数痛苦是命定的，在神面前无处藏身且不受时空限制。

---

① 罗念生. 罗念生全集：第 2 卷 [M]. 上海：上海人民出版社，2004：7.
② 罗念生. 罗念生全集：第 2 卷 [M]. 上海：上海人民出版社，2004：240.
③ 罗念生. 罗念生全集：第 2 卷 [M]. 上海：上海人民出版社，2004：28.
④ 罗念生. 罗念生全集：第 2 卷 [M]. 上海：上海人民出版社，2004：358.

欧里庇得斯在《美狄亚》中的唱白则进一步揭示了神对人的支配性地位："宙斯高坐在俄林波斯分配一切的命运，神明总是做出许多料想不到的事情。凡是我们所期望的往往不能实现，而我们所期望不到的，神明却有办法。"[①]在这种不可捉摸的人生境遇中，"顺其自然"也许是一种明智选择。而这恰恰印证了古希腊人因不能自主追求幸福而产生的悲剧幸福观，更深层次地体现了古希腊人与社会和自然环境的冲突——人受必然性的支配及无奈。

悲剧中所揭示的不可改变、无法逃避的神谕、命运及其导致的惩罚和禁忌，自梭伦时代就已生成并逐渐固化为一种社会想象形式。正因为如此，索福克勒斯在《俄狄浦斯王》结尾处说："当我们等着瞧那最末的日子的时候，不要说一个凡人是幸福的，在他还没有跨过生命的界限，还没有得到痛苦的解脱之前。"[②]这呼应了梭伦在回答克洛伊索斯时所讲的话。希罗多德与索福克勒斯是同时代的人，历史和悲剧以思想观念的形式再现了叙事者的人生悲怀。在悲剧世界里，人的行为总是受到不可名状的限制，苦难是不可避免的，即使有幸得到幸福也是诸神的恩惠，人在此境遇中的存在是被动的适应过程，这就是悲剧的成因。尽管诸神之间也有冲突，有时还很激烈，但在支配凡人这一点上却是惊人一致的，凡人的自主选择在诸神那里就是挑战其权威的傲慢自大。

古希腊人的现实生活中同样充满着"悲剧冲突"——选择或放弃某些价值准则。好人做坏事是情景所逼，是生存的真实。这实际上蕴含了古希腊人的生存悖论：追寻存在的意义和神谕下追寻的无意义。"一方面是对人类存在的被动性以及他们在自然界中的主动性的一种原始感觉，以及对这种被动性的憎恨与愤怒；另一方面是我们理性的活动使人类的存在合理化，从而拯救了我们人类的生存——理性必须要拯救人类的生存，否则那种生存就是无意义的生存。"[③]正基于此，悲剧试图通过"冲突"来揭示实践生活中选择的局限性，从而在生活可能性的基础上探索人类的生存意义。从这个角度来说，悲剧不是展示给观众解决"悲剧冲突"的办法，而是通过提出问题的方式来反思人类存在的实景，进而开启一种新的探索实践生活的方式：减少选择，从而减少"悲剧冲突"的发生。

① 罗念生. 罗念生全集：第 3 卷 [M]. 上海：上海人民出版社，2004：127.
② 罗念生. 罗念生全集：第 2 卷 [M]. 上海：上海人民出版社，2004：387.
③ 玛莎·纳斯鲍姆. 善的脆弱性 [M]. 徐向东，陆萌，译. 南京：译林出版社. 2007：3.

二、苏格拉底的幸福观

苏格拉底是古希腊的哲学家，和他的学生柏拉图以及柏拉图的学生亚里士多德并称"希腊三贤"。苏格拉底认识到人的生活中有很多痛苦，但是，他说："在快乐的猪和痛苦的人之间，我宁愿选择后者。"苏格拉底在生活中并不常常以智者自居，反而总是首先承认自己的无知，用诱导的方法让对话者自己得出有关问题的结论，他的方法被称为"真理的助产术"。

在苏格拉底之前，古希腊哲学家们研究的中心领域是自然界，其核心任务是探求世界的本源；智者学派从语言哲学开启了哲学研究的转向，但具有相对主义的不彻底性；苏格拉底在与智者们的辩论中彻底完成了将哲学从自然转到人类事物，即转到伦理 - 政治哲学。正因为此，罗马著名演说家西塞罗说："苏格拉底第一个将哲学从天上召唤下来，使它立足于城邦并将它引入家庭之中，促使它研究生活、伦理、善和恶。"①

（一）苏格拉底的哲学转向

在《斐多篇》中苏格拉底这样陈述自己的研究转向："年轻的时候，我对那门被称作自然科学的学问有着极大的热情，但也极度困惑。正在此时，阿那克萨戈拉的'心灵产生秩序'使我兴奋不已，并终于在阿那克萨戈拉那里我找到了一位完全符合我心意的关于原因问题的权威。"②色诺芬在《回忆苏格拉底》中这样评介自己老师的研究转向："因为他并不像其他大多数哲学家那样，辩论事物的本性，推想智者所称的宇宙是怎样产生的，天上所有的物体是通过什么必然规律而形成的。相反，他总是力图证明那些宁愿思考这类题目的人是愚妄的。"③"关于这一类的哲学家，他还会问，是不是像那些学会了人们所运用的技艺的人们那样，他们希望为了他们自己或是为了他们所愿意的人们而把他们所学会的技艺付诸实践，同样，那些研究天上事物的人，当他们发现万物是凭着什么规律实现的以后，也希望能够制造出风、雨、不同的节令以及他们自己可能向往的任何东西，还是他们并没有这类的希望，而是仅以知道这一类事物是怎样发生的为满足呢？"④这是两种不同的研究目的。纳

---

① 叶秀山、王树人. 西方哲学史：第 2 卷 [M]. 南京：江苏人民出版社，2005：472.
② 柏拉图. 柏拉图全集 [M]. 王晓朝，译. 北京：人民出版社，2003：18.
③ 色诺芬. 回忆苏格拉底 [M]. 吴永泉，译. 北京：商务印书馆，1986：4.
④ 色诺芬. 回忆苏格拉底 [M]. 吴永泉，译. 北京：商务印书馆，1986：5.

斯鲍姆认为："技艺就是把人类智慧审慎地应用于周围世界，从而得到对运气的一些控制，技艺与需要的管理、预期以及对未来偶然性的控制都相关。用技艺来指导生活的人面对新的环境总有先见之明，具有一些系统的思考，对外物有控制能力，从而就能从容面对新的处境，消除对外界的盲目依赖。"①将"技艺"用于实际生活就是实践。苏格拉底正是将神谕的不可捉摸性通过"技艺"转换为人类，理解和掌握的具体实践形式，进而实现了自己的研究转向。

在著名的《申辩篇》中，苏格拉底说："雅典人啊！我尊敬你们，并且爱你们；只要我还有生命和气力，我将永不停止哲学的实践，教诲、劝勉我所遇到的任何一个人，照我的方式对他说：你，我的朋友，伟大、强盛而且智慧的城市雅典的一个公民，像你这样只注意金钱名位，而不注意智慧、真理和改进你的心灵，你不觉得羞耻吗？""不论老少，都不要老想着你们的人身或财产，而首先并且主要地要注意到心灵的最大程度的改善。我告诉你们美德并不是用金钱能买来的，却是从美德产生出金钱及人的其他一切公的方面和私的方面的好东西。这就是我的教义。"②苏格拉底将古希腊人祈求的神谕转换为通过完善人类自己的德性而获得幸福。也就是说，当幸福不再被视为神谕在世俗里展开，而被看作人追求善的一种天性时，希腊人的幸福观发生了改变。黑格尔在《哲学史讲演录》中这样提及了苏格拉底的转向："拿人自己的自我意识，拿每一个人的思维的普遍意识来代替神谕，这是一个变革。"③总之，幸福不是神的恩赐，而是人的自我追求，一种反思性的自我追求。

（二）"认识你自己"是追求幸福的途径

苏格拉底还将幸福分为个人幸福和国家幸福。在《申辩篇》中，苏格拉底说："因为我把自己所有的时间都花在试探和劝导你们上，不论老少，你们首要的、第一位的关注不是你们的身体或职业，而是你们灵魂的最高幸福。我每到一处便告诉人们，财富不会带来美德（善），但是美德（善）会带来财富和其他各种幸福，既有个人的幸福，又有国家的幸福。"④这里的国家幸福是指"好世界"，也就是说，幸福包括两个方面的因素：好的生活环境——国家政治的善；一个人是否具有享受好生活的条件，如德性、正义、勇敢等品格。

---

① 玛莎·纳斯鲍姆. 善的脆弱性 [M]. 徐向东，陆萌，译. 南京：译林出版社，2007：124.
② 北京大学哲学系外国哲学史教研室. 古希腊罗马哲学 [M]. 北京：商务印书馆，1961：148-149.
③ 黑格尔. 哲学史讲演录 [M]. 贺麟，译. 北京：商务印书馆，1960：96.
④ 柏拉图. 柏拉图全集：第2卷 [M]. 王晓朝，译. 北京：人民出版社，2003：18.

在国家政治环境既定的情况下，个人追求"好生活"只能通过"认识你自己"来完成。而"认识你自己"在某种程度上又与"要自制"同义；"要自制"实质上就是反省。因此，他说："人知道自己便会享受许多幸福，而对自己有错误的认识便要遭受许多祸害。因为知道自己的人，会知道什么事情是适合他们的，并会辨别他们所能做的事情与他们所不能做的事情；而由于做他们知道怎样去做的事情，于是便替自己获得自己所需要的东西，并且事事亨通顺遂，同时由于禁绝做自己所不知道的事情，便可以活得没有罪过，并避免成为倒霉不幸的人。"①由此看出，认识了自己就会产生一种自律，这种自律会将我们引入幸福，回避不幸。达到自律的人也就是苏格拉底所说的有德之人，有德之人也就是幸福之人。而"认识你自己"就是要不断完善你自己的德性，从而促使你达至幸福之境。

在《欧绪德谟篇》中，苏格拉底将追求幸福视为人的一种天性，正如他所说："有谁不希望在世上生活得好呢？"苏格拉底认为克洛伊索斯追求自己的幸福是一种崇高的探索，并列举了诸如富裕、健康、俊美、出身、权力、荣誉、节制、正直、勇敢、智慧（运气）等"好的东西"。但并不是只要拥有了这些东西就能够过"好的生活"，因为"一个人要幸福不仅必须拥有这些好东西，还必须使用它们，否则就不可能由于拥有这些东西而得到好处"②，更重要的是，必须要"正确的使用"，错误的使用将会带来灾难性的后果。这里的关键在于：正确使用得到的好处，能促进幸福或善，而要想正确使用就必须以知识为导向，因为"知识在各种行业中不仅给人类提供好运，还产生好的行动"③。因此，他说："凡有智慧在场之处，无论是谁，只要拥有智慧就不要智慧以外的别的好运。"④苏格拉底认为："借助概念分析，我们能获得有关情境和应当做什么的真理。这一方法，同时适用于对真实事态的知识和对价值目标的洞见，洞见到什么是正当和善，什么是我们应该做的。"⑤由此可以看出，苏格拉底向我们展示了一个追求幸福生活的途径：拥有一些好东西，并在知识的指引下正确使用，以促进善。

① 周辅成. 西方伦理学名著选辑：上卷 [M]. 北京：商务印书馆，1987：63-64.
② 柏拉图. 柏拉图全集 [M]. 王晓朝，译. 北京：人民出版社，2003：14.
③ 柏拉图. 柏拉图全集 [M]. 王晓朝，译. 北京：人民出版社，2003：14-15.
④ 柏拉图. 柏拉图全集 [M]. 王晓朝，译. 北京：人民出版社，2003：15.
⑤ G·希尔贝克，N·伊耶. 西方哲学史——从古希腊到二十世纪 [M]. 童世骏，郁振华，刘进，译. 上海：译文出版社，2004：43.

（三）善是幸福的源泉

苏格拉底还强调了"善"是幸福的源泉。苏格拉底认为，人们每天都要追求好好活着，那么怎样才能好好活着呢？在这里的"好"指的是"善"或者"美好"，"善"是人们生活中所追求的最高目标，通过实现生活中的"美德"和"善行"来实现人世间的幸福。因此，他提出，善是最高目的，德性就是幸福，为了增添人们生活中的快乐和幸福，人们的活动应该而且一定要符合德性，就像他曾经呼吁的"善人是幸福的，恶人是不幸的"[①]，并以此来提倡人们多做力所能及的善事，多做高尚的并且有德性的事，使人们得到他们所追求和向往的幸福。

这种"善"是通过"审查"和"诘问"来达成的。在苏格拉底看来，哲学就是一种"活动"，需要"践行"和"实践"，而哲学的目的，就在于通过"审查自己和他人"来达到"善"。苏格拉底表示："我将以此方式对待我所遇到的每一个人，不论是年轻人还是老人，不论是公民还是异邦人。"[②]"诘问"作为审查的具体方式，是对话者双方的互动过程。这种审查的起点是苏格拉底的"人的智慧"——无知且意识到自己无知，在此基础上，苏格拉底才试图将自己的"人的智慧"传达给他人——所有人都不具有智慧，只有神才有智慧，人所能做的只不过是追求智慧——思考、关心智慧和真理。在苏格拉底身上爱智慧和哲学活动合二为一，这就是苏格拉底的箴言"未经审查的生活不值得过"的深层价值。苏格拉底对自身哲学"审查"活动的实际效果确定不疑，不论是对城邦还是对个人，哲学"审查"活动足以带来"善"：对城邦而言，"城邦中最大的善莫过于我侍奉神"[③]；对个人而言，每天以诘问讨论德性是"对人而言最大的善"，"奥林匹克获胜者使你们自认为幸福，我使你们真正幸福"[④]。

苏格拉底的确定不疑源自这种哲学活动是一个完善的程序：第一步，从整体上改变人们所关注对象的秩序，在尽可能完善灵魂之前，不要只关心身体和财富。第二步，"像父兄对待子弟一样，我敦促你们关心德性"[⑤]。第三步，"不要做不义或不虔诚之事"[⑥]。第一步即点明了最应该关心的是"灵魂"，使灵魂尽可能完善。那么，

① 王麟. 苏格拉底这样思考：通往幸福的 16 种方式 [M]. 北京：中国国际广播出版社，2005：67.

② 柏拉图. 柏拉图全集 [M]. 王晓朝，译. 北京：人民出版社，2003：33.

③ 柏拉图. 柏拉图全集 [M]. 王晓朝，译. 北京：人民出版社，2003：33.

④ 柏拉图. 柏拉图全集 [M]. 王晓朝，译. 北京：人民出版社，2003：40-41.

⑤ 柏拉图. 柏拉图全集 [M]. 王晓朝，译. 北京：人民出版社，2003：35.

⑥ 柏拉图. 柏拉图全集 [M]. 王晓朝，译. 北京：人民出版社，2003：37.

如何做才能够使灵魂完善呢？这便引出第二步，关心德性。苏格拉底认为关心德性的原因在于"财富并不带来德性，但是德性使得财富和其他一切，不管个人的还是集体的，成为对人而言真正的善"①。德性之所以能使其他一切成为真正的善，原因在于第三步：有了德性，人们就不会做不义或不虔诚之事。这一程序勾画出了苏格拉底伦理学的框架：不义或不虔诚是灵魂应竭力避免的，德性的作用使得其他一切成为对人而言真正的善，这是灵魂应该趋向的、"活得好"的幸福状态。

他的这一观点对当时社会秩序的稳定有一定的推动和促进作用，道德作为调整人们思维模式和调节人们行为活动的无形手段，在这里得到了充分和恰当的体现。人们拥有了德行，自己的素质会自然而然地提高，人们的内在心灵会得到了净化和升华。同时，通过自己有德行的行为活动，为社会的和谐稳定贡献自己的力量。此外，他还认为人们追求幸福是一个过程，是人们不断地认识自己，通过各种途径理解德行，再通过各种正确的手段为善、为美的过程。一个人只有知道如何为善，才能做到善；一个人只有理解了德行，才能把德性作为自己的立身之本。因此，每个人都要孜孜不倦地为善和立德，这不但是为了自己，也是为了整个社会的和谐与稳定。

三、柏拉图的幸福观

柏拉图（公元前 427 年—公元前 347 年），古希腊著名的哲学家，也是西方哲学史上伟大的哲学家和思想家。他出生于一个贵族家庭，20 岁时就跟随苏格拉底学习，在苏格拉底被判处死刑后对统治者失去信心。40 岁时建立了自己的学院，并成为亚里士多德的老师。柏拉图热爱祖国，热爱哲学，将毕生的心血用来研究哲学并将其融入政治，其理论达到了哲学与文学、逻辑与修辞的高度统一，在哲学和文学上都具有极为重要的意义和价值。

（一）柏拉图幸福观的理论基础

1. 理念论

柏拉图的理论中最具有特色的就是理念论，这也构成他的整个哲学观点乃至幸福学说的基石。柏拉图认为，一切个别的、具体的事物，都是瞬息万变的，因而是不完善的、相对的乃至虚幻的。但世界上还存在某种一成不变、永恒存在的东西，那就是"理念"。理念作为具体事物的本质而存在的，它是永恒的、真实的、完美的。

---

① 柏拉图. 柏拉图全集 [M]. 王晓朝，译. 北京：人民出版社，2003：34.

柏拉图认为，理念世界中最高的形式是"善"。他用太阳来比喻"善"理念在整个理念世界中的最高地位。太阳提供了光，使我们得以看清物质对象，"善"也提供了"光"，使灵魂得以领悟理智的形式。在柏拉图看来，这个"善"是整个可知世界之所以可知、之所以存在的原因和根源，并且间接地成为可见世界之所以可见、之所以存在的原因和根源。人的灵魂要从可见世界转入可知世界，要想获得真正的"知识"，就必须学习和掌握"善"理念。

在这个比喻中，柏拉图将统一的世界划分为二：可见世界和可知世界。现实的太阳统治着可见世界，理念的善统治着可知世界。灵魂由可见世界转入可知世界要经历一个艰难的思想攀登的过程，这也是心灵从最低等级上升到最高等级的过程。这个认识过程或心灵转向过程由低到高可分为四个等级（或阶段）。第四等级：对可见世界"影像"的认识。所谓影像，就是指一切实际存在的、具体的、可感事物的阴影或摹本之类的东西。在对可见世界的"影像"认识时，灵魂处于"想象"的状态。这是最低一级的认识（知识），距离理念的真实还有三层。它存在的真实性最低，认识的清晰性最低，价值等级也最低。柏拉图把《荷马史诗》之类的文艺作品都放在灵魂的这一等级中。《理想国》中，柏拉图主张把这类诗歌逐出国境。第三等级：感官面对实际的东西，即我们周围的事物以及一切自然和人造物。这时，他的灵魂状态从想象状态转向"信念"状态。按照柏拉图的理解，这个阶段的认识对象——那些具体的实物（例如人、牛、花、桌椅等），都还是人、牛、花、桌椅等理念的不完善的摹本。柏拉图把第四等级和第三等级中对可见世界的认识，合称为"意见"。第二等级：认识开始升级，进入可知世界。认知的对象是数学以及类似数学对象的东西。灵魂处于"理智"的状态。第一等级：进入理念世界。如上所述，柏拉图认为，受教育者经过从想象、信念到理智的漫长灵魂转向过程，已经部分进入了理念世界。当灵魂上升到最高的以纯理念（也就是最高的善的理念）为对象的"理性"状态时，最终实现灵魂的转向，培养"哲学王"的教育过程才算结束。柏拉图把第二等级和第一等级中对可知世界的认识可合称为"知识"。灵魂从想象、信念、理智直到理性的过程，既是一个认识不断上升的过程，也是一个受教育者灵魂转向的教育过程。

2. 善的理念

柏拉图认为，人的眼睛有视觉能力，具有眼睛的人可以利用这一视觉能力。但是，如果只有颜色存在，而没有"光"的存在，人的视觉就会什么都看不见。因此，"光"给了"视觉"以能力，给了"颜色"以真；而"善"也是如此，它给了知识的对象以真理，给了知识的主体以认识能力，这也是"善"的定义之所在。如果没有光或光很暗，那么人所看到的东西便会模糊不清；同样，倘若没有"善"，那么人们就不能辨别知识的真假，不能确定真理是否存在。因此，"善"指的就是"原因"，是一切事物的原因。

"善"的理念在理念系统中居于最高的位置，它本身就构成理念世界的第一原理，不需要对它以外的其他东西来加以说明。世间万物都追求秩序，追求善。个人的灵魂也追求秩序，追求善。个人灵魂遵守秩序的状态就是幸福。

"善"在《理想国》中是指"至善"，即最高的善、普遍的善，是人生追求的根本目的。在柏拉图看来，"善的理念是最大的知识问题，关于正义等的知识只有从它演绎出来的才是有用的和有益的"[①]。如果说追求知识与理智的快乐是最真的快乐，那么善的理念是追求幸福的根本。由此可见，把握善的理念对我们追求正义、幸福具有极其重要的地位和作用。柏拉图认为，如正义与非正义贯穿人的行为一样，"就它们本身而言，各自为一，但由于它们和行动及物体相结合，它们彼此互相结合又显得无处不是多"[②]。因此，善的理念既是社会发展的理念和方向，又在主客体的实践活动中成为主体性的一部分，成为人们行为中的一种根本性存在，一旦去模仿和追求，以"善"约身，以"美"养德，那么就会走向不正义与不幸福。

3. 灵魂学说

柏拉图在《理想国》中将人的心灵分为欲望、激情和理智三部分。欲望用以感觉，理智用以思考推理，激情有时作为欲望之外的一种东西与欲望发生冲突而成为理智的盟友，"正义"就是理智对欲望和激情的良好控制，如其书中所说的，"人的灵魂里面有一个较好的部分和较坏的部分，而所谓'自己的主人'就是说较坏的部分受较好的部分控制"[③]。对于"正义"的定义，亚当·斯密结合《理想国》考查了希腊语中表示"正义"这个词的不同含义，得出三种意义。第一种意义：当我们没有给予旁人任何实际伤害，不直接伤害他的人身、财产或名誉时，可以说对他采取的态度是正义的；第二种意义与同一些人所说的广义的"正义"相一致，存于合宜的仁慈之中；第三种意义：行为和举止的确切和完美的合宜性，并认为柏拉图是以第三种意义来运用他称作"正义"的这个词的。[④]

---

① 柏拉图. 理想国 [M]. 郭斌，张竹明，译. 北京：商务印书馆，2002：260.
② 柏拉图. 理想国 [M]. 郭斌，张竹明，译. 北京：商务印书馆，2002：361.
③ 柏拉图. 理想国 [M]. 郭斌，张竹明，译. 北京：商务印书馆，2002：150.
④ 亚当·斯密. 道德情操论 [M]. 蒋自强，钦北愚，译. 北京：商务印书馆，2007.

亚当·斯密认为正是这种"合宜性"促成了个人和社会的幸福。亚当·斯密所说的"合宜性"在《理想国》中体现为欲望受理智的控制，使激情部分不忘理智所教给的关于"什么是应当惧怕，什么不应当惧怕"的信条而成就勇敢的品质，使欲望不反叛理智，并在理智的领导下，使心灵节制、正义，感到幸福达到灵魂的和谐状态。正如柏拉图所说："作为整体的心灵应遵循其爱智部分的引导，使其内部没有纷争，那么每个部分就会是正义的，在其他各方面起自己作用的同时，享受着它自己特有的快乐，享受着最善的和各自范围内最真的快乐。"①

对于缺乏内心和谐而导致的"不幸福"状态，《理想国》也进行了描述和分析。柏拉图认为，僭主式个人由于"心灵充满了大量的奴役、不自由，他的最优秀、最理性的部分受着奴役；而一小部分，即那个最恶的和最狂暴的部分则扮演着暴君的角色"②，而这就导致了其陷于"不幸福"的状态。

4. 教育的根本目的在于实现灵魂的转向

柏拉图用"囚徒"来比喻生活在可变的现象世界中缺乏哲学知识的普通人，他们从小被深囚于洞穴之中，因为被捆绑着，眼睛只能看到洞穴后壁，在其背后高处有火光，在火光和被囚者之间有人、动物等实物在活动；由于光，这些实物的影子投射到洞壁上，被囚之人会不可避免地把这些影子看成实物本身。当有人硬拉某个囚徒离开昏暗的洞穴，见到阳光时，起初他不适应强光，渐渐地，他才能看到真实的事物，最终直接看太阳，才终于察觉到以前一直为影像所欺骗。这里洞穴里的世界喻指现实世界、可见世界，洞穴中的火光喻指太阳的能力；洞穴外的世界喻指理念世界、可知世界。从洞穴走到洞外，直到见到太阳的过程，就是一个灵魂转向的过程：灵魂从个别事物（洞壁上的影像）转向理念世界（地面上事物），最终转向善（太阳）。普通人就是被束缚在洞穴里的人，往往只满足于对可感知事物的了解，他们获得的也只能是分有理念的、掺假甚至是混乱的事物"意见"。而哲学家就是走出了昏暗的洞穴，看到阳光世界的真理、存在本身以及理念的人，他们获得的知识是对事物理念的认识，因为只有理念才是真实的、完美的，所以他们获得的是真正的"知识"。

柏拉图认为，这种关于理念、真理、绝对价值的认识虽然是灵魂里没有的，但认识理念和善的这种"能力"是早已存在于灵魂中的，不管在阳光下的可视，还是在黑暗里的茫然，眼睛本身有可视的能力，这一点是肯定的。光与黑暗仅仅是可视

① 柏拉图. 理想国 [M]. 郭斌，张竹明，译. 北京：商务印书馆，2002: 337.
② 柏拉图. 理想国 [M]. 郭斌，张竹明，译. 北京：商务印书馆，2002: 361.

的条件，却并不能影响眼睛的视力。所以，教育只是把这种能力引导到正当的方向，由看洞壁影像转移到看太阳，教育就是促使灵魂的转向。

（二）柏拉图幸福观的主要内容

1. 幸福源于德性

柏拉图认为幸福是在某种意义上只有完美状态才能达到，它显示着一种完美的、让人羡慕的状态。在有关人类的所有活动中，有资格被称为完美的事情可以分为四种：理论的美德、审慎的美德、德性和实践的技艺。柏拉图认真研究后认为，这些事情之所以让人羡慕就在于它们构成了人的完美性。接着他又研究了人的完美是否仅仅在于有显赫的祖先和血统；或者有一个庞大的家族以及许多朋友；或者是他富有四海，受到颂扬和赞美；抑或是在于他统治着一群人，他的命令在这群人中通行无阻。为了谋取幸福，人是否具有以上的一些或者全部就够了呢？经过深入研究后，他指出，那些事情本身不是幸福的，因为我们在做这些事情的时候感到幸福就认为这些事情等同于幸福，这其实是假象。人们要想得到幸福，这些事情只是一部分，我们还需要其他的一些东西来填充。柏拉图对于这个“其他东西”到底是什么作了一些研究，最终他得到一个清晰的结论：获得了这个“其他东西”就等于获得了幸福，而这个东西指的就是某种知识和某种说话方式，也就是德性。在他看来，拥有德性就等于拥有了幸福，德性不是达到快乐的手段，而是目的。

接着，他又探究了这种知识是什么，以及它区别于其他知识的标志。最终他找到了它的所指、它的性质、它的区别性标志，即每一种存在物的实质。正如在《泰阿泰德》中记述的，柏拉图认为这种知识是人最终的完美性，也是人所能具有的最高完美性。在那之后，柏拉图开始研究真正的幸福：它的所是、它的独特质态、它是那类行为、它从属的那类知识。柏拉图把它与表面上被认为是幸福实际上却不是真正幸福的东西区别开来。他告诉人们，引导人获得真正幸福的这种生活方式就是高尚的生活方式。

当柏拉图认识到那种能让人达到完美和获得真正幸福的知识与生活方式后，便首先开始研究那种知识，他得出这样的结论：这些知识是属于人类的完美性的知识。它的确存在，而且可以获得。柏拉图指出德性就是幸福。他强调人要过理性的生活，只有知识和智慧才能使人幸福，所以人们要用理智战胜情欲的控制。因为人的感官快乐是暂时的，德性和智慧是人生真正的幸福，人生的目的就是从情欲的控制中解脱出来，只有最高的理念（即善）才是永恒的。他的德性论使得他鄙视感官快乐，因此在德性和幸福的关系上，他具有禁欲主义倾向。

2. 幸福的人追求"至善"

柏拉图在认真研究了幸福的内涵后，指出幸福与德性的内涵是一致的，它们都赋予人以完美性。这种德性是一种知识或者说是一种生活方式，而不是某种实实在在的东西。柏拉图在经过深入探究之后，为我们指明了获得幸福的途径。

柏拉图的理念论影响着他的幸福观，他认为对"至善"的不断追求能够提升理性，使灵魂达到和谐。"理念"是超越我们感觉到的、不断变化的现象世界的永恒存在，是事物的共相，是事物存在的根据，是事物追求的目的。因此，幸福的人是"至善"的追求者，而这个"至善"其实只是一个"善的理念"，并不是现实中具体的事物。

只有人的理性才能认识善的理念，因为与人的感情和情欲相比较，理性更加高级。至善不是快乐，而是幸福，人若想走向幸福，就必须克制自己的情欲。他否认物质生活幸福的道德意义，否认人的感官享受的真实性，而只有作为终极原因和目的的"善"的理念，即至善，才是唯一真实的。我们必须全力追求至善，才能获得真正的幸福，而这需要摒弃一切情欲的束缚和现实生活的要求。

3. 幸福的生活是正义的生活

正义是柏拉图所主张的各种德性的统摄，是达到社会发展和谐稳定的基本原则。从他的《国家篇》中我们可以看到，他所致力于寻求的就是这种正义，并与非正义划清界限；建立正义王国，是他在社会实践中努力追求想要实现的目标。

柏拉图的正义观有两点值得我们注意。

第一，正义是合乎人性、合乎天性、合乎自然的。在柏拉图看来，正义深深地根植于人的内在的灵魂，而且理性居统治地位，是一种内在的德性。正义就是人们美好的德性，代表灵魂的一种美好、健康的状态，而邪恶则是灵魂的一种疾病、丑陋的状态。

第二，他把正义看作一种外在的实践行为，是需要去做的事，而且通过实践才能达到。他一直强调的是，人们要做正义的人和正义的事，以赢得正义和美德，假如这个人一直被非正义和邪恶控制，那么即使他可以肆无忌惮地做他想做的任何事，他的生活也是毫无价值可言，因为他赖以生存的生命要素的本质已经遭到破坏。

4. 幸福的生活需要节制欲望

柏拉图认为节制是幸福的重要因素。因为节制，人们就能把许多不同的方面都结合起来，形成和谐的局面。一个人或一个国家是否节制与其天性优秀和天性低劣的部分谁占主导决定。如果是天性优秀的部分统治天性低劣的部分，那么这样所表现出来的一致性和协调性就是节制。柏拉图把灵魂分为三部分：一是理性，它身居高处，尊贵无比，像一个充满睿智的君王；二是激情，它像是一匹训练精良的骏马，总是想奋力上升到理念的王国；三是欲望，它好比一匹黑马，蛮力十足又不听指挥，总想挣脱羁绊，肆意游走，拼力把车子拉进万丈深渊，让人们沉醉于肉体的享乐而全然忘了精神的提升。正因为灵魂中不同的部分占据优势才导致了人的不同，可能向善，也可能为恶。如果一个人被欲望占领，那么就会沉迷于身体感官的快乐而忘掉精神的追求。只有人们把追求上升到理念世界，灵魂才能找到自己的归宿，才能尽情地发挥自己的本性，才能找到真正的幸福，而只有节制才是这种幸福的保证。

其实，柏拉图认为"适度"是节制的重要内涵。适度是有标准的，那就是"善"。首先，柏拉图在标准问题上是有明确的说法的。他认为，一个事物如果自身不完善，就不能作为别的事物的标准。而在一切事物中，只有善是完美的，所以它才可以作为一切行为的标准。关于善的问题，柏拉图指出，只有智慧或只有快乐都不能成就真正的善，真正的善是智慧和快乐的结合体。

四、亚里士多德的幸福观

亚里士多德是西方哲学史上第一个对幸福问题进行深入系统研究的人，其《尼各马可伦理学》和《政治学》两部著作，更是被作是有关人类幸福的实践科学。他以灵魂论为基础，从人的理性功能出发，论证了幸福是灵魂的合乎德性的实现活动；并依据潜能和现实理论，指出幸福不仅仅是拥有德性，更重要的是德性的实现活动，并且要持续一生。他把幸福划分为两种，即沉思的幸福与德性的幸福，并认为沉思的幸福是最大的幸福，是最类似于神的幸福，但只有少数人可以达到；而属人的道德德性的幸福是第二大幸福的，是大多数人可以实现的幸福。亚里士多德对幸福的探讨，是以属人的幸福为核心，围绕着如何实现道德德性的活动而展开。他认为，德性幸福的获得必须以中道为原则，因为与情感和实践相关的道德德性是一种选择的品质，存在于相对于我们的中道之中。对中道的正确把握，需要具有实践智慧的人。实践智慧是幸福生活的保障，没有实践智慧也就不可能有幸福。亚里士多德又指出，人天生是政治动物，趋于城邦的生活，公民的幸福只有统一于城邦的幸福，才能最终实现。

在《尼各马可伦理学》开篇处，亚里士多德就指出："关于幸福是什么是一个有争议的问题。"①前辈哲人们关于幸福的观点"没有一种是完全没有理由的。它们或者在某一点上站得住脚，或者在大部分都能得到认同"②。每个人对幸福的理解不一样，不同的人把不同的东西当作幸福，比如有人认为幸福是获得爱情，有人认为幸福是享有荣誉。有时候还会出现同一个人把不同的东西当作幸福，他在不同的时期和场合，对幸福的理解不一致当生病的时候，他认为健康就是幸福；当穷困潦倒的时候，则认为财富是幸福。亚里士多德认为，人们把快乐、财富、名誉等当作幸福是可以成立的，但是从"完满性与最终性"的标准衡量，财富、荣誉等都不是"最终目的"。

在关于何为"最终目的"的问题上，亚里士多德义与柏拉图有很大的不同。柏拉图从理念论出发，提出了"德性和智慧是人生的真正幸福"，德性、善不是达到快乐的手段，而是就其本身而言就是目的。肉体上的感官快乐以及人的情欲等是人们追求善的理念并由此获得幸福的阻碍。柏拉图认为幸福的人是永远不会停止对"至善"的追寻的，因为人可以通过对"至善"的追寻来提升理性，促进灵魂的转向，进而使灵魂达到一种预定的和谐，他认为："每一个灵魂都追求善，都把它作为自己全部行动的目标。"③但是亚里士多德并没有轻视物质财富的重要性，认为幸福生活不仅仅是以符合德性的现实活动为内在规定，还需要功名利禄、钱财等物质条件作为必要的补充。他也不否认快乐，认为快乐虽然不等同于幸福，但快乐属于幸福，受理性的领导，高层次的快乐就是幸福。亚里士多德认为幸福是善，而且是至善，但这个善不是神秘的、理念意义上抽象的善，而是现实生活中真实的、具体的善，幸福则是所有善中最完满、最大的善，是一切善的最终目的。

（一）亚里士多德幸福观的逻辑起点

亚里士多德指出，动物是不能感受到幸福的，而只有人才能感受到幸福。因此，他是在基于对人和人性的认识上来探讨幸福的，认为幸福是属人的幸福，存在于人间。于是亚里士多德就从"人是理性的动物"和"人是政治的动物"这两个关于"人的本质"的论断，作为他的幸福思想的逻辑起点。

1. 人是理性的动物

在《动物志》一书的第八、九卷中，亚里士多德以大量的动物生活行为作为事实材料，分析论证了动物的功能，并指出："动物的生活行为可以分为两出——其

---

① 亚里士多德. 亚里士多德全集：第 8 卷 [M]. 苗力田，译. 北京：中国人民大学出版社，1994：6.
② 亚里士多德. 亚里士多德全集：第 8 卷 [M]. 苗力田，译. 北京：中国人民大学出版社，1994：16.
③ 柏拉图. 理想国 [M]. 郭斌，张竹明，译. 北京：商务印书馆，2002：67.

一为生殖，另一为饮食；一切动物生平的全部兴趣就集中在这两出活动。食料为动物所资以生长的物质，随身体构造的差别，它们寻取各不相同的主要食料。凡符合于天赋本性的事物，动物便引以为快，这就是各种动物在宇宙间乐生遂性的共同归趋。"①所以，动物除了拥有与植物共有的营养与生长活动外，还发生了感觉和运动。动物都围绕着觅食和繁殖这两种活动，除此之外，别无其他功能。那么，人的本性是什么，即人所特有的功能是什么呢？人的特有功能不是指他关于身体的营养和生长的活动，因为这是植物和动物都有的；不是有关感觉和运动的活动，因为这是人和动物都共有的。他说："首先，人的功能，决不仅是生命。因为植物也有生命。我们所求解的，乃是人特有的功能。其次，有感觉的生命，也不能算做是人的特殊功能，因为马、牛及一切动物也都具有这种功能。人的特殊功能是根据理性原则而具有理性的活动。"②所以，人的活动在于他的灵魂的理性的活动，"如果可以假定人具有一种区别于植物和动物的更好的活动，就应当把它归之于灵魂的这个理性部分的活动"③。

在亚里士多德看来，植物、动物和人都是有灵魂的，但人的灵魂是处于最高的位置，这也正是人之所以为人的独特之处。亚里士多德认为，人的灵魂由两部分构成：一个是理性部分，另一个是非理性部分。非理性灵魂中有一部分是关乎营养和生长的，这是植物、动物和人等一切生物都具有的；而另一部分是欲望，是动物和人所共有的。然而，人与动物的不同之处就在于人有理性灵魂，这是人所特有的，亚里士多德说："人类所不同于其他动物的特性就在于他对善恶和是否合乎正义以及其他类似观念的辨认。"④而这种辨认，就是人的理性的认识能力。这就是说："人的激情和欲望自然地服从理性的权威，即服从行为正确调解者的权威。"⑤所以，人的理性灵魂可以对自己的非理性部分产生一定的影响和作用。换句话说，人们的非理性灵魂在某种程度上包含有理性的可能。例如，每个人在欲望方面的表现不同，有些人有很强的自制力，而有些人自制力却很差。亚里士多德指出，这种自制恰恰说明了人的非理性灵魂具有表现为某些理性的成分的可能。反过来，这也说明了人的灵魂中具有反理性的东西，因为有些人不服从理性的命令和指挥。因此，正是理性对激情和欲望的

① 亚里士多德. 动物志 [M]. 吴寿彭，译. 北京：商务印书馆，2013：340.
② 周辅成. 西方伦理学名著选辑：上卷 [M]. 北京：商务印书馆，1987：27.
③ 宋希仁. 西方伦理思想史 [M]. 2版. 北京：中国人民大学出版社，2010：48.
④ 亚里士多德. 政治学 [M]. 吴寿彭，译. 北京：商务印书馆，2009：8.
⑤ 宋希仁. 西方伦理思想史 [M]. 2版. 北京：中国人民大学出版社，2010：190.

约束作用，使人发挥出他的真正的功能，实现了自身内在的和谐以及形成卓越的品质，并且达到了他为之存在的目的，这就是善行，就是幸福。

2. 人是政治的动物

亚里士多德认为，城邦是人生活的基本单位，人不可能脱离城邦而存活，人是趋向城邦政治生活的动物。城邦就是为满足人们的基本生活需求以及适应更为广大的生活需要而服务的，这是其产生和发展的根本目的和原动力。城邦的形成是社会团体自然演化的结果，而城邦的形成过程足以表明人类是趋向城邦生活的动物，其本性是政治动物。所以，人不能脱离城邦孤立地生活，而只能在社会中过群居生活。

在亚里士多德看来，人类最初表现为两性结合的家庭组织模式，后来由于生活的需要和交往的扩大，村庄就逐渐发展起来，最后，由数量不一的村庄组成一个相互联系的共同体，即城邦。这时"社会进化到高级而完备的状态，在这种社会团体以内，人类的生活可以获得完全的自给自足"①。由此可知，城邦自足于一切的界限，"它为了生活而产生，却是为了美好生活而存在。所以，如果以前的共同体是自然的，那么城邦也是自然的，因为城邦是它们的目的"②。所以，城邦同其他共同体一样，具有自然的本性，并且各共同体都以城邦作为自己发展的目标和终点，社会共同体只有发展到城邦才能显示它的本性。亚里士多德进一步指出，在城邦这种共同体下，人们所做的一切事情都是为了达到他们所认为的善。所以，"一切共同体都旨在于某种善"③。而城邦是拥有其他一切的、至高无上的共同体，其所追求的显然是一切善中主导的善，是最高的善。"人天生是一种政治动物"④，自然不能脱离城邦而存在。因此，生活在城邦中的公民也必然追求着某种善，并以城邦的至善作为自己的最高目标。

亚里士多德指出："那种离群的人，要么是神，要么是野兽。"⑤所以，人类的生存和发展离不开一定的社会生活。从本性上来讲，城邦高于或优于个人及家庭，每一个人都不能自给自足，而唯有城邦能供其所需。城邦国家为个人潜能充分发挥提供了条件和保障，如果脱离了社会和国家，人也就失去了存在的意义。因此，一个孤立的人，他就要和其他部分一样与整体相关联，过共同的生活，否则就不再是

---

① 亚里士多德. 政治学 [M]. 吴寿彭，译. 北京：商务印书馆，2009：7.
② 苗力田. 古希腊哲学 [M]. 北京：中国人民大学出版社，1989：585.
③ 苗力田. 古希腊哲学 [M]. 北京：中国人民大学出版社，1989：583.
④ 苗力田. 古希腊哲学 [M]. 北京：中国人民大学出版社，1989：585.
⑤ 宋希仁. 西方伦理思想史 [M]. 2 版. 北京：中国人民大学出版社，2010：88.

自足的。因此，亚里士多德总结：人天然就具有趋于群体和共同体生活的本能，这是人的本性的要求，因为人在本质上是社会性的动物，合乎人伦、政治关系的生活才是人应有的生活，因为社会关系是人的生活的内在结构。"人是政治动物，天生要过共同生活。这也正是一个幸福的人所不可缺少的。"①"城邦的长成出于人类'生活'的发展，而其实际的存在却是为了'优良的生活'……这个完全自足的城邦正该是至善的社会团体了。"②总之，在亚里士多德看来，人只有过着社会群体性、政治性的生活，才是属于理性的生活，也才能够真正把握好幸福。

（二）亚里士多德幸福观的主要内容

亚里士多德的幸福思想自然脱离不了前人对幸福的理论范式的理解。但是，亚里士多德并没有完全接受或否定前人关于幸福的观点和主张，而是对前人幸福理论进行了接纳和吸收，也正是在前人幸福思想的理论基础和背景下提出了自己的幸福思想，展现了自己对幸福的独特理解。

1. 幸福是至善

在亚里士多德的伦理学中，至善和幸福问题一直是讨论的中心议题。无论是在古希腊社会的日常生活中，还是那些哲学思想家们的理论研究和探讨中，有关至善和幸福问题的讨论从未间断过，并且成为人们的关注的焦点。人们到处争论：什么是善？什么是至善？什么是幸福？怎样才能实现幸福？一般地说，人们都认为善和至善就是幸福。而亚里士多德将善与目的联结起来，认为善即目的。他指出，每一种行为都是为了达到某种目的而行动的，所以目的就是它要达到的"善"，"只有为它自身而追求的东西才是最完满和最后的目的，也才是我们要追求的最高的善"③，即"至善"，这就是幸福。

亚里士多德论证"幸福"首先是从对"善"的定义开始的，"一切技艺，一切规划以及一切实践和抉择，都以某种善为目标"④。因此，善就是万事万物所追求的目的，各种事物的目的即为它的"善"。不同的事物因为具有不同的目的，也就具有不同的善。而在这所有的目的中，各种目的所处的地位不同，对人们的影响也不同。有些表现出它的支配性，有些表现出它的从属性。显然，居于主导地位的目的会比

① 亚里士多德. 亚里士多德全集：第 8 卷 [M]. 苗力田，译. 北京：中国人民大学出版社，1994：205.
② 亚里士多德. 政治学 [M]. 吴寿彭，译. 北京：商务印书馆，2009：7.
③ 汪子嵩. 希腊哲学史：第 3 卷 [M]. 北京：人民出版社，2003：919.
④ 亚里士多德. 尼各马可伦理学 [M]. 廖申白，译. 北京：中国人民大学出版社，2003：1.

较被人们所看重，显得更有意义。因为处于从属地位的技艺把居于主导技艺的目的作为自己追求的目的。亚里士多德说："如若在实践中确有某种为其自身而期求的目的，一切其他事情都要为着它……那么，不言而喻，这一为自身的目的也就是善自身，是最高的善。"①因此，所有的选择都要把它视为自己所追求的最终目的，它除了为自身别无其他任何目的，因为其他任何事物都是以它为目的的。所以，这种最高的善是完满的、自足的。而这种最高的善，在亚里士多德这里被认为是最大的幸福。

亚里士多德的善和柏拉图的"善理念"是有根本区别的。柏拉图指出，在所有具体的事物和人们的行为活动的更高层面，存在着具有终极性原因和目的的"善"的理念，即至善。它是唯一真实的。柏拉图认为，如果人们要想实现和拥有幸福，就必须远离尘世的烦恼和一切繁杂琐碎的事情，抛弃一切情欲和物质欲望，而去追求至善。这明显具有唯心主义理论中唯理论的倾向，并不可避免地带有禁欲主义的色彩。而在亚里士多德看来，不应该抛弃一切东西去追求那所谓的"善"理念，在我们的社会实践生活中，包括各种形式的行为和活动，它们都在追求着某种事物具体的目的，实现着某种事物具体的善的行为。因此，亚里士多德指出："善是一切事物所追求的目的，不能说只有一个善，所有的事物和行为活动只追求善。"②所以，亚里士多德的善和柏拉图的善是截然不同的，前者是真实的、具体的，后者是抽象的、神秘的。亚里士多德并没有把"善"理解为"善"的理念或形式，而是认为善是具体的，不同事物的目的构成了不同的具体的善，而那种具有终极性的目的就是至善，这就是幸福。因此，亚里士多德认为，幸福或至善是在人们追求事物目的的实践活动中实现的，是属人的幸福。所以，这种关于善的理解与柏拉图至善观有根本性的区别。

在生活中，技艺、实践与选择表现出多样性，因此，它们追求的目的也是多样的。各种具体的善的事物是独立存在着的，它们并不是一个连续性的整体，而是彼此分离的，所以作为我们所追求的善的事物的目的也是单独存在的。但是在亚里士多德看来，各种善或目的并不是林林总总地并立，而是互相依赖。因为有些事物是出于自身的原因而被人们追求，有些事物是出于他物的原因而被人们追求，还有些事物被人们追求是由于两者。如果要寻求其他目的的目的，如此将会无穷倒退，最终成为无结果的探索。所以，亚里士多德指出，如果在一项总的活动中包含着多种子活动，并且这些子活动都有他们自己所要追求的具体的善和目的，那么这一项总的

---

① 亚里士多德. 尼各马可伦理学 [M]. 廖申白，译. 北京：中国人民大学出版社，2003：3.
② 宋希仁. 西方伦理思想史 [M]. 2 版. 北京：中国人民大学出版社，2010：185.

活动本身所包含的善或目的就具有主导性。相对于其他子活动所追求的具体目的来说，它是更高级的目的，具有总括性、完善性和深刻性，具有更丰富的内涵。"在行为领域内，如有一种我们作为目的本身而追求的目的……那么，显然这种目的就是善，而且是至善"①。在我们的实践活动中，我们仅因它自身的原因而去渴望和追求它，并且我们追求其他事物的行为也只是想实现这一目的，而这一总的和最后的目的就是至善。"作为自身而被追求的东西，要比通过他物而被追求的东西更加完满。永远不通过他物而被选择的东西，较之既被作为自身又通过他物而被选择的东西，要更加完满。这似乎就是最大的幸福。因为我们只是通过它自身而不是通过他物而选择这种幸福。"②所以，幸福应该是最完满和最自足的，因为它从来都是出于自身的原因而被人们追求和选择，人们所追求的其他东西只不过是获得幸福的手段或方式而已。

所以，人的所有行为和活动必然有一个最完满和最后的目的，我们选择它是为了其自身而不是为了其他的目的，我们的一切活动都是为了这个目的，"这种最高的善或目的就是人的好的生活或幸福"③，"只有这个东西才有资格作为幸福"④。作为人生的终极目的的至善就被称为是人们所追求的幸福。既然终极目的是通过各个具体目的的逐步实现来完成的，那么至善就是由各种具体的行为的善累积而成的，并且这样的善行是通过合乎德性的实践活动来实现的。因此，亚里士多德认为："人生的目的固然是追求至善，但这个至善不是抽象的、神秘的理念，而是现实的幸福。"⑤人人因善自身并且仅仅因善自身而去追求幸福，至善即幸福，它从来不是为了其他任何原因或目的而被人们选择和追求，幸福只因自身而被人们选取和喜爱。

2. 幸福是灵魂合乎德性的现实活动

亚里士多德认为，幸福存在于人的灵魂中，并且是体现灵魂的理性活动，同时幸福与德性联结在一起，幸福是灵魂合乎德性的现实活动。

德性是古希腊伦理思想研究中的一个中心词汇，它主要是指包括人、动物、自然物在内的一切事物自身所具有的优点、功能和品质等。比如说，眼睛的德性就体

---

① 周辅成. 西方伦理学名著选辑：上卷 [M]. 北京：商务印书馆，1964：282.
② 苗力田. 古希腊哲学 [M]. 北京：中国人民大学出版社，1990：568.
③ 亚里士多德. 尼各马可伦理学 [M]. 廖申白，译. 北京：中国人民大学出版社，2003.
④ 亚里士多德. 尼各马可伦理学 [M]. 廖申白，译. 北京：中国人民大学出版社，2003：10.
⑤ 宋希仁. 西方伦理思想史 [M]. 2 版. 北京：中国人民大学出版社，2010：186.

现于让我们的眼睛好，同时还必须让我们的视力也处在良好的状态；马的德性就在于这匹马不仅是一匹好马，还要具有擅长奔跑的特性，能够带着它的骑手冲向敌人。所以，德性就包含了一切事物所具有的特性。但亚里士多德所说的"德性"主要是人的德性。亚里士多德说："德性是那些有某种用途的或效用的事物最好排列、品质或能力。"[①] "人作为人的德性，而非人某一器官的德性。根据德性的含义，人的德性显然与人的独特功能相联系。"[②] 所以，人的德性不仅表现为人在品格状况方面是良好的，还表现为要根据人所具有的这种品格去很好地施展他的功能。人的手、足、眼、耳等生理器官运行中所表现的特长和功能不能称为是人的德性，亚里士多德认为人的德性主要就是指在生活中的品德和优点。

亚里士多德进一步指出，"德性属于灵魂"[③]，德性是专属于灵魂方面的优秀，而不存在于肉体方面，不是肉体的德性。这样，他就把德性限于灵魂之中。他认为灵魂有理性与非理性的区别，因此，他把灵魂划分成了两个部分，一个是理性部分，一个是非理性部分。在非理性灵魂中，有一部分是关乎生长和营养的，这是植物、动物等一切生物所具有的，并不是人所特有的。还有一部分是和理性相对立的欲望，它虽然包含在非理性灵魂中，但它可以接受理性的约束而得到自制，在某种程度上可以说它具有某些理性的特征，这样，非理性的部分就具有了双重的意义：一种植物性的，与理性无关；一种是欲望的，在一定意义上具有理性，即服从理性。

亚里士多德把人的德性称之为"既使得一个人状态好又使得他出色地完成他的活动的品质"[④]，指出"德性是最好的品质，是被称赞的品质或可贵的品质"[⑤]，认为，德性是一种品质。根据对人的灵魂的划分标准，亚里士多德也把人的德性相对应地划分为两类：理性德性和伦理德性。理智德性主要表现为人的理性部分，而伦理的德性主要表现为非理性灵魂分有理性的部分。因此，理智德性则是指人的灵魂中的理性部分所拥有的好的和优秀的品质；而伦理德性作为德性的另一部分，则是指人的理性灵魂与非理性灵魂相互制约、相互作用的结果，主要是人的非理性灵魂听从理性灵魂的指导与制约而表现出的优秀的品质。"理性是灵魂中的一个高级部分，伦理德性就是这个高级部分与相对较低的非理性部分融渗的结果，一旦得到了融渗，

① 黄显中. 公正德性论——亚里士多德公正思想研究 [M]. 北京：商务印书馆，2009：118.

② 黄显中. 公正德性论——亚里士多德公正思想研究 [M]. 北京：商务印书馆，2009：117.

③ 亚里士多德. 亚里士多德全集：第 8 卷 [M]. 苗力田，译. 北京：中国人民大学出版社，1997：358.

④ 亚里士多德. 尼各马可伦理学 [M]. 廖申白，译. 北京：中国人民大学出版社，2003：45.

⑤ 黄显中. 公正德性论——亚里士多德公正思想研究 [M]. 北京：商务印书馆，2009：119.

则非理性灵魂就获得了以前所不具备的某种普遍性的理智的形式，这表明人的心灵品质得到了提高。"①所以，亚里士多德指出，所谓伦理德性，就是非理性灵魂接受理性灵魂的指导与制约，是两者彼此协调、融合、贯通而形成的一种品质。而自制就是表现伦理德性品质的一个很好的例证，它是受理性的制约和指导而形成的一种品质。因此，亚里士多德明确地提出，要实现整体生活的美好与自足，实现人生的幸福，就不能让人的情感和欲望随心所欲，它们必须由理性来指导，或分有理性的成分，这样人的情感和欲望才能够获得一种普遍的理智形式，即具备美好的情怀。不然，一个人所表现出的生命能力无论多么强大，也不能说他具有好的、杰出的品质，更谈不上具有伦理德性。当然，亚里士多德也十分重视理智德性，他指出："纯粹理性灵魂的优秀也是德性，而且是最高的德性，这些都是可贵的品质。"②总之，德性作为一种品质，"作为伦理德性它能命中中道，作为理智德性它能辨别真伪"③，有这种良好品质的人就是亚里士多德所说的享有"善"和"幸福"的人。

亚里士多德进一步从人的功能和活动这个方面去探讨什么是幸福的问题。在这里，他首先阐释了三种生命方式：一种是具有消化生长能力的营养生命，一种是具有感觉直觉能力的直觉生命，最后一种是具有理性能力的理性生命。前两种生命方式是一般生物所共同具有的，而理性活动是人所特有的功能。这种理性东西的实践生命包含着两个部分，即服从理性的部分和具有理性且能够思考的部分。所以，这里所说的人的生命自身就具有了两重的意义。亚里士多德认为，如果"我们把人的功能看作某种生命，它是灵魂的现实活动，合乎理性而活动"④。因此，人的功能就体现在人的生命中，是人在体现理性灵魂的实践活动的发挥，"如若一个人的功能是优秀美好的，那么它就是个能手。能手就是把出众的德性加于功能之上"⑤。比如说，"长笛手的功能是吹奏长笛，长笛能手则把笛子吹得更加优美动听"⑥。总之，在亚里士多德看来，人的职能就体现为某种生命，这种生命就是一种体现理性原则的现实活动，而善人的职能则会显得更加优秀，更加高尚。所以，德性不仅是人的一种优秀、杰出的品质，还是人的功能得到最好的发挥而表现出的一种优秀状态，"而

---

① 宋希仁. 西方伦理思想史：第2版[M]. 北京：中国人民大学出版社，2010：94.
② 黄显中. 公正德性论——亚里士多德公正思想研究[M]. 北京：商务印书馆，2009：118.
③ 黄显中. 公正德性论——亚里士多德公正思想研究[M]. 北京：商务印书馆，2009：119.
④ 亚里士多德. 尼各马可伦理学[M]. 廖申白，译. 北京：中国人民大学出版社，2003：12.
⑤ 亚里士多德. 尼各马可伦理学[M]. 廖申白，译. 北京：中国人民大学出版社，2003：12.
⑥ 亚里士多德. 尼各马可伦理学[M]. 廖申白，译. 北京：中国人民大学出版社，2003：12.

人的善就是合乎德性而生成的灵魂的现实活动"①。如果有很多的德性存在，那么，人的善就要和那个最优秀、最完好的德性相一致。所以，幸福的追求就包含在人的理性灵魂体现德性的活动之中。

但是，亚里士多德所说的德性，指的是在人们的实践活动中所体现的德性，而决不仅仅是指心灵状态的优秀和美好。德性体现在活动中，幸福是体现德性的现实活动。所以，只拥有善而不去做善的事情、拥有优秀的心灵状态而不去做体现德性的活动，这都不能说是幸福的，两者之间是有质的区别的。因为"心灵可以具有善而不产生任何好的结果，就好比一个睡着或完全不活动的人。但现实活动不会这样，它必然要行动，而且要行动得好"②，幸福这个词只是用来形容人生活得好和做得好。所以，幸福不是拥有德性，而是实现德性。人在拥有了德性之后一定要去实践，必须行动起来，一定要去做体现德性的活动，因为幸福是一种现实活动。"人的善就是合乎德性的灵魂的现实活动，如果德性有多种，则须合乎最好、最完满的德性，而且整个一生都须合乎德性"③。因此，这也告诉我们，幸福就是去追求那最完美的德性，并且幸福的获得是理性灵魂的一种持久性的活动。亚里士多德一再强调通过德性活动，通过学习和实践去获得幸福，"即或幸福不是神的赠礼，而是通过德性，通过学习和培养得到的，那么，它也是最神圣的东西之一。因为德性的嘉奖和至善的目的，人所共知，乃是最神圣的东西，是至福"④。所以，一个人只要没有完全失去德性，通过学习和努力是可以获得属于自己的幸福的，进一步说，幸福贯穿于人的一生，人一生中都须合乎德性，都须去追求和拥有幸福。

3. 思辨是最高的幸福

亚里士多德把幸福看作人生的目的，认为幸福不是品性，而是体现在现实活动之中。幸福是为自身而不是为他物而选择的，因为幸福是自足的、完满的、无所欠缺的。并且，亚里士多德把对幸福的追求看成体现德性的现实活动，因为"它们是美好的行为，高尚的行为，由自身而被选择的行为"⑤。所以合乎最高德性的现实活动就是合乎最高的善的，是神圣的、高尚的，这也就是最完满的幸福，就是思辨的活动。

在亚里士多德看来，理智德性与纯粹理性灵魂相关联，如明智、智慧、谅解等；

---

① 亚里士多德. 尼各马可伦理学 [M]. 廖申白，译. 北京：中国人民大学出版社，2003：12.
② 黄颂杰. 古希腊哲学 [M]. 北京：人民出版社，2009：391.
③ 黄颂杰. 古希腊哲学 [M]. 北京：人民出版社，2009：391.
④ 亚里士多德. 尼各马可伦理学 [M]. 廖申白，译. 北京：中国人民大学出版社，2003：16.
⑤ 亚里士多德. 尼各马可伦理学 [M]. 廖申白，译. 北京：中国人民大学出版社，2003：222.

而伦理德性则是指人的非理性灵魂中分有理性的成分而表现出的优秀品质和状态，如温良、谦恭、慷慨等。人的现实幸福就存在于合乎德性的现实活动之中，只有合乎德性的现实活动才是完全本己的，才是优越高尚的，才是幸福的。所以，理智德性和伦理德性都体现在追求幸福的活动中。但是，亚里士多德认为，作为伦理德性方面的善和现实生活中的幸福，它存在着有两大缺憾：一是它需要许多外在的条件，比如，要想生活得幸福，拥有一定的财产和健康的体魄以及朋友的关爱等，这些都是必要的。相反，一个贫困、多病、孤独的人肯定是谈不上幸福的。二是人的非理性部分分有理性成分所表现出的优秀品质是不稳定的，这是因为人的非理性部分虽然能够接受理性的束缚和指导，但人很容易被非理性的欲望、情绪所控制而变成恶人。也正是为了防止人们流于邪恶，才需要以"节制"来抵抗过度的欲望，以"勇敢"来消除懦弱和鲁莽，以"大度"来纠正小气和挥霍等。所以，总的来说，"合乎伦理德性的活动是第二位的"①。

但是，"人性中自有其高贵的部分，那就是理性灵魂中的积极理性部分，其对象是永恒不变的东西，是完全无质料东西的纯粹形式和纯粹思想。它可以以自己为对象，而不借助于任何其他东西，也不需要任何其他外在条件，因而积极理性方面的优越就是人们最本己的德性"②。而这种积极理性部分所表现出的德性就是理智德性，它是最合乎本己特征的德性。并且，按照亚里士多德对幸福的定义，那最合乎本己德性的现实活动才是最完满的幸福。而在人的灵魂中，积极理性是最高贵和最神圣的部分，它所体现的就是人的哲学思辨活动。所以，思辨活动就被认为是人的高级活动，是最神圣和最完满的幸福。

亚里士多德之所以把思辨活动看作最高的幸福，是因为他认为思辨活动在本质上就是完满幸福的体现：首先，思辨活动是最好的。"因为理智是最高贵的，理智所关涉的事物具有最大的可知性"③，并且，思辨活动也是最持久的，与其他任何活动相比，思辨是人的持续性的思维活动，只要人类存在，它就从未间断过。其次，幸福总是与快乐相伴。在人的各种体现德性的活动中，哲学思辨被看成最让人快乐的活动，"哲学以其纯洁和经久而具有惊人的快乐"④，因此，对哲学智慧的挚爱和追求就是获得最大的快乐，与那些探索哲学智慧的人相比，认知哲学智慧的人则显得更加快乐。再次，幸福具有自足性，而思辨活动也体现了这一特性。因为"智慧

① 亚里士多德. 亚里士多德全集：第八卷 [M]. 苗力田，译. 北京：中国人民大学出版社，1994：228.
② 宋希仁. 西方伦理思想史 [M]. 2 版. 北京：中国人民大学出版社，2010：124.
③ 亚里士多德. 尼各马可伦理学 [M]. 廖申白，译. 北京：中国人民大学出版社，2003：224.
④ 亚里士多德. 尼各马可伦理学 [M]. 廖申白，译. 北京：中国人民大学出版社，2003：224.

的人当然也像公正的人以及其他人一样依赖必需品而生活。但是在充分得到这些之后，公正的人还需要其他某个人接受或帮助他做出公正的行为，节制的人、勇敢的人和其他的人也是同样，而智慧的人靠他自己就能够进行思辨"①。因此，这样的活动除思辨自身作为目的被人们追求和热爱外，并没有任何其他的目的。最后，亚里士多德还指出，"幸福存在于闲暇之中"②，而思辨活动也需要有充足的闲暇时间，这一活动是体现在闲暇之中的。亚里士多德认为，一直以来我们为了拥有闲暇而不得不去忙碌，为了拥有和平生活才去战斗。所以，"各种实践德性的活动在政治活动中和战争行为中，有关这一类的实践就不能说是闲暇的"③。因为这些活动都不是为了行为自身，而是为了去寻求某种目的。而思辨活动则不同，它除了思辨自身之外并不寻求任何其他目的，它具有无比的优越性，是最有价值的，并且体现出自身所固有的高尚的快乐。反过来，这种快乐又加强了人们去进行思辨活动。总之，"这些可以归结为最幸福的人的自足、闲暇、孜孜不倦等性质，都和思辨活动有关，如果人能这样生活就是最完满的幸福"④。

亚里士多德又从另外两个方面来论述思辨活动是最完满或最高的幸福。第一，他指出神的活动是具有思辨性质的活动。亚里士多德认为，神享有超乎一切的至福，那些体现正义、节制、勇敢等德性的活动，都不属于神的活动，因为"它们琐屑无谓并且不值得称为属于神的"⑤，"最高的至福有别于其他的活动，是神的活动，也许只能是思辨活动了。人的与此同类的活动也是最大的幸福"⑥。第二，亚里士多德认为，神的全部生活都是思辨的，因此它具有完满的幸福；人则由于具有某些或不完全的思辨活动而拥有幸福生活；除人之外的其他动物因为一点都不分有思辨活动，而不配享幸福。"凡是思辨所及之处就有幸福，哪些人的思辨越多，他们所享有的幸福也就越大。"⑦因此，人与神的思辨不同，人并不具备完全的自足性，人还需要有健康的身体、足够的营养以及其他必需品等外在的条件。如果完全抛弃外在的善，人不可能获得幸福，但这也并不是说要过上幸福的生活就需要有万贯家财。"自足或善的行为，并不依赖于过度的富裕……只需有适当的家产，一个人就可以做合乎

① 亚里士多德. 尼各马可伦理学 [M]. 廖申白，译. 北京：中国人民大学出版社，2003：306.
② 亚里士多德. 尼各马可伦理学 [M]. 廖申白，译. 北京：中国人民大学出版社，2003：224.
③ 亚里士多德. 尼各马可伦理学 [M]. 廖申白，译. 北京：中国人民大学出版社，2003：224.
④ 汪子嵩. 希腊哲学史：第 3 卷 [M]. 北京：人民出版社，2003：1029.
⑤ 亚里士多德. 尼各马可伦理学 [M]. 廖申白，译. 北京：中国人民大学出版社，2003：227.
⑥ 亚里士多德. 尼各马可伦理学 [M]. 廖申白，译. 北京：中国人民大学出版社，2003：227.
⑦ 亚里士多德. 尼各马可伦理学 [M]. 廖申白，译. 北京：中国人民大学出版社，2003：227.

德性的事情……家资中道足矣，因为符合德性的生活便是幸福的生活。"①

　　显然，亚里士多德把理性的思辨活动放在了人生的至高位置，那么，这种思辨的或理论的活动与实践的、伦理的活动是什么关系呢？在这里，亚里士多德指出："合乎伦理德性的生活是次一等的幸福，这些活动是人的现实活动，诸如正义、勇敢和其他德性行为是在人际关系中发生的，遵守与契约、公益以及一切行为有关的义务而实施的行为，都是典型的人的德性行为。过合乎这些伦理德性的生活也是人的幸福。"②但相比之下，思辨的活动对外部的要求比伦理活动少得多，"一个自由人需要金钱去从事自由活动，一个公正的人需要金钱进行报偿，一个勇敢的人需要力量才能完成合乎德性的活动，一个节制的人需要机会……实践需要很多条件，而所行的事业越是伟大和高尚所需要的也就越多"③；然而，这些对于理论思辨的人来说是不需要的，反而会成为他们思辨活动的阻碍。因此，实践的、伦理的活动所获得的幸福与理性思辨活动所产生的幸福与快乐相比，思辨活动显得更加优越，更有价值。所以，思辨活动所产生的幸福才是最高的幸福，是至福。

第三节 | 古典功利主义的幸福观

　　功利主义，又被称作最大幸福主义，是西方伦理学思想史上比较具有影响的学派之一。英国的古典功利主义伦理学是其中的一个重要体系，此思想以边沁和密尔为代表人物。英国古典功利主义伦理学的形成和发展体现了历史继承性与鲜明现实性的统一。在理论上，它吸收了古希腊时期快乐主义、近代英国经验主义、法国唯物主义和神学功利主义的基本思想；在现实中，它体现了为资产阶级利益服务的阶级性，对18世纪英国的社会变革起了重要推动作用。

　　尽管古典功利主义伦理学家在各自的思想内容上有所差异，但是在理论的总体论证逻辑和建构方法上却具有一致性，他们始终秉承功利主义伦理思想的基本线索。在古典功利主义伦理学家看来，幸福、道德、利益、善、快乐、功利等名词之间存

---

①　苗力田. 古希腊哲学 [M]. 北京：中国人民大学出版社，1990：582.

②　黄颂杰. 古希腊哲学 [M]. 北京：人民出版社，2009：431.

③　亚里士多德. 尼各马可伦理学 [M]. 廖申白，译. 北京：中国人民大学出版社，2003，P226.

在着千丝万缕的联系（快乐的就是幸福的也是善和道德的、有利的就是幸福的也是道德的），很难理清各自的内涵所属，但唯一能确定的是，在这些因素中，追求幸福和获得快乐是人类一切行为的根本目的和最终欲求，因此，"幸福"是古典功利主义伦理学的核心概念，而"最大多数人的最大幸福"则是其终极价值追求。古典功利主义者围绕对幸福的讨论，形成了一个以快乐主义为理论基础、以后果主义为评价标准、以最大幸福为价值目标的幸福观。

一、古典功利主义幸福观的理论预设——"趋乐避苦"的人性论

古典功利主义哲学家继承了经验主义的哲学传统，从感觉经验而非理性思维出发确立其道德理论，认为"趋乐避苦"的自然特性是人类普遍的、共同的属性，指出人们无论做什么或怎样做都是为了追求快乐或减少痛苦。在古典功利主义者看来，追求快乐和避免痛苦的欲望是人类一切行为背后的最终推动者和指引者，人类一切行为的动机与合理性的依据都根源于快乐和痛苦这两个最基本的人类感觉，"趋乐避苦"或说"追求快乐并避免痛苦"是人类纷繁复杂、丰富多样的行为的终极原因。

边沁在《道德与立法原理导论》的第一章试图引出功利原理时，他的论述就是从快乐和痛苦这两种人类基本的经验感觉出发的。他写道："自然把人类置于两位主公——快乐和痛苦——的主宰之下。只有它们能指示我们应当干什么，决定我们将要干什么。是非标准、因果联系，俱由其定夺。凡是我们的所行、所言和所思，无不由其支配：我们所能做的力图挣脱被支配地位的每项努力，都只会昭示和肯定这一点。一个人在口头上尽可以声称绝不再受其支配，但实际上他照旧每时每刻对其俯首称臣。"[1]在这里，边沁赋予快乐和痛苦无限的支配力量，无论人们做什么或不做什么、选择用此种方式还是彼种方式行事，都是受快乐和痛苦的驱使；追求快乐是人类行为的动机和目的，人们一切行为都是为了获得更多的快乐或减少痛苦和不幸；假如没有快乐和痛苦的因素，一切都将失去意义。边沁还认为，人类的其他一切义务、正义、责任、德性也都与快乐和痛苦有关。

密尔也对人性有所考察。他认为人性中包含两个方面：一是本能的带有盲目性和冲动性的欲望；二是有意识的带有目的性和理性的意志，并认为："欲望为人性的主流，意志则是控制和调节欲望冲动的力量。"[1]因为人具有欲望，所以可以根据

---

① 边沁. 道德与立法原理导论 [M]. 时殷弘，译. 北京: 商务印书馆, 2005: 57.

自身的特点及需要去自由地追求自己的权利和决定自己的行为，追求自身的利益、幸福和快乐。但人同时是有理性的存在者，人不可能随时按照自己的欲望行事，在追求利己行为的时候还应该把社会公共利益放在考虑范围内。据此，密尔一方面认为，唯有快乐和免除痛苦是值得欲求的目的，所有值得欲求的东西（它们在功利主义理论中和在其他任何理论中一样为数众多）之所以值得欲求，或者是因为内在于它们之中的快乐，或者是因为它们是增进快乐避免痛苦的手段；另一方面又特别强调社会共同体的幸福，他大声疾呼："我必须再申明，功利主义所认为行为上是非标准的幸福并不是行为者一己的幸福，乃是一切与这行为有关的人的幸福。"②

可见，在古希腊时期就出现的"趋乐避苦"的人性预设以及追求快乐、避免痛苦的快乐主义在古典功利主义幸福观的建构中依然处于最基础的地位，无论是边沁还是密尔，都把追求快乐和免除痛苦的人类共同本性作为最基本的理论前提。"趋乐避苦"的人性假设作为古典功利主义伦理学的理论基础，其理论中对苦乐原理、功利原理、最大多数人的最大幸福原则的阐述都是在此前提下的演绎。古典功利主义正是从趋乐避苦的自然人性出发，得出快乐（或幸福）且唯有快乐（或幸福）才是人类行为的最终目的和终极欲求，快乐和幸福也是判断善恶对错的标准，人类一切行为（包括个人行为和公共行为）道德与否的标准就是其带来的是快乐还是痛苦。

二、功利主义原理

功利主义原理又称"功用原则"，是古典功利主义幸福观的核心原则，围绕功利主义原理所做的论述构成古典功利主义幸福观的主要内容。古典功利主义伦理学固然十分强调快乐主义原则，但是与伊壁鸠鲁只关注个人快乐的快乐主义不同，边沁和密尔将快乐主义原理提高到"功利主义原理"的层次，内在的包含了更丰富的内容：有关于快乐、功利、善恶之间关系的阐明，有对快乐量的大小的计算，有关于快乐的不同质的界定，有关于快乐和幸福的区别，也有关于个人快乐和幸福与公共快乐和幸福的关系的理解等。虽然边沁和密尔在对功利主义所持的基本理论观点上保有一致性，遵循了功利主义学说的基本逻辑和理念，但是在对具体原则所作的说明上又不可同一而论。下面分别从功利主义原理的内涵对两人的理论作对比性

① 郭夏娟. 论密尔的功利主义道德标准 [J]. 中州学刊, 1994（4）: 43-46.

② 约翰·密尔. 功利主义 [M]. 叶建新, 译. 北京: 中国社会科学出版社, 2009: 18.

说明。

（一）边沁对功利主义原理的阐述

作为系统古典功利主义伦理学的创始人，边沁对功利主义原理的阐释是密尔及后人丰富和修正功利主义学说的基础，虽然边沁的思想有不完善和不合理之处，但是其理论中有许多闪光点，在伦理学史上具有不容忽视的影响。边沁在对功利原理进行论述的同时，也从不同方面阐述了他对快乐和痛苦及快乐与幸福的认识。

1. 功利原理

边沁在《道德与立法原理导论》开篇就对什么是功利原理、功利、符合功利原理的个人行动和政府措施一一作了说明。他认为，功利原理是指这样的原理："它按照看来势必增大或减少利益有关者之幸福的倾向，亦即促进或妨碍此种幸福的倾向，来赞成或非难任何一项行动。我说的是无论什么行动，因而不仅是私人的每项行动，而且是政府的每项措施。"[①]而所谓功利，是指"任何客体的这么一种性质，由此它倾向于给利益有关者带来实惠、好处、快乐、利益或幸福（所有这些在此含义相同），或者倾向于防止利益有关者遭受损害、痛苦、祸患或不幸（这些也含义相同）；如果利益有关者是一般的共同体，那就是共同体的幸福，如果是一个具体的个人，那就是这个人的幸福"[②]。所以，当一项行动增入共同体利益的倾向大于它减少这一幸福的倾向时，就可以说是符合功利原理的；同样，若要判断一个政府的措施和行动是否符合功利原理，也是看其行动和措施之增大共同体幸福的倾向是否大于其减少共同体幸福的倾向。在边沁那里，政府只是一个特殊的行为者，它与个人一样需要按照功利原理行事，对其行为道德和正确与否的评判也是依据行为的结果。

2. 快乐与痛苦

边沁把"快乐"和"痛苦"作为人类一切行为的主宰，认为快乐和痛苦支配着所有的人类活动，对快乐的追求是人类的终极目标。他用大量篇幅对快乐和痛苦进行了研究。

边沁首先对快乐和痛苦进行了分类。他认为，无论是快乐还是痛苦都有简单和复杂之分，复杂的苦乐是由简单的苦乐组成的，一种复杂的苦乐可以分解成几种简

---

① 边沁. 道德与立法原理导论 [M]. 时殷弘，译. 北京：商务印书馆，2005：58.
② 边沁. 道德与立法原理导论 [M]. 时殷弘，译. 北京：商务印书馆，2005：58.

单的苦乐。边沁提出十四种不同的快乐种类，如感官的快乐、财富的快乐、技能的快乐、和睦友好的快乐等，并对应地把痛苦分为十多类。他认为这种分类穷尽了人类所有快乐和痛苦的类型，也就是说，如果一个人在无论何种情况下感到快乐和痛苦，那么这快乐和痛苦或者可归诸其中的某一类，或者可分解为若干类。

接着，边沁谈到快乐和痛苦的计算。按照古典功利主义幸福观思想，无论是个人还是政府在进行行为选择时，若要按功利原理行事或使行为符合功利原理就一定避免不了对苦乐大小的估算；此外在断定某一行为的结果是增加快乐和幸福的倾向大还是减少快乐和幸福的倾向大，或是产生的快乐和幸福多还是带来的痛苦和不幸多时，也要估算苦乐的大小。边沁深刻意识到对苦乐大小计算的可行性直接关系功利主义理论的可行性、科学性和合理性，所以他给出了一套苦乐计算公式。边沁从强度（即行为所带来的快乐的感觉的强烈程度）、持久性（即快乐感觉延续的时间的长短）、确定性或不确定性（即快乐的感觉是真实的还是虚假的）、在时间上的远近（即快乐的感觉是眼前可以获得的还是从一个更长远的时间来看它是可以得到的）、继生性或苦乐之后随之产生出其他感受的机会、纯洁性或快乐之后不产生相反的感性机会、广延性（即受苦乐影响的人数的多少）七个角度出发，先计算某行为中每个人所受苦乐的大小，然后加总得到所有利益相关者快乐的总和与痛苦的总和，对比两者的大小，从而完成对快乐和痛苦的大小比较。边沁还规定了具体的计算程序，如下：先从利益有关者中挑选出直接受该行动影响的人当中挑出一个来考察、估算：①计算出该行为造成的所有的直接的快乐的值；②计算出该行为造成的所有的直接的痛苦的值；③计算出它随后造成的每项快乐的值；④计算出它随后造成的每项痛苦的值；⑤把所有快乐的值和所有痛苦的值分别加总；⑥确定利益有关者的人数，对每个人都按照上述程序估算一遍，将所有人的所有快乐的值和所有人的所有痛苦的值分别加总，若快乐的总量较大，则差额就表示整个共同体的行动的善良的倾向；若痛苦的总量较大，该值则表示邪恶的倾向。由于边沁对快乐和痛苦的计算的前提是苦乐没有质的差别而只有量的不等，比如他认为儿童图钉游戏所产生的简单快乐与成人吟风弄月的复杂快乐是同质的，因而边沁的功利主义被人讥笑为"只配给猪做主义"的学说。

3. 快乐与幸福

在对功利主义的阐述中，边沁从未对快乐和幸福做过区分，在他看来，快乐和幸福是两个可以等同并且可以互相替换使用的概念。他的论述中有多处可以表现这一特点：在解释"苦乐原理"和"趋乐避苦"的人性论基础时，边沁提出快乐和痛苦是支配人类行动的两大主人，人类的一切行为都是为了追求快乐和减少痛苦；在论述何为功利原理时，边沁把行为增大或减少利益有关者的幸福的倾向当作判断标准，认为符合功利原理的行为就是能够增大共同体幸福的行为；在阐释功利的性质时，边沁明确指出"实惠、好处、快乐、利益和幸福所有这些在此含义相同"[①]。在他看来，快乐就是幸福，对快乐的追求就是对幸福的追求，幸福的获得与快乐的获得都是符合功利原理的，都是善。

边沁的功利原理表达了这样的含义：它始终以快乐和幸福为中心，认为凡是能够给当事人（个人和共同体）增加快乐和幸福、减少痛苦和不幸的行为就是好的、善的、有利的、道德的、符合功利主义的行为，否则就是坏的、恶的、不利的、不道德的、非功利主义的行为。其中，快乐与痛苦是可用理性进行分析的，快乐与痛苦有不同的分类、快乐和痛苦可以通过程序进行大小的估算、快乐和痛苦只有量的差别而无质的差异。

（二）密尔对边沁功利主义原理的修正

密尔首先继承了边沁"功利原理"的基本思想。他认为增加快乐和免除痛苦是人类唯一的目的和欲求，是唯一的"善"，人类所有的行为和所欲求的东西都是为了能增加幸福并减少痛苦，只有幸福本身是唯一可以自成目的并被人类所欲求的东西；主张以快乐作为生活追求的目的和检验一切行为的标准，把功利主义原理作为道德理论的基础。密尔在《功利主义》一书中首先就为边沁的思想作了辩护，他指出批评者对边沁功利主义原理的诽谤主要来自对"功利"一词的误解，因为他们不了解功利主义学说所说的功利是主张行为的是非与它增进和减少幸福的倾向有关。但是，密尔并没有停留在边沁对功利主义伦理学阐述的高度，而是对其进行了大量修正，主要体现在以下几个方面。

1. 快乐与痛苦

批评者指责边沁的功利主义理论所倡导的对"享乐"的追求使人们丧失了更崇高的追求和渴望，因而是一种低微的思想；他们还批评边沁只强调快乐在数量上的差异，否认快乐有高级快乐与低级快乐之分，因而是猪的快乐主义学说。密尔修正并捍卫了边沁的快乐思想，回击了反对者对功利主义原理的误解，在内容上使功利主义幸福观体系更加完善化。

---

① 边沁. 道德与立法原理导论 [M]. 时殷弘, 译. 北京: 商务印书馆, 2005: 58.

密尔首先引用伊壁鸠鲁派的观点，回应道："不是他们，而是那些抨击者自己，玷污了人的本性；因为抨击者们实际上是在认为人不可能享受快乐，除非享受猪的快乐。"[①]他赞同伊壁鸠鲁关于"人的快乐和享受不能与动物的相提并论"的说法，认为人比动物有更高层次的快乐追求，任何有理性、受过教育和有多种快乐体验的人总是会选择追求较高层次的快乐。他说："想必几乎没有人会为了能够尽情享受做牲畜的快乐而甘愿降为低等动物；没有一个聪明人会愿意变成傻瓜；没有一个受过教育的人会甘愿成为不学无术之徒；没有一个有感情、有良心的人会情愿堕落为卑鄙自私的家伙。"[②]

此外，密尔对边沁只关注快乐的量的做法提出了批评，他认为人在对行为进行选择时应追求高层次的快乐，在对行为的道德性进行判断时考虑量的同时也要考虑质。密尔指出："承认某些种类的快乐比其他种类的快乐更值得欲求、更有价值，这与功利主义原则是完全相容的。荒谬的倒是，我们在评估其他各种事物时，质量和数量都是考虑的因素，然而在评估各种快乐的时候，有人却认为只需考虑数量这一个因素。"[③]很明显，句中"有人"指的就是边沁。密尔认为，快乐不仅有量的不等，还有质的不同，人不仅有低层次的享受和快乐，还有高层次的追求和幸福。所以，密尔认为，在对行为进行选择和评判时，不能仅仅考虑量的大小，还应考虑质的高低。

为了更清晰明确快乐的内涵，密尔对如何确定快乐的质与量展开了讨论。密尔设问，如果说快乐不能只从数量上进行计算的话，那么当两种或多种快乐放在一起时，我们怎样才能比较这两种快乐哪一种更值得欲求呢？他回答道："我想可能的答案只有一个。就两种快乐来说，如果所有或几乎所有对这两种快乐都有过体验的人，都不顾自己在道德感情上的偏好，而断然偏好其中的一种快乐，那么这种快乐就是更加值得欲求的快乐。"[④]这里，密尔把如何确定快乐的质诉诸一个"有资格的"人的偏好和判断。他没有像边沁一样诉诸一套计算公式或程序，因为在他看来，快乐的质是一个相对模糊、不易明确说明的东西，同一快乐放在不同的人身上会有不同的体验，只有把确定权交给一个有资格、有权威的裁决者才是最好的方法。密尔非常肯定他所找到的这种方法就是完美的，他认为，除了亲身经历者的感受和判断外别无他法，

① 约翰·密尔. 功利主义 [M]. 叶建新，译. 北京：中国社会科学出版社，2009：12.
② 约翰·密尔. 功利主义 [M]. 叶建新，译. 北京：中国社会科学出版社，2009：14.
③ 约翰·穆勒. 功利主义 [M]. 徐大建，译. 北京：商务印书馆，2014：9.
④ 约翰·穆勒. 功利主义 [M]. 徐大建，译. 北京：商务印书馆，2014：9.

他说："对于那些真正胜任的'法官'给出的相关'裁决'，我的理解是不可能再有'上诉'的。对于在不考虑道德因素和后果的情况下两种快乐中哪一种更值得拥有，即两种生活方式中的哪一种更让人感到愉悦这一问题，那些对两种快乐都有发言权的人（假如他们之间存在分歧，即选他们中的多数派）的评判应该被认可为'终审'。"①

密尔还确信一个受过教育、有教养、有文化的人是不会轻易追求低级趣味的。他认为，这些人会自动选择能发挥自己更高级官能的生活方式，哪怕他们知道与另一种能得到更多快乐的方式相比这样做会招致更多的痛苦。密尔在此还对"幸福"和"满足"的含义进行了区分，他指出，尽管那些有着高层次追求的人与那些只追求低级趣味的人相比所选择的东西并不总是能够得到，不能获得更多的满足，但这种选择是一种"尊严"，是一种"自豪感"，是幸福的内在根本；幸福不等于满足，满足并不一定是幸福。他举例说，越是才华横溢的人就越感到这个世界的不完美，但是由于他看到了事物的两面，获得了更多的认识和体验，因而是幸福的；"宁可做一个不满足的人，也不做一头满足的猪；宁愿成为不满足的苏格拉底，也不愿成为一个满足的白痴"②。

2. 快乐与幸福

与边沁不同，密尔对快乐与幸福的含义认识不同，这从他的《功利主义》一书中可以看出。相比于快乐，密尔对幸福比较重视，他认为是幸福才是道德的最终标准。不过，他并没有对幸福和快乐分别下定义，只是在言语上内在表达了两者的不同。

在"功利原理的证明"一章中，密尔确立了幸福在功利主义道德学说中的终极目的性地位。他说："对于功利主义原理来说，幸福是值得渴望的，也是唯一作为目的值得渴望的东西；其他任何东西如果说值得渴望那也仅仅是作为实现幸福这一目的的手段。"③他还指出："事实上，幸福已经被广泛认可为行为的一种目的，并因此而成为道德的标准之一。"④在这里，密尔认为只有幸福是唯一可欲求的对象，也是唯一值得欲求的对象，任何其他对象之所以为人们所欲望和追求，乃是由于它们自身就是幸福或者是求得幸福的工具或手段。虽然密尔更强调幸福而未提及快乐，

① 约翰·密尔. 功利主义 [M]. 叶建新，译. 北京：中国社会科学出版社，2009：17.
② 约翰·密尔. 功利主义 [M]. 叶建新，译. 北京：中国社会科学出版社，2009：12.
③ 约翰·密尔. 功利主义 [M]. 叶建新，译. 北京：中国社会科学出版社，2009：57.
④ 约翰·密尔. 功利主义 [M]. 叶建新，译. 北京：中国社会科学出版社，2009：58.

但是他并不否认快乐在功利主义原理中的分量，只是他认为幸福具有比快乐更广泛的内涵并内在地包含快乐而已。

关于快乐和幸福的区别，密尔还指出，幸福是一种平和的状态，而快乐则是一种短暂的、兴奋的状态。当功利主义的反对者扬言人类生活中不可能获得幸福时，密尔批驳：那些断言幸福不可得的人并不能真正地理解幸福的含义，"如果称幸福乃是意味着持续不断、高度兴奋的愉悦状态，那很显然这确实是不可能的"①。密尔认为幸福并不是一直持续的、高亢兴奋的状态，真正的幸福更像是一束生生不息的火焰，长久存在；真正的幸福"不是指一种终日狂欢的生活，而是有狂喜的时刻，偶尔也有暂时的苦楚，总体而言，乐趣丰富多彩，积极因素远远超过消极因素，并对生活不再奢望，因为它赐予的已经够多。这样的生活，对于那些有幸获得的人而言，永远都是称得上'幸福'二字的"②。

3. 自由与正义

密尔认为，个人的幸福与他的精神和个性的自由发展是分不开的。密尔的自由观是建立在他的幸福观的基础之上的，个人自由的实质是指能够不受外界强制、按照自身条件去自主地追求自己的生活目标。在密尔看来，唯一实称其名的自由，乃是按照我们自己的道路去追求我们自己的好处的自由，人类若彼此容忍各自按照自己的所认为好的样子去生活，比强迫每人都按照其余的人们所认为好的样子去生活，所获是要较多的。密尔认为，个人拥有广泛领域内的自由权利，但同时，个人的自由权利又是有限制的。一方面，个人的自由必须控制在这样一个界限上，即必须不使自己成为他人的妨碍；另一方面，个人的自由和行为不能影响到社会的整体利益。

关于正义，边沁认为正义完全服从于功利的命令，密尔则认为正义并非仅仅出于个人的功利的理由，并非仅仅是为了自己的利益。密尔虽然也采取了正义的标准必须以功用为根据的立场，但他却相信，正义的意识起源自卫冲动和同情心这两种感情，他说，正义是动物对伤害其本身或同情者的行为的反抗和报复。在这里，密尔对正义的理解就突破了自我功利的范围而上升到了对社会其他成员的关爱。

---

① 约翰·密尔. 功利主义 [M]. 叶建新，译. 北京：中国社会科学出版社，2009：21.
② 约翰·密尔. 功利主义 [M]. 叶建新，译. 北京：中国社会科学出版社，2009：21.

三、最大多数人的最大幸福

古典功利主义幸福观虽然主张追求幸福，但它并不主张极端个人主义，无论是边沁还是密尔都强调个人利益与社会利益、个人幸福与社会幸福的统一，"最大多数人的最大幸福"的原则是功利主义哲学家心中的终极道德准则和理想追求。

边沁由"功利原理"提出"最大多数人的最大幸福"原则，并对之作了解释，他说，虽然"功利原理"已经明确阐明了功利主义伦理学的内涵，但终究"功利"一词不像"幸福"和"快乐"那样能更清楚地表达快乐与痛苦的概念，也不引导人们考虑受影响的利益的数目，而"最大多数人的最大幸福"原则使每一种情况下的行为得到适当检验。他说："在幸福和快乐概念与功利概念之间，缺乏足够显著的联系：这一点我每每发觉如同障碍，非常严重地妨碍了这一在相反情况下会被接受的原理得到认可。"[1] 由此可以看出，尽管"最大多数人的最大幸福"原则在功利主义伦理思想体系中不具有更新的内涵，但是它比"功利原则""功利原理"在表述上更直白、更明了。在《政府片论》中，边沁明确提出：最大多数人的最大幸福是正确与错误的衡量标准；在《道德与立法原理导论》中，他也指出：凡有利益攸关的人们的最大幸福……是人类行为（各种情况下的人类行为，特别是执行政府职权的一个或者一批官员的行为）的正当的、适当的目标，并且是唯一正确适当并为人们普遍欲求的目标。

在个人幸福与公共幸福的关系上，边沁首先强调个人幸福和利益。他说，凡当一个事物倾向于增大一个人的快乐总和时，或同义地说倾向于减小其痛苦总和时，它就被说成促进了这个人的利益，或为了这个人的利益。但他反对纯粹的利己主义，强调追求共同体的利益。他把共同体当作一个由其组成成员构成的联合体，其利益就是构成它的若干成员的利益总和。边沁认为，由于个人生活在共同体中，他的行动无论如何都会与共同体的利益发生联系、产生影响，因此个人在追求私人利益和幸福时就不能不同时考虑他人或社会共同体的幸福和利益，并且只要每个人都实现自己利益的最大化，那么共同体也就实现了利益的最大化。

密尔也将功利原理与最大幸福原理看作同一概念，他说："接受功利原理（或最大幸福原理）为道德之根本，就需要坚持旨在促进幸福的行为即为'是'、与幸福背道而驰的行为即为'非'这一信条。"[2] 但与边沁更重视个人利益不同的是，密尔更肯定社会共同体的利益和幸福。他说："我必须再次强调，功利主义的反对者

① 边沁. 道德与立法原理导论 [M]. 时殷弘，译. 北京：商务印书馆，2005：57.
② 约翰·密尔. 功利主义 [M]. 叶建新，译. 北京：中国社会科学出版社，2009：11.

们很少正确认识到：在功利主义理论中，作为行为是非标准的'幸福'这一概念，所指的并非是行为者自身的幸福，而是与行为有关的所有人的幸福。因为行为者介于自身幸福和他人幸福之间，故功利主义道德要求他做到如同一个无私的、仁慈的旁观者那样保持不偏不倚。"①密尔明确地把社会幸福和利益放在了个人私己的幸福和利益之上，强调当两者发生冲突时个人应当为了集体利益的实现做出适当的牺牲。密尔指出，那些愿意牺牲自己的幸福或放弃获得幸福的机会的人无疑是崇高的，并且这种牺牲或放弃肯定是为了某种目的，而这种目的只能是他人的幸福或实现他人幸福的某些条件，"功利主义唯一赞同的自我牺牲就是完全为了他人的幸福或为了他人获得实现幸福的手段而做出的牺牲"②。

　　密尔在《功利主义》中对个人幸福和社会幸福的可渡性作了说明，这是他对那些抨击功利主义强调社会幸福与个人牺牲精神的思想的回应。这些抨击主要来自两个方面，一方面批评者认为功利主义要求人人都要把促进公共幸福和利益当作行为的出发点和目的未免太过苛刻，另一方面他们指责个人凭借什么要为了公共利益和幸福而舍弃自身的幸福。

　　针对第一种指责，密尔指出，绝大部分善的行为并不是针对整个世界的福祉，仅是为了个人的受益，而这正是形成整个世界善的基础；唯有那些自身行为能影响整个社会的人士才有必要习惯性地考虑公共利益（他认为成为公共施恩者的情况毕竟是少数，最多也就千分之一）。至于个人的行动，在追求和关注私人利益和幸福时要保证并克制自己不去做侵犯他人权利的事。对于第二种指责，密尔在论述功利主义的约束力时谈到了此点，他把个人利益与公共利益联合的可能性归于内外两种约束力，并着重强调了内在约束力。他说，外在约束力是指来自我们同类对快乐的期望和对痛苦的恐惧以及我们对同类的友爱或同情、对万物之主的爱戴和敬佩；内在约束力则是指我们内心的一种情感——良心，"它是一种痛苦，或多或少比较强烈，伴随着违反责任而来，出现在那些道德本性受到了适当教化的人身上，比较严重时，就不能释怀。这种情感，如果保持公正，并且仅与纯粹的义务理念相关，而不与义务的某种形式或相应的环境发生联系，那么它就是'良心'的本质"③。密尔表示，一个社会情感成熟的人，肯定渴望与同类保持一致，他很清楚明白自己作为一种社会存在深深地依赖整个社会，他不会将他的同类视为与自己争夺幸福和利益的对手，

① 约翰·密尔. 功利主义 [M]. 叶建新，译. 北京：中国社会科学出版社，2009：27-28.

② 约翰·密尔. 功利主义 [M]. 叶建新，译. 北京：中国社会科学出版社，2009：27.

③ 约翰·密尔. 功利主义 [M]. 叶建新，译. 北京：中国社会科学出版社，2009：45.

而是努力去促进自己和社会的幸福与善。但是，对那些没有受到道德教化、内心不存在这种主观感受的人来说，只能诉诸外在的约束力。密尔还给我们提供了两条途径用以实现"爱邻如爱己""人如何待你，你也要如何待人"等功利主义道德境界：一是法律和社会安排应尽可能让个人幸福和利益与全体利益趋于和谐；二是充分利用教育和舆论对人心的塑造，在每个人心中建立起自身幸福与全体幸福之间的密切联系，尤其是自身幸福与按普遍幸福行为模式所从事的实践活动之间的联系。

第四节 | 马克思主义的幸福观

任何一种严肃的哲学都内在地包含着对人生的理解。关注人生苦难，追求人类幸福是哲学的唯一终极关怀。然而，在传统哲学的理论视野中，人类的幸福是处于异化的状态，幸福被看成人类生理欲望的满足、纯粹理性思维的结果和外在的"上帝"的给予，这最终导致人类对幸福的理解和追求的片面性。马克思从人的现实生活处境出发，通过人的创造性实践活动，通过对宗教、异化及资产阶级片面人性的批判，通过对人的本质、人的自由和解放及"共产主义"的阐释中创立了历史唯物主义幸福观，从而使"片面的人"发展为"完整的人"、"异化的幸福"发展为"真实的幸福"。

一、马克思主义幸福观的理论基础

人们无论有着怎样不同的幸福观，但对幸福的追求是人的共性、人的天性。幸福问题实际上关涉人的活动的价值和生活的意义，它内在地与人的本质密不可分。马克思主义哲学作为现代哲学，它超越了传统旧哲学，实现了哲学革命，不仅以实践范畴去扬弃旧哲学中的自然本体与精神本体、客体原则与主体原则的抽象对立，还把实践活动本身视为人与世界对立统一的根据。基于马克思主义哲学对人的理解的新高度及其所打开的新的哲学视域，幸福问题也获得了重新理解的可能，由于马克思哲学是基于现实的，所以其理解的幸福也是现实的个人幸福，而不再是彼岸世界或对未来的假设。

（一）人的三重本质

马克思认为，人的本质存在于人的活动之中，而人的活动应当是自由自觉的。这就说明人不仅可以以"任何物种的尺度"对待物，还也可以以人的尺度在物中实现人。换言之，人的活动与动物那种单纯顺应自然尺度的本能活动完全不同，人的活动可以按照任何物种的尺度作用于物，从而在类特性的意义上实现对物的认识，并依据这种认识实现对物的再造。正是在这个意义上，人的活动不再是简单适应自然，而是旨在改造自然。究其实质，人的活动是一个扬弃自然物的给定性和既成性的过程，是一个超越事物现实存在状态的过程。正是这一过程，人按照人的尺度对待物，将自己的要求、价值、理性融入对物的再造活动，使物向人生成。也正是在向人生成的物所构成的属人世界中，人也实现了人自身。由此可见，人的活动是一个既不断扬弃物的自在性，又不断扬弃人的既成性的过程。在这一活动过程中，人既不断地生成着现实的属人世界，又不断地生成着人本身，并以现实的人作为幸福的出发点。由此看来，马克思所理解的人既不是费尔巴哈的生物学意义上的人，也不是"绝对精神"、上帝统摄下的人，而是在自由自觉的活动中生成的现实的人。同样，人的幸福也绝不是外在自然和神的给予和对理想天国的期待，而是通过人的创造性活动生成的。人正是在有目的的创造性活动中确立了人之为人的存在，确立了人所追求幸福的价值趋向。

马克思对人的本质的理解，是从人的实践本性出发的。马克思认为，人的本质并不是一成不变的，而是通过人的劳动不断地创生的。"个人怎样表现自己的生活，他们自己也就怎样。因此，他们是什么样的，这同他们的生产是一致的——既和他们生产什么一致，又和他们怎样生产一致"①。在人类发展的不同历史时期，由于生产发展的水平不同，表现出来的人的本质亦有不同。因此，人类历史进程，亦是人类本质发展进程的体现，也是人类对自身生活意义的探求，是人类追求幸福的过程。在马克思看来，人作为现实的、从事生产活动的人，具有三重本质。

1. 人是自然的存在物

"人作为自然存在物，而且作为有生命的自然存在物，一方面具有自然力、生命力，是能动的自然存在物；这些力量作为天赋和才能、作为欲望存在于人身上；另一方面，人作为自然的、肉体的、感性的、对象性的存在物，和动植物一样，是受动的，受制约的存在物。也就是说，他的欲望的对象是作为不依赖于他的对象而

---

① 马克思，恩格斯. 马克思恩格斯选集：第 1 卷 [M]. 北京：人民出版社，1995：67-68.

存在于他之外的；但这些对象是他的需要的对象；是表现和确证他的本质力量所不可缺少的、重要的对象。"①人在双重的意义上是自然的存在物：一方面，人是自然界的一部分，同自然界的其他生命有机体一样，是自然界长期发展的结果。因此人必须依赖自然界而生活，即人必须从自然界中获取其生存所必需的物质生活资料。另一方面，人之存在能够超越自然界而成为人，就在于自然界为人的活动提供了外在的对象。因此马克思说："没有自然界，没有感性的外部世界，工人就什么也不能创造。它是工人用来实现自己的劳动、在其中展开劳动活动、由其中生产出和借以生产出自己的产品的材料。但是，自然界一方面在这样的意义上给劳动提供生活资料，即没有劳动加工的对象，劳动就不能存在，另一方面，自然界也在更狭隘的意义上提供生活资料，即提供工人本身的肉体生存所需要的资料。"②这样，马克思就把人的本质建立在现实的物质条件基础之上，从而避免了思辨哲学的绝对抽象。

2. 人是对象性的存在物

人在双重的意义上是对象性的存在物：一方面，人必须借助于对象才能实现并确证其人的本质；另一方面人的本质也是由对象所设定的。人是自由地创造自己的本质的。任何人来到这个世界上，他所面对的一切对他来说都是先在的、给定的，都不能确证他的本质。萨特提出的"存在先于本质"的命题的深刻含义就在于揭示了人之存在的这种无意义的境遇。正是由于人的这种无意义的存在状态，人才能选择自己的生活，确证人生的意义和追寻人生幸福。人的这种无意义的境遇得自于人的本质的未特定化状态。因为与动物相比较，人只具有生存的本能，人应该怎样生存，并不像动物那样是先天确定的，自然没有规定人应做什么或不应做什么。因此，"首先，人能够决定自己的行为方式，即他是创造性的；其次，他之所以是这样，就是因为他是自由的。他在双重意义上是自由的，即一方面从本能的统治下获得自由；另一方面，又在趋向创造性的自我中'走向自由'"③。对此，马克思指出："动物只生产自身，而人在生产整个自然界；动物的产品直接同它的肉体相联系，而人则自由地对待自己的产品。动物只是按照它所属的那个种的尺度和需要来建造，而人却懂得按照任何一个种的尺度来进行生产，并且懂得怎样处处都把内在的尺度运用到对象上去；因此，人也按照美的规律来建造。"④

---

① 马克思，恩格斯. 马克思恩格斯全集：第42卷 [M]. 北京：人民出版社，1979：131.
② 马克思，恩格斯. 马克思恩格斯全集：第42卷 [M]. 北京：人民出版社，1979：131.
③ 米切尔·兰德曼. 哲学人类学 [M]. 阎嘉，译. 贵阳：贵州人民出版社，1988：227-228.
④ 马克思，恩格斯. 马克思恩格斯全集：第42卷 [M]. 北京：人民出版社，1979：131.

人的本质的创生是通过对象性的活动实现的。马克思深刻地揭示了人通过对象化的活动确证自身本质和幸福的过程。只有通过这种对象性的活动，才能展现出人的本质的全部丰富性。但是，这种显现是以人的本质与人的分离为条件的。因为作为人的本质的显现的对象性的存在是外在于人的，表现为对象性的人的存在，而非人本身的自在，即人的本质的丧失。因此，必须扬弃对象，才能实现人的对象性本质与人自身的统一，即"通过消灭对象世界的异化的规定，通过在对象世界异化存在中扬弃对象世界而现实地占有自己的对象性本质……它们是人的本质的现实的生成，是人的本质对人说来真正实现，是人的本质作为某种现实的东西的实现"①。

人作为对象性的存在物，"它所以能创造或设定对象，只是因为它本身是被对象所设定的"②。人作为社会的存在物是由社会生活（自然、历史、文化）所塑造的。这与人的幸福追求并不矛盾。因为人从社会生活中所获得的一切对于个体来说，并不是塑造他人的本质，确证了他人的意义和幸福，而只是使其作为人存在着。这样，人作为存在的人，是社会生活所塑造的，同时人又是在创造、确证自己本质的对象性活动中创造社会生活。作为社会生活所塑造的人是一种自然的、历史的、文化的存在，继承了人类以往发展的全部成果；而作为社会生活的创造者，人具有人的本质的全部丰富的特征。这两个方面是一致的，统一于人的生产劳动之中。因此，"环境的改变和人的活动的一致，只能被看作并合理地理解为革命的实践"③。

3. 人的存在是一种类存在

在马克思看来，人作为类的存在物，其赖以实现其本质的活动（劳动）并不是单个人所进行的抽象活动，而是一种共同的人类活动。因为人同自身的关系只有通过同他人的关系，才成为对他来说是对象性的、现实的关系。在马克思看来，每一个人在自己的生产的过程中都双重地肯定了自己和另一个人的存在。一方面，在生产活动中每一个人都使自己的个性和特点对象化了，因此在活动中每一个人都享受了自己的个人生命的表现，从而认识到自己的个性是对象性的、可以感性直观的，因而是毫无疑问的权力而感受到个人幸福。另一方面，在其他人享受其产品时，生产者直接意识到其劳动满足了个人的幸福需要，从而使人的本质对象化，又创造了与另一个人的本质相符合的物品。也就是说，每一个人都在自己和他人的活动中感受到自己的存在，每一个人都是他人与类之间的媒介，是对他人的人的本质的补充和不可分割的一部分，

---

① 马克思，恩格斯. 马克思恩格斯全集：第 42 卷 [M]. 北京：人民出版社，1979：175-176.

② 马克思，恩格斯. 马克思恩格斯全集：第 42 卷 [M]. 北京：人民出版社，1979：167.

③ 马克思，恩格斯. 马克思恩格斯选集：第 1 卷 [M]. 北京：人民出版社，1995：55.

因而在每一个人的生命表现中都直接创造了他人的生命的表现。同时亦直接证实和实现了自己的真正的本质，即人的本质和社会的本质。正是在这一意义上马克思说："人的本质不是单个人所固有的抽象物。在其现实性上，它是一切社会关系的总和。"①正是在由人所构成的社会关系中，人才能通过实践实现人的本质的创生。既然人的本质是人通过自身的劳动创生的，而在人类发展的不同历史时期，人的劳动的能力、性质和水平又各不相同，那么我们就不应该试图提供任何有关人类的本质的确切的定义，而应把理性的目光转向这一过程本身，认识到"人是置身于不断发展过程中的生命体，在生命的每一刻，他都正在成为，而又永远尚未成为他们能够成为的那个人"②。由此看出，每个人在人的本质的确证的过程中不仅感受到自身的幸福，也在自身本质、幸福获得的同时确证了他人、社会的本质和幸福。

（二）追求幸福是人的类特性

在马克思看来，追求幸福是人的"类特性"。马克思将人的类特性定义为"自由的自觉的活动"。在此之前，黑格尔把人对幸福的追求看作绝对精神的向往，认为人虽然能够实现幸福，但那不过是超人的精神力量自我实现的手段。康德认为人是追求幸福的主体，但人类幸福存在于彼岸，只能追求，不能实现。而马克思这个命题的意义恰恰在于把幸福归属于人的特性，把外在于人的抽象幸福还给了人。幸福不是高于人的外在决定，也不是人的主观幻想，幸福是人自身"类生命"存在发展的终极目的和根本要求。把人的幸福从外在精神返回人自身体现着人类对幸福追求的现实意义。

在马克思看来，人是一种类存在物，自由自觉的活动——劳动，是人的能动的类生活，也是人区别于动物的类本质。动物的生存与自然同一，动物的生命活动受自然界直接规定，因而是"他由"的自然过程。而人与动物的区别在于人使自己的生命活动本身变成自己的意识和意志对象，人能通过"自由的自觉的活动"来实现自我生存与发展，人是自己存在发展的根本理由。人的这种类本质是可以在对象化过程中得到确证的。但是，在资本主义社会中，劳动仅仅变成维持肉体生存的手段，人的类本质与人相异化，人不能确证自己的类本质。"我的劳动是自由的生命表现，因此是生活的乐趣。在私有制的前提下，它是生命的外化，因为我劳动是为了生存，

---

① 马克思，恩格斯. 马克思恩格斯选集：第 1 卷 [M]. 北京：人民出版社，1995：56.

② 弗洛姆. 生命之爱 [M]. 罗原，译. 北京：工人出版社，1988：101.

为了得到生活资料。我的劳动不是我的生命。"①因而，要消除异化就必须消灭私有制。正是从这个前提出发，马克思在《共产党宣言》《资本论》等一系列著作中，把未来的理想社会一再描述为"代替那存在着阶级和阶级对立的资产阶级社会，将是这样一个联合体，在那里，每个人的自由发展是一切人的自由发展的条件"②，"以每个人的全面而自由发展为基本原则的社会形式"③等。自由、幸福对于马克思来说，已经不是解释世界的抽象概念，幸福实际上就是人的生命，是人的生活目的的实现。

　　追求幸福是人的类特性。但马克思在这里所讲的人是现实的、历史的、具体的、活生生的、实践着的人。在这一点上，马克思与费尔巴哈的人本主义思想是有着本质区别的。"从前一切唯物主义——包括费尔巴哈的唯物主义——的主要缺点是：对事物、现实、感性，只从客体的或直观的形式去理解，不是从主观方面去理解。"④尽管费尔巴哈也曾说过，人的本质体现在团体中，体现在"你"和"我"的统一中，但费尔巴哈所说的统一的基础是抽象的"爱"，而马克思则"把对象性的人、现实的因而是真正的人理解为他自己的劳动的结果"⑤。如果说这未必是马克思成熟的历史唯物主义观点，那么，马克思、恩格斯在第一次全面系统论述唯物史观的《德意志意识形态》中则进一步指出：人的本质是一切社会关系的总和，"是他们的活动和他们的物质生活条件，包括他们已有的和由他们创造出来的物质生活条件"⑥。可见马克思所说的"现实的人"是自然属性和社会属性相统一的人。马克思对于人的幸福本性的考察根植于现实的人及其各种交往活动所形成的社会关系，根植于人类的社会实践活动。因此，"人的类特性就是自由的自觉的活动"，其被赋予了无限丰富的实践性和历史性。这是我们解读马克思历史唯物主义幸福观的基本前提。

二、马克思主义幸福观的主要内容

　　马克思主义哲学产生以前，无论是唯物主义传统哲学，还是唯心主义传统哲学，其"出发点是现实的宗教和真正的神学"⑦。它们的幸福思想必然带有神秘主义色彩。

① 马克思，恩格斯. 马克思恩格斯全集：第 42 卷 [M]. 北京：人民出版社，1979：38.
② 马克思，恩格斯. 马克思恩格斯选集：第 1 卷 [M]. 北京：人民出版社，1995：294.
③ 马克思，恩格斯. 马克思恩格斯选集：第 2 卷 [M]. 北京：人民出版社，1995：239.
④ 马克思，恩格斯. 马克思恩格斯选集：第 1 卷 [M]. 北京：人民出版社，1995：58.
⑤ 马克思，恩格斯. 马克思恩格斯全集：第 42 卷 [M]. 北京：人民出版社，1979：163.
⑥ 马克思，恩格斯. 马克思恩格斯选集：第 1 卷 [M]. 北京：人民出版社，1995：67.
⑦ 马克思，恩格斯. 马克思恩格斯选集：第 1 卷 [M]. 北京：人民出版社，1995：64.

在马克思看来,变革旧哲学的前提,就是使哲学真正由思辨的天国返回现实的尘世,在人的生活世界中揭示哲学的秘密及其产生的原因。马克思明确指出:"我们不是从人们所说的、所想象的、所设想的东西出发,也不是从只存在于口头上所说的、思考出来的、想象出来的、设想出来的人出发,去理解真正的人。我们的出发点是从事实际活动的人。"⑥显然,马克思超越了传统哲学的狭隘眼界,将哲学置于现实的生活世界之上,着眼于现实的人来展开。这一转变必然是把人的幸福从彼岸世界转移到现实世界之中。如果说,实践理论的提出确立了研究现实人的幸福的前提,即开拓了从人的活动出发去考察人的幸福的理论方向,那么,在此基础上对人的幸福的理论探讨则构成了关于现实的人的幸福理论的核心内容。

(一)实践活动是人追求幸福的活动

实践的观点是马克思主义哲学首要的、基本的观点。在马克思看来,人的实践活动不仅具有内在能动性的特点,还具有外在现实性的特点。依据人的实践活动所具有的外在性而言,人总要受到外在自然界和人自身的内在自然状况的局限,受到思维和认识发展水平的限制,受到社会交往关系的制约。人的实践并非单纯主观的随心所欲的活动,而是受制于一定的既成条件,人的存在体现了能动和受动的统一。在这个意义上,人的存在总是现实的并因而是有缺憾的、感觉不是幸福的。然而,正是人的这种矛盾的本性决定着人总是不满足于缺憾的现实,而要追求幸福、超越现实。正是基于这样的动因,现实的人在一定的历史条件下展开了能动的实践活动,通过改变现有条件来创造自己的幸福生活。

1. 对幸福的追求是在实践活动中展开和实现的

实践是人独特的生存活动,是人最根本的创生自我价值的活动,是人特有的超越自我、追求幸福的活动。人的实践活动,一方面改变了自然的原初形态,把自己的目的、追求和本质力量投射到对象上去;另一方面在改造自然界的同时不断地创生自我。在这种自然人化和人的自然化的双向运动中,人不断地扬弃"旧我",塑造"新我",从而实现自我价值,创造属于自己的幸福,也唯有人才有这种创造性活动。因此,把实践当作价值范畴,符合人本质的创造、生成和发展。人正是在这种创造性的实践活动中才能不断地确证着自我,幸福着自我。从这一角度理解实践,"实践"就不仅是价值性的范畴,还是本体论的范畴。由此来看,人类的实践是含

---

① 马克思,恩格斯. 马克思恩格斯选集: 第1卷 [M]. 北京: 人民出版社,1995: 73.

有价值特征的生产劳动。而近代以来的科学主义、实证主义却把人的实践领域——人的生活世界完全纳入科学技术的支配，以科学技术作为世界一切存在是否合法的仲裁者，其结果是使人陷入极端的功利境界，以人类的物质占有取代了人的真正幸福追求，使实践内在的超越精神、走向幸福的意蕴完全丧失。这种实践观完全忽视了实践活动的价值性，抹杀了价值的真正内涵。

2. 实践的价值性体现着人类对幸福的追求

人的"现实生活世界"是由人的实践生成的，实践活动是人类基本的创造性活动，实践活动通过人和自然的统一表现出来，并在这种统一中体现着实践的价值性，体现着人类对幸福的追求。传统哲学在把握世界时，应用的是本体论的思维方式，认为"本体"是事物的本原，是先在的本质存在，是永恒的、超历史的，经验现象的一切都来源于本体的规定，只有从本体中才能使现象得到理解和说明。这种思维方式把本体视为自然、精神、上帝等超验实体，将本质与现象、主观与客观对立起来，并从对立的两极中把握绝对的一元本性。因此，传统本体论思维方式是一种非此即彼的形而上学思维方式，这种思维方式以一种抽象的实体化概念规定世界和历史的全部发展，造成对现实生活世界的分裂和瓦解，人在这种分裂的现实生活世界中的"幸福"只能是纯自然物质的满足和"神灵"的赐予。作为人和自然统一的实践活动的确立，超越了传统形而上学把握世界的本体论思维方式。实践不是以一种终极实体来统一人和自然，不是把人简单归结为自然本质，或者把自然简单归结为属人本质，而是以动态的、否定的方式实现人与自然、主体与客体在创造过程中的相互融合的统一。人与自然的存在是实践活动的前提条件，但这并不意味着它们的存在是脱离人的实践活动的孤立实体。相对于实践活动，它们只是潜在的，"非对象的存在物，是一种非现实性的、非感性的、只是思想上的，即只是虚构出来的存在物，是抽象的东西"①。自然界先于人而存在的，但是，"被抽象地孤立地理解的，被固定为与人分离的自然界，对人来说也是无"②。处于实践活动之外的自然界不能现成地满足人作为人的生产和发展需要，只能看作动物的现实世界，对人来讲只是一个潜能世界，不是人的现实世界，在这样的世界中人所获得的"幸福"只能是动物本能的物质满足，而不是属人的真实幸福。只有在人的实践活动中以这个自在的自然为对象时，这样的世界才具有现实性。同样，尚未进入实践活动的主体还未在现实的改造

---

① 马克思，恩格斯. 马克思恩格斯全集：第 42 卷 [M]. 北京：人民出版社，1979: 169.
② 马克思，恩格斯. 马克思恩格斯全集：第 42 卷 [M]. 北京：人民出版社，1979: 178.

自然的活动中展现自己的本质力量，实现自己的目的、幸福，其存在也不是现实的。无论是纯粹客观的自然世界，还是纯粹主观的属人世界，只有进入实践活动过程中，才能体现人的本质力量，才能扬弃"虚假幸福"，获得"真实幸福"，才具有人的生活和意义。在实践活动中，一方面自然实现了人化；另一方面，人的本质力量实现了对象化，得到了现实的确证和展现。这是同一个过程的两个方面。在这一过程中，自在的自然和抽象的主体都获得了现实性。人在现实世界的生存和发展就是通过这种"现实的自然"和"现实的人"的否定性统一而形成的。在这个世界中，人获得了完全的意义，获得了真实的幸福。

由此看出，实践活动是价值性的创生活动，在这种价值性的实践活动中构筑起人的现实生活世界，在这样的世界中人们按照自己的需要改造世界，使之更加适合人生存和发展。人类历史就是人在现实生活世界的提升和跃进中不断走向自由解放的历史，也是人追求幸福和实现自身本质的历史。正如马克思说："人应当通过全面的实践活动获得全面发展。"[①]因此，实践活动体现了人在现实生活世界的意义，并由此获得真实的幸福。

（二）现实生活世界是人类幸福的真实根基

马克思把现实生活世界作为人类幸福的真实根基。在现实生活世界中建立起来的幸福观，并不把幸福看成自然世界中单纯的肉体感官享受，也不像理性主义和宗教神学那样认为人类幸福受"绝对精神"和上帝的支配。"在社会主义的人看来，整个所谓世界历史不外是人通过人的劳动而诞生的过程，是自然界对人来说的生成过程。"[②]人的劳动创生了世界，而世界也是对人来说的生成过程。因此，这个世界是现实的、人生活于其中的现实生活世界。马克思对现实生活世界做出的规定和理解，使得现实生活世界成为人类幸福的真实根基。

1. 现实生活世界是指人生活于其中的世界

在谈到费尔巴哈的人本主义哲学时，恩格斯曾经指出："就形式讲，它是实在论的，他把人作为出发点；但是，关于这个人生活于其中的世界却根本没有讲到，因而这个人始终是在宗教哲学中所出现的那种抽象的人。"[③]也就是说，费尔巴哈关于世界的理解与黑格尔的唯心主义完全相同，两者都是抽象本体化思维的产物，都将世界

---

① 马克思，恩格斯. 马克思恩格斯选集：第3卷 [M]. 北京：人民出版社，1995：643.

② 马克思，恩格斯. 马克思恩格斯全集：第42卷 [M]. 北京：人民出版社，1979：179.

③ 马克思，恩格斯. 马克思恩格斯选集：第4卷 [M]. 北京：人民出版社，1995：236.

看作某种外在于人的、与人无关的东西。马克思明确反对将现实的世界视为处于人的生活之外或超乎生活之上，认为现实的世界是人生活在其中的世界，与人发生着千丝万缕的联系，是对人具有价值和意义的世界。他说："思辨终止的地方，即在现实生活面前，正是描述人们的实践活动和实际发展过程的真正实证的科学开始的地方……对现实的描述会使独立的哲学失去生存环境，能够取而代之的充其量不过是从对人类历史发展的观察中抽象出来的最一般的结果的综合。"[1]可以说，马克思这种从抽象的思辨世界回归现实的生活世界的理路充分展示了马克思哲学的现代性，马克思正是在这样的基础上开展了他的幸福思想的理论征程。

2. 现实生活世界是一个可以通过经验确证的、直观的感性世界

马克思批判费尔巴哈对感性的理解，并不意味着他否定感性。相反，他认为，现实的即是感性的，说一个东西是现实的，就是说它是感觉的对象，是感性的对象，而非感性的存在物是非存在物。他指出："人和自然界的实在性，即对人说来作为自然界的存在以及自然界对人来说作为人的存在，已经变成实践的、可以通过感觉直观的，所以，关于某种异己的存在物，关于凌驾于自然界和人之上的存在物的问题，即包含着对自然界和人的非实在性的承认的问题，在实践上已经成为不可能的了。"[2]在谈到历史，也是他的哲学的前提时，他这样写道："我们开始要谈的前提并不是任意想出来的，它们不是教条，而是一些只有在想象中才能加以抛开的现实的前提……这些前提可以用纯粹经验的方法来确定。"[3]既然现实世界、生活世界是可以通过经验确定的事实，是每一个过着实际生活的需要吃、喝、穿的个人都可以证明的事实，那么，一切的研究和探讨就应当从感性和经验出发，而不是从想象出来的前提或观念出发，"就应该根据现有的经验材料来考察和研究家庭，而不应该像通常在德国所做的那样，根据'家庭的概念'来考察和研究家庭"[4]。由此看来，马克思思想中的幸福并不是脱离现实世界的纯粹"乌托邦"式遥不可及的指向，而恰恰是在现实世界中生成的，是通过实践的改造确立起来的价值取向。

3. 现实生活世界是人的感性活动及其结果

马克思之所以批判费尔巴哈，是因为费尔巴哈只是从实体的或直观的形式来理解感性，而不是从感性活动或实践来理解感性。换言之，费尔巴哈只看见眼前已有

---

① 马克思，恩格斯. 马克思恩格斯全集：第3卷 [M]. 北京：人民出版社，1960：30-31.

② 马克思，恩格斯. 马克思恩格斯全集：第42卷 [M]. 北京：人民出版社，1979：131.

③ 马克思，恩格斯. 马克思恩格斯全集：第3卷 [M]. 北京：人民出版社，1960：23.

④ 马克思，恩格斯. 马克思恩格斯全集：第3卷 [M]. 北京：人民出版社，1960：49.

的现成物，看不到人的感性活动，也看不出他眼前的现成物是人的感性活动的结果。马克思指出，人的感性世界并不是某种固有的、独立自存的东西，而是工业和社会状况的产物，是历史的产物，他说："由于人们的感性活动才达到自己的目的和获得材料的，这种活动、这种连续不断的感性劳动和创造、这种生产，是整个现存感性世界的非常深刻的基础。只要它哪怕只停顿一年，费尔巴哈就会看到，不仅自然界将发生巨大的变化，而且整个人类世界以及他（费尔巴哈）的直观能力，甚至他本身的存在也没有了。"马克思进而强调了这一理论对于整个哲学发展的重要意义，他说："只要按照事物的本来面目及其产生根源来理解事物……任何深奥的哲学问题都会被简单地归结为某种经验的事实。"①也就是说，对感性事物的理解不应局限于我们的感官，而应从其"产生根源"上进行分析，如此才能把握感性世界的本来面目。显然，这正是马克思主义幸福观回归现实生活世界的理论契机。

4. 现实生活世界不是一成不变的集合体，而是过程的集合体

与以往哲学相比，新唯物主义认为，不存在任何最终的、绝对的、神圣的东西，一切事物都具有暂时性，都处于生成和灭亡的不断变化之中；自然界有自己时间上的历史；历史永远不会达到尽善尽美的理想状态；更不存在什么绝对真理，人类"永远不能通过所谓绝对真理的发现而达到这样一点，在这一点上它再也不能前进一步，除了袖手一旁惊愕地望着这个已经获得的绝对真理，就再也无事可做了。在哲学认识的领域是如此，在任何其他认识领域以及在实践行动的领域也是如此"②。毋庸置疑，世界并非完全是与人无关的东西。从人类生存环境的角度看，现实的生活世界完全是人的实践活动的结果。由人的实践活动所确立的这个具有"属人"性质的生活世界，是建立在一个不断涌动的活动基础上的，必然会表现为一个变动不居的过程，而不可能是一种静止不动的状态。如果新唯物主义视世界为过程，那么这种理论必然是革命的、批判的、辩证的，即在对现存事物的肯定理解中包含着否定的理解。因此，传统哲学只是希望达到对现存事物的正确理解，只限于正确地解释世界，而新唯物主义者的任务则在于推翻现存的东西，致力于改造世界。由此可以看出，马克思理解的现实生活世界就是人类所生活的现实社会及一切交往活动。这样的世界是有意义的世界，是人类创造的、实现人类自身发展的世界，是人生活在其中的世界，是能够体验到人的幸福的世界。

---

① 马克思，恩格斯. 马克思恩格斯全集：第 3 卷 [M]. 北京：人民出版社，1960：23.
② 马克思，恩格斯. 马克思恩格斯选集：第 4 卷 [M]. 北京：人民出版社，1995：216.

（三）幸福就是人的自由全面发展

人的自由全面发展意味着人自身的自然潜力的充分发挥，意味着个人的肉体和心理的完善，而人的自由全面发展必须通过人在社会中的实践活动实现个人的肉体、心理完善。这样，人的需要才能日益全面和丰富，人才具有了丰富而全面的感觉，从而使人的感觉的对象真正成为自身本质力量的确证。人的自由全面发展既是一个理想性的价值目标，又是一个永无止境的历史过程。这一过程既是追求人性真、善、美的"理想性目标"过程，也是人类追求幸福的"历史必然道路"；既要超越人的功利追求，又要有现实的物质基础；既指向人的终极关怀，又立足于人的现实关怀。就其现实性而言，所谓"人的自由全面发展"既包括人的全面丰富的社会关系的形成、人的需求的多方面发展、人的能力的全面提高和自由个性的充分实现，也包括人与自然关系的全面和谐以及因此而实现的人的幸福的充分满足。从理论上加以概括，人的自由全面发展的科学内涵则是人的类特性、社会特性和个性在个人那里得到自由而全面的发展，人们从而享有追求幸福的空间和权利。

1. 自由全面发展就是"类特性"的充分发展

第一，在马克思主义哲学的理论视野中，所谓"人的自由全面发展"是指人的"类特性"的充分发挥。在马克思主义哲学看来，作为人之存在本质特征的实践，在现实生活中表现为人的自由自觉的创造性活动，而这种自由自觉的创造性活动正是人的本质力量对象化的充分证明和全面体现。显然，对于个体而言，只有充分发展和实现人的这一类特性，才能真正成为自由全面发展的、幸福的个人。根据马克思主义哲学的理论诠释，人的自由自觉的创造性活动对于人的发展、人的幸福具有决定性的意义，也正是在不断深入的实践活动中，作为个体的人才能真正成为幸福的人。

第二，就"自由全面发展"的内容和性质来分析，马克思主义哲学中所谓"人的自由自觉的创造性活动"旨在揭示人的实践活动中所蕴含的独立自主性、自由自觉性等创造性特征，从而阐发内蕴于其中的价值取向。马克思认为，人的自由自觉的创造性活动的发展，实际体现着人的主体性及其内在本质力量的充分发展。因为"个人的全面发展只有到了外部世界对个人才能的实际发展所起的推动作用为个人本身所驾驭的时候，才不再是理想、职责等等，这也正是共产主义者所向往的"[1]。故马克思经常用"全面发展自己的一切能力""发挥他的全部才能和力量""人类全部力量的全面发展"等提法来阐释内蕴于人的自由自觉的创造性活动中获得幸福的理

---

[1] 马克思，恩格斯. 马克思恩格斯全集：第 3 卷 [M]. 北京：人民出版社，1960：330.

论旨趣。

2. 自由全面发展只有在实践活动中才能完成

从"自由全面发展"的活动的形式上分析，马克思主义哲学中所谓"人的自由自觉的创造性活动"是要揭示人的实践活动的丰富性、完整性和可变动性，从而为其必然导向人的自由全面发展和人类幸福的追求提供充分的论证。所谓"人的实践活动的丰富性"是通过改变私有财产和异化劳动条件下的人的实践活动的非对象性实现的。马克思说："联合起来的个人对全部生产力总和的占有，私有制也就终结了。"[①]只有在这样的前提下，人的实践活动才有可能真正显示出超越了异化劳动羁绊的丰富性，从而成为实现和确证人的内在本质力量的对象化活动。所谓"人的实践活动的完整性和可变动性"，实际是与人的实践活动方式即"职业分工"联系在一起的。正因为如此，马克思明确将消灭那种强制性的旧式分工作为共产主义实现的一个前提条件。在私有制条件下，那种获得了固定和强制性质的分工不仅形成了异化劳动生成的渊源，还造成了人的能力的片面发展、人及其活动的贫乏化、人的个性及幸福被异化等现象。然而，正是在分工日益精细的发展进程中，发达的社会生产力和资本主义大机器工业又把劳动变换提到了现实日程上，从而在社会的进步发展中呈现了分工走向消亡的必然趋势。可以断定，消灭那种强制性的旧式分工，必将为实现新的历史条件下的劳动变换提供可能，而劳动变换必然会造就个人实践活动的丰富性、完整性以及真实地享受幸福的可能。因此，正如马克思所指出的那样："在共产主义社会里，任何人都没有特定的活动范围，而是都可以在任何部门内发展。"[②]因而，每个人都将成为自由全面发展的个人，即"把不同的社会职能当作互相交替的活动方式"[③]的个人。

3. 人的自由全面发展具有社会性

在马克思主义哲学的理论视野中，人的自由全面发展不仅是人的类本质向个人的回归，还表现为个人对人的社会特性的重新占有。"只有在集体中，个人才能获得全面发展其才能的手段，也就是说，只有在共同体中才可能有个人自由。"[④]显然，马克思是基于人的社会特性阐释每个人的自由全面发展的。或者说，在马克思看来，人的自由全面发展并非单个人的独立行为，只有在社会整体发展的意义上，人的自

① 马克思，恩格斯. 马克思恩格斯选集：第 1 卷 [M]. 北京：人民出版社，1995：130.

② 马克思，恩格斯. 马克思恩格斯选集：第 1 卷 [M]. 北京：人民出版社，1995：85.

③ 马克思，恩格斯. 马克思恩格斯选集：第 2 卷 [M]. 北京：人民出版社，1995：213.

④ 马克思，恩格斯. 马克思恩格斯选集：第 1 卷 [M]. 北京：人民出版社，1995：119.

由全面发展才有可能成为现实。所以，马克思所强调的人的自由全面发展具有社会特性，集体中的个人才有可能获得个人幸福。

马克思着眼于人的社会特性，对人的自由全面发展作了进一步阐释。从人的社会特性看，个人与他人的关系，不仅局限于以社会群体中的某一成员的特定身份所发生的相互交往，还表现为个人之间所发生的相互关系。从个人在社会交往中的目的来看，在个人与他人的交往中，个人往往是把他人视为发展自身所必需的对象，以个人彼此间交流的经验和知识丰富自身的能力，而他人参与交往的目的也在于此。从个人的社会交往对于社会发展的作用上看，每个人的主要社会关系的和谐发展，为整个社会的全面发展奠定了基础。从社会交往对于个人发展的意义上看，个人积极参与社会生活多个领域的交往，将在此基础上促进世界的普遍交往，从而建构起人的全面而丰富的关系。正是基于这种全社会和全世界的全面而丰富的关系，人才得以摆脱个人的个体局限性，最终成为"世界历史性的个人"，从而获得自由全面发展和自身的幸福。在丰富全面的社会关系中，个人之间的关系将在普遍的意义上成为全体社会成员的共同关系，并服从于全体社会成员的共同控制，从而使每个人都获得了现实关系和观念关系的全面性。显然，正是"在真实的共同体的条件下，各个人在自己的联合中并通过这种联合获得自由（幸福）"[1]。个人所追求的幸福不是一己私利的满足，这必然与社会和社会中的其他人发生着关系，只有在这种关系中才能确证自己和集体追求幸福的合理性和实现的可能性，也只有在这样的真实的集体条件下才能通过交往为追求幸福奠定基础。

总之，实现人的自由全面发展也就是获得属于人的真实幸福，这是共产主义的本质特征。在现实的发展进程中，人对幸福的追求正是通过个人对人的社会特性的重新占有而实现的。换言之，只有在整个社会的全面进步中，才有可能实现人的幸福，而人的自由全面发展和对幸福的追求则推动了社会的全面进步。所以，"代替那存在着阶级和阶级对立的资产阶级旧社会的，将是这样一个联合体，在那里，每个人的自由发展是一切人的自由发展的条件"[2]。

（四）"完整的人"是马克思主义幸福思想的终极目标

人类在自身发展进程中始终追求着幸福，其终极目标直接指向"完整的人"的实现，"完整的人"的实现也就是人的幸福的获得。人类在哲学、宗教及其他精神

---

① 马克思，恩格斯. 马克思恩格斯选集：第 1 卷 [M]. 北京：人民出版社，1995：119.
② 马克思，恩格斯. 马克思恩格斯选集：第 1 卷 [M]. 北京：人民出版社，1995：294.

活动领域中对统一性、和谐、真善美以及所谓全知全能的上帝的理性诉求，都展现着人类力图克服自身的本体分裂，从而将自身提升为全面发展的、幸福的人的向往。从某种深层意义上说，基于人类本体分裂后的统一，即所谓"完整的人"的实现，绝不是人类向原始的混沌状态的复归，而是实现人类自由自觉发展的更高形态。在这样的形态中，人才能真正追寻到属于他自身的幸福。

在马克思的理论体系中，现实的人对于"完整的人"的理想追求浓缩地表现为哲学的终极诉求目标，即人的真实幸福的实现。所谓"完整的人"，就是指全面的人或根本的人，是从人与自然、人与社会、人与人之间的关系，以及人的历史发展、人的社会生活、人的未来前景等各个方面关于人的完整图景。在《1844年经济学哲学手稿》中，马克思对完整的人的理论进行了系统的阐释，他指出："人以一种全面的方式，也就是说，作为一个完整的人，占有自己的全面的本质。"[①]因此，"完整的人"意味着人的全面发展，是指人成为自身全面关系的占有者，成为自身全面需要和全面创造力的主体。

首先，"完整的人"意味着人全面占有了自身的现实关系和观念关系，意味着人真实幸福的实现。在人与自然、个人与社会的和谐统一中，人生活于最全面的、最丰富的关系中，并且这些关系不再以异化的形式限制人的精神和现实活动，这些关系完全为每个人所占有，从而构成了个人的无限丰富性。而只是在这种关系中，人类才能进行最全面、最自由的选择，从而产生全面的人的需要。在长期的人类发展进程中，异化始终是内蕴于人的关系中的基本特征，人与自然和个人与社会的关系表现为一种片面的关系。与这种不甚发达的关系相联系，人的幸福也具有片面性，不但物质劳动成为单纯维持生存和追求幸福的手段，而且精神劳动在某种程度上也被异化为达到某种功利目的的单纯手段。在以人的幸福为终极目标形成的"完整的人"，人的精神劳动和物质劳动真正统一起来，人的幸福得到完全的展开和实现。

其次，"完整的人"意味着人的关系、需要和创造力在性质上的根本改变。在"自由人的联合体"中，完整的人作为全面发展的人是全面关系的占有者，是全面需要和创造力的统一体。马克思指出："私有财产的废除，意味着一切属人的感觉和特征的彻底解放，但这种废除之所以是解放，正是因为这些感觉和特性无论是在主观上还是在客观上都变成了人。"[②]马克思认为："对私有财产的积极的扬弃，也就是说，通过人并且为了人而对人的本质和人的生活、对对象化了的人和属人的创造物

---

① 马克思, 恩格斯. 马克思恩格斯全集: 第42卷 [M]. 北京: 人民出版社, 1979: 123-124.

② 马克思, 恩格斯. 马克思恩格斯全集: 第42卷 [M]. 北京: 人民出版社, 1979: 125.

的感性的占有，不应当仅仅被理解为对物的直接的、片面的享受，不应当仅仅被理解为享有、拥有。人以一种全面的方式，也就是说，作为一个完整的人，把自己的全面的本质据为己有。"①显然，人的需要在性质上的根本改变，不仅表现为人获得了多种需要的统一性，还表现为理想社会中人的任何关系和需要都具有了幸福的体验。显然，人所从事的活动只有具有了自由创造的意义，人才真正成为"完整的人"、幸福的人。

再次，"完整的人"的实现意味着人与自然、个人与社会之间矛盾的真正解决，意味着人类对幸福的真正享有。在马克思看来，人类幸福的获得是在人类社会实践的进程中产生的。从人类实践的现实指向来看，人不仅要解决与自然之间的矛盾，更要解决个人与社会之间的冲突。人所面临的这两种关系是相互影响的，甚至在某种意义上说，前者的真正解决往往取决于后者。因而，不能简单认为人的完善仅仅是物质产品的极大丰富，尽管这的确是一个重要的前提。事实上，随着实践的发展，人类将逐步从经济必然性中摆脱出来，而日益注重人们的精神需要，注重人与人之间的人道的、情感的交往。总之，如前所述，社会主义和共产主义不是简单地满足人们的现有的需要，而是要彻底改变人的需要的单向性，彻底改变人的需要本身。而实现这一目标的根本前提是人与自然、个人与社会之间矛盾的真正解决，以及由此而造成的人与人之间矛盾的真正解决。只有在这双重矛盾得到真正解决的时候，才意味着"完整的人"、人的幸福的实现。

（五）共产主义社会是人类幸福社会的理想形态

人类幸福只有在人成为"完整的人"的时候才能得以完全实现，通过无产阶级革命，变革以私有制为主要标志的社会关系，建立"自由人联合体"，实现共产主义的社会制度，是实现人类幸福的理想社会。

人的幸福的获得是以追求"历史形成的需要"的满足为基础的，"人们为了能够创造'历史'，必须能够生活。但是为了能够生活，首先就需要衣、食、住以及其他东西"，人类"第一个历史活动就是生产满足这些需要的资料，生产物质生活本身"②。因此，在生产力水平有限的情况下，为了满足这些需要，人们必须结成一定的社会关系。在私有制的社会关系下，人的幸福在阶级对立的情形下扭曲，旧的分工和分配方式使这种情况越来越严重。因此，要实现人的幸福，必须消灭私有制，

---

① 马克思，恩格斯. 马克思恩格斯全集: 第42卷 [M]. 北京: 人民出版社，1979: 124.

② 马克思，恩格斯. 马克思恩格斯全集: 第3卷 [M]. 北京: 人民出版社，1960: 31.

建立"自由人联合体",即建立以公有制为基础的社会主义——共产主义社会制度,这也是人类社会发展的必然阶段。只有在这个阶段上,自主活动才同物质生活一致起来,人的幸福才能得到完整的实现。

在变革社会关系的意义上,马克思、恩格斯提出了建立"自由人联合体"的主张。他们认为,人的幸福的实现有赖于集体的联合,"只有在集体中,个人才能获得全面发展其才能的手段,也就是说,只有在集体中才可能有个人自由"①。但是,"集体"在私有制条件下只是虚假的集体,在这种集体中,"个人自由只是对那些在统治阶级范围内发展的个人来说才存在的,他们之所以有个人自由,只是因为他们是这一个阶级的个人……由于这种集体是一个阶级反对另一个阶级的联合,因此,对于被支配的阶级来说,它不仅是完全虚构的集体,而且是新的桎梏"②。通过无产阶级革命建立起来的"真实的集体",即"革命无产者的集体","它是个人的这样一种联合(当然是以当时已经发达的生产力为基础的),这种联合把个人的自由发展和运动的条件置于他们的控制之下","各个人在自己的联合中并通过这种联合获得自由"③。当然,"这种联合不是任意的事情,它以物质和精神条件的发展为前提"④,这就是马克思所说的"自由人联合体",这个全新的集体,使"每个人的自由发展是一切人的自由发展的条件"成为可能,人们生活和活动的直接目的已不是自然需要,取而代之的是"作为目的本身的人类能力的发展",所以共产主义社会中的"必然王国"以被扬弃的形式成为人类实现幸福的理想形态。

在私有制条件下,异化的人是病态的人,异化的社会是病态的社会。在资本主义社会和工人阶级中,这种"病"已迅猛地发展到无以复加的程度。一个全面异化的社会不可能是和谐的、幸福的社会,一个全面异化的人不可能是幸福的人,只有克服异化,人类才能获得幸福。在马克思看来,共产主义只是人获得完全幸福的一个具体的历史阶段,"是最近将来的必然的形式和有效原则。但是,这样的共产主义本身并不是人的发展的目标"⑤。对人的幸福而言,它不仅具有终极性质,还是社会发展中的"必然环节"。我们已经论证了与人的异化相联系的是人的不幸与卑下,因而我们完全可以做出下述推断:与人的异化幸福相对立的必然是人的真实幸福。马克思的共产主义理论中的许多思想都有这一状态的描述。这里需要强调的是:共

① 马克思,恩格斯. 马克思恩格斯全集:第3卷 [M]. 北京:人民出版社,1960:84.
② 马克思,恩格斯. 马克思恩格斯全集:第3卷 [M]. 北京:人民出版社,1960:84.
③ 马克思,恩格斯. 马克思恩格斯全集:第3卷 [M]. 北京:人民出版社,1960:84.
④ 马克思,恩格斯. 马克思恩格斯全集:第46卷 [M]. 北京:人民出版社,1965:105.
⑤ 马克思,恩格斯. 马克思恩格斯全集:第42卷 [M]. 北京:人民出版社,1979:131.

产主义不仅要理解为一种崇高理想、思想体系、社会运动、社会制度、社会形态，更要理解为一种人的生存境况、人的幸福的实现。一种社会制度及其体制优越与否，检验它的最终标准是绝大多数人的生存境况高低和人类幸福的实现程度。导致人的全面异化的资本主义，它造就的人的生存境况是绝大多数人的不幸与卑下，人的异化得以克服的共产主义，它给人带来的生存境况是幸福。这种生存境况的转变当然是就整体而非个体而言，在马克思关于共产主义社会人的境况的部分陈述中，我们可以看到人的生存境况得到了根本性的改变，人的幸福得到了完全实现。

第一，在异化条件下，人的劳动是在外在、内在因素的强制下的活动，它带来的只是痛苦。在共产主义社会，"生产劳动给每一个人提供一个全面发展和表现自己全部的体力和脑力的能力的机会，这样生产劳动就不再是奴役人的手段，而成了解放人的手段，因而，生产劳动就从一种负担变成一种快乐"①。人在劳动中享受无穷乐趣和幸福。

第二，"原来，当分工一出现之后，每个人就有了自己一定的特殊活动范围，这个范围是强加于他的，他不能超出这个范围：他是一个猎人、渔夫或牧人，或者是一个批判的批判者，只要他不想失去生活资料，他就始终应该是这样的人"②。在一个强加于人的特殊范围内的活动，本质上是重复的单调，因而是乏味的令人烦恼的活动。"而在共产主义社会里，任何人都没有特定的活动范围，每个人都可以在任何部门内发展，社会调节着整个生产，因而我有可能随着我自己的心愿今天干这事，明天干那事，上午打猎、下午捕鱼，傍晚从事畜牧，晚饭后从事批判，但我并不因此就使我成为一个猎人、渔夫、牧人或者批判者"③，丰富多样的自主自由的活动总是给人带来丰富多彩的享受。

第三，在全面的共产主义社会中工人与农民、城市与乡村之间、脑力劳动者与体力劳动者的差别彻底消灭。"人和人的利益并不是彼此对立的，而是一致的，因而竞争就消失了。"④人与人之间的对立、竞争被一致、合作、互助、和谐所替代。"人与人之间的兄弟情谊在他们那里不是空话，而是真情"⑤，而"人对人是狼"的社会给人最多的是紧张、焦虑、恐怖、仇恨。

第四，"随着个人的全面发展，他们的生产力也增长起来，而集体财富的一切

① 马克思，恩格斯. 马克思恩格斯选集：第3卷 [M]. 北京：人民出版社，1995：66.

② 马克思，恩格斯. 马克思恩格斯选集：第1卷 [M]. 北京：人民出版社，1995：85.

③ 马克思，恩格斯. 马克思恩格斯选集：第1卷 [M]. 北京：人民出版社，1995：275.

④ 马克思，恩格斯. 马克思恩格斯全集：第2卷 [M]. 北京：人民出版社，1957：605.

⑤ 马克思，恩格斯. 马克思恩格斯全集：第42卷 [M]. 北京：人民出版社，1979：135.

源泉都充分涌流之后"①，社会分配超越狭隘的资产阶级法权的限制，对社会全体成员实行按需分配。"在这种制度下……不再有任何对个人生活资料的忧虑"②，合理的物质文化生活资料按照需要得到充分满足，人该是多么幸福！

第五，"私有制使我们变得如此愚蠢和片面"，人们的一切活动和享受都被限制在自己拥有的有限对象这一狭隘的范围内。人的全部肉体感觉和精神感觉，都绝对地受私有财产这种异化的权力所支配。在异化被扬弃之后，感觉主体和感觉对象都同时得到解放。人的全部感官同对象发生全面的人的关系，个体的视、听、嗅、味、触觉、感情、思维、活动、意志等感官打破了异化的束缚和限制，并且通过他人和社会的感官与更广阔世界的各种对象发生关系，人在与这极其丰富的对象交往中所得到的感觉享受将是极其多样的。因此当人对自己本质真正、全面占有的时候，人的幸福将是异化状态中人的"幸福"根本无法比拟的。

随着私有制和劳动异化的扬弃、随着新的高度发达的生产方式的运行、随着以社会共同占有劳动资料的经济基础的建立、随着人的社会生活方式的根本变化，人的观念和追求发生根本变化，它已经同传统的观念和行为方式"实行最彻底的决裂"，在道德和精神方面不再存在以往社会污秽的痕迹。

在共产主义社会中，劳动不再是人类谋生的手段，而是被视为光荣的豪迈的事业。劳动成为人的第一需要，成为人的习惯。人们在劳动过程中，各尽所能，充分发挥自己的创造力，为社会创造财富而不计任何报酬。共产主义社会是真实的共同体，共同幸福与个人幸福融为一体。公共的幸福被视为最高幸福，个人处处为公共幸福着想，事事服从整体幸福；在处理与他人的关系中，不再把他人作为手段，人们把满足他人需要、促进他人幸福与发展作为目的。"神圣形象""非神圣形象"在人的面前不复存在，人对真理的追求不再受制度、利益的限制，尊重科学、崇尚真理、探索真理、宣传真理、实践真理成为人的普遍品性。由于对各生活领域基本规律的深刻认识和对公共幸福的高度尊重，共产主义社会成员会自觉严格遵守作为客观规律、公共幸福的各类规则，并养成良好习惯。人们不断克服障碍，利用社会提供的条件，在劳动生活中自由的全面发展自己，充分发挥自己的潜能，积极为社会做出贡献。

---

① 马克思，恩格斯. 马克思恩格斯选集：第3卷 [M]. 北京：人民出版社，1995：66.
② 马克思，恩格斯. 马克思恩格斯全集：第3卷 [M]. 北京：人民出版社，1960：54.

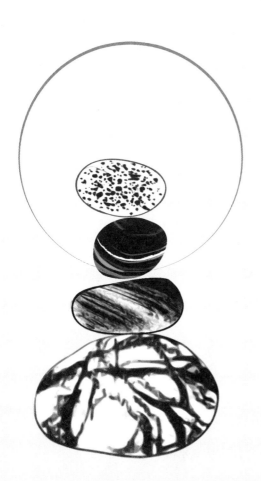

第三章

中国传统文化中的幸福观

古往今来，伦理学家把幸福作为重要的研究课题，其原因在于幸福不仅是人类现实生活中存在的一种重要现象，更是人类生活所不断追求的目的和理想。中国思想家对幸福的论述非常丰富，伴随历史的发展变化，这些思想对中华民族的生活心理和生活方式都产生了巨大的影响。

在中国文化传统中，并没有"幸福"一词，传统中国人对幸福的理解和追求主要是通过"福"和"乐"来表达。但是，传统文化对"福"和"乐"内涵的理解与现代人的理解并不相同。在传统文化中，"福"是指外在的、物质的、暂时的愉悦，而"乐"是指内在的、精神的、持久的愉悦；与此相反，现代人所理解的幸福则侧重于内在性、精神性、持久性，而快乐侧重于外在性、物质性、暂时性。中国人的幸福之道实际上可宽泛地从知识阶层和民间大众两种阶层来阐释。对知识阶层而言，追求精神之乐成为他们幸福追求的主题；对民间大众而言，追求生活圆满之福则是他们幸福追求的主旋律。知识阶层的幸福之道主要有儒家的以德祈福模式、道家的以道致福模式、禅家的以空求福模式；民间大众的幸福之道则是以寿统福的模式。这四种模式构成了传统中国人主导性的幸福追求之道。

就基本的幸福观而言，传统文化既有儒家的以道德理性满足为乐的道义论幸福观，又有墨家的以共乐利他为乐和法家的以建功立业为乐的功利论幸福观，还有道家的以无为自由为乐的自然论幸福观。

总体来看，儒家强调了道德理性基于幸福的重要性；墨家强调了物质功利基于幸福的重要性；道家强调了精神自由基于幸福的重要性；法家强调了社会法治基于幸福的重要性。先秦四家幸福观对幸福维度的不同侧重点加以论证，在逻辑上达到了四维一体，共同为人们描绘了一个内在完满的幸福观。在这些彼此差异甚至是对立的观点之间，却存在着一种一致的精神旨趣，即他们都把幸福理解为人生的理想状态和终极目标。他们对如何达到和实现这种理想状态和终极目标，作了大量的理论探讨。在中国传统文化中，价值常被表达为"贵贱"和"贫富"。贵贱是政治地位，贫富则为经济状况。在当时的历史客观生产力面前，政治的清浊、遭际的穷达是无法控制的，更不可能以个人意志为转移。当现实不可能使多数人获得显贵地位和殷实财富时，一种新的贵贱贫富尺度及其价值体系也就随即产生了。《孟子·公孙丑下》记载了曾子的这样一段话："晋楚之富，不可及也。彼以其富，我以吾仁；彼以其爵，我以吾义，吾何慊乎哉？"这里是说，富甲一方是达不到了，但精神的满足可求之于己，也更胜于物质财富和社会地位。现实的无奈让人不得不以内在的精神标准来否定外在物质尺度，以内在的价值取代外在价值。经过这样置换，人的内心（无论是庶民百姓还是官绅士人）都会找到一种新的平衡与满足。这表明内求于己既是道德理性的升华，也是客观历史条件的必然要求。

先秦时期的主流学派儒家、道家在知性自足这一点上都有着一致而明确的表述。孔子对颜子的"一箪食，一瓢饮，在陋巷，人不堪其忧，回也不改其乐"[①]的赞叹，充分体现了他对外在物质条件的轻视与对内在的道德修为的重视。内在的道德修为是多多益善的，哪怕是"吾日三省吾身"[②]也不为过。孟子也承其衣钵，认为："仁义礼智，非由外铄我也，我固有之也。"故"学问之道无他，求其放心而已矣"，又说："万物皆备于我矣，反身而诚。乐莫大焉。"[③]这表明先秦儒家强调求道者要在"自心"中"内求"，这种内求的心中之"乐"体现在幸福观的价值取向上则是重视主观精神的自我满足。道家的这种倾向有过之而无不及。老子追求"不出户，知天下；不窥牖，见天道"[④]的"自足""无为"的境界；庄子追求"自恣""适己"的"心斋"和"堕肢体、黜聪明，离形去知"的"坐忘"[⑤]境界。这些都说明先秦道

① 孔子. 论语 [M]. 杨伯峻，杨逢彬，译注. 长沙：岳麓出版社，2013.
② 孔子. 论语 [M]. 杨伯峻，杨逢彬，译注. 长沙：岳麓出版社，2013.
③ 孟子. 孟子 [M]. 方勇，译. 北京：中华书局，2015.
④ 老子. 老子 [M]. 饶尚宽，译. 北京：中华书局，2016.
⑤ 庄子. 庄子 [M]. 方勇，译. 北京：中华书局，2015.

家把幸福看成向内求己的实现，是从内心发掘其"真性""本心"的自然境界。老子认为"知足者富""知足不辱""祸莫大于不知足，咎莫大于欲得"[1]。庄子也说："富则多事，寿则多辱。"[2]墨家更是认为获得国家富强、人民幸福的途径必须有内在的"义"作为前提，"不义不富，不义不贵，不义不亲，不义不近"[3]。在墨子看来，内在的修为是检验价值的唯一尺度。在这一点上，《淮南子》从辩证的角度阐述得更为深入："天下有至贵而非势位也，有至富而非金玉也，有至寿而非千岁也，原恕反性则贵矣，适情知足则富矣，明生死之分则寿矣。"[4]其通过"贵""富""寿"的转换，用精神相对知足的自慰方式消除了现实的反差。

第一节 | 儒家的幸福观

幸福是人类的永恒追求。代表中国传统文化主流的儒家文化，采用自己的语言和方式对幸福进行了持续和深入的探讨。从总体上看，儒家的幸福观包括个人、家庭、国家三个维度，即注重内外兼蓄的个人修养、讲求家庭和睦的人伦秩序、倡导国泰民安的天下观念。儒家一方面肯定人作为自然的存在有自己先天的欲望和本性，一方面又大力提倡后天的教化和修养，以君子为理想人格，通过"修身"来"齐家"，然后去"治国、平天下"，最终达到社会大同、德福一致的理想境界。

一、君子之乐

（一）人之本性与天然之欲

对幸福的讨论离不开对人性的讨论，人性论因此成为幸福观的理论前提。孔子尤其注意对人性问题的讨论，认为我们只要在天然血缘本性的基础上多加引导，就可以建立一个"亲亲尊尊"的礼仪社会。

---

① 老子. 老子 [M]. 饶尚宽，译. 北京：中华书局，2016.
② 庄子. 庄子 [M]. 方勇，译. 北京：中华书局，2015.
③ 墨子. 墨子 [M]. 方勇，译. 北京：中华书局，2015.
④ 刘安. 淮南子 [M]. 陈广忠，译. 北京：中华书局，2012.

孔子一生述而不作，"罕言利与命与仁"。唯一的一次涉及人性的讨论是《论语·阳货》中"性相近也，习相远也"的论述，但并没有对人性的善恶做出论断。孔子认为人之天性都是相同的，并没有太大的差别，而人后天的善与不善、贤与不肖以及智愚等差别，都是因为"习"的不同所造成的。朱熹在《四书章句集注》中解释说："但习于善则善，习于恶则恶，于是始相远耳。"[①]

孔子没有对"人性是什么"之类问题直接回答，却并不意味着儒家对这一问题没有深入的思考和探索。儒家对于人性的思考，是以人的天然欲望为切入点的。《礼记》中云："饮食男女，人之大欲存焉。"人欲或私欲的存在是一个不争的客观现实，也是人性中不可缺少的属性。只要是人，有人性，当然就会有"欲"。孔子说："富与贵是人之所欲也。"[②]孟子说："欲贵者，人之同心也。"[③]他们都肯定了个人欲望是人性的内在本质之一。

孟子主张性善，而"欲"又是"性"的属性，所以"欲"当然也是善的。如果"善"代表"天理"，那么"人欲"也就是"天理"了。可见在孟子看来，满足人的欲望是天经地义、理所当然的。因此，孟子认为统治者应当千方百计地满足民众的欲望以获民心，认为："所欲与之聚之，所恶勿施尔也。"[④]统治者最高的统治艺术就是寻找并去满足民众的欲，认为："民不求其所欲而得之，谓之信。"[⑤]正如恩格斯在《费尔巴哈和德国古典哲学的终结》里所说："正是人的私欲……构成了历史发展的杠杆。"[⑥]荀子尽管主张性恶论，但他也认为欲望是人的生理本能，对声色的需求与满足是人性独有的本质。荀子也说："人生而有欲。"[⑦]"凡人有所一同：饥而欲食，寒而欲暖，劳而欲息，好利而恶害，是人之所生而有也，是无待而然者也，是禹桀之所同也。"[⑧]他还具体论述了"欲"与人性的必然联系。并在《正论》批评宋钘"人之情欲寡"的说法，认为人绝不是天生情欲寡浅的动物，人的欲望就是要寻求各种享乐，而且越多越好。他指出："性者，天之就也；情者，性之质也；欲者，情之应也。以所欲为可得而求之，情之所必不免也。"[⑨]他也反复强调"欲

① 朱熹. 四书章句集注 [M]. 北京：中华书局，1983：176.
② 孔子. 论语 [M]. 杨伯峻，杨逢彬，译注. 长沙：岳麓出版社，2013.
③ 孟子. 孟子 [M]. 方勇，译. 北京：中华书局，2015.
④ 孟子. 孟子 [M]. 方勇，译. 北京：中华书局，2015.
⑤ 孔颖达. 礼记正义 [M]. 上海：上海古籍出版社，1980.
⑥ 马克思，恩格斯. 马克思恩格斯选集：第4卷 [M]. 北京：人民出版社，1995：233.
⑦ 荀子. 荀子 [M]. 安小兰，译. 北京：中华书局，2015.
⑧ 荀子. 荀子 [M]. 安小兰，译. 北京：中华书局，2015.
⑧ 荀子. 荀子 [M]. 安小兰，译. 北京：中华书局，2015.

不可去","欲"是"情之所必不免"。他认识到不管怎样"化性起伪",这个"欲"终究是去不掉的。

儒家在肯定人的欲望合理性的同时,也注意到了欲望的多样性、层次性。一方面他们肯定人的欲望有共同之处,"口之于味也,有同者焉;耳之于声也,有同听焉;目之于色也,有同美焉"①;另一方面,他们也看到"五方之民,言语不通,嗜欲不同"②,人的欲望也存在着多样性的差异。这种多样性表现在某种欲望的有无、强弱以及渴求程度,不同的人情况不尽相同。先秦儒家在意识到欲望的共性和差异性的同时,还注意到欲望的层次性。例如,他们认为,所谓"圣人"并不是没有常人的那些欲望,只不过是他们除了常人的欲望外还有更高层次的欲望而已。孟子以舜为例解释说:"天下之士悦之,人之所欲也,而不足以解忧;好色,人之所欲,妻帝之二女,而不足以解忧;富,人之所欲,富有天下,而不足以解忧;贵,人之所欲,贵为天子,而不足以解忧。人悦之、好色、富贵,无足以解忧者,惟顺于父母,可以解忧。"③在孟子看来,舜不仅有"人悦之、好色、富贵"这些常人的欲望,还有更高层次的欲望追求,那就是希望得到父母的认可,做个孝子。但这个例子是以多层次的满足并不发生矛盾为前提的,并没有说明欲望冲突的价值选择问题。孟子又为我们举了"鱼"和"熊掌"不可兼得、"生"和"义"不可兼得的例子。他通过舍"鱼"而取"熊掌"、舍"生"而取"义"的选择结果,很好地说明了对不同层次"欲"彼此冲突时的价值选择标准。

(二)以道导欲与礼乐教化

1. 以道导欲

人首先是一种自然的存在,因此必然具有天然的欲求。但是幸福并不是在天然欲求的推动下行动,而是要在"道"的引导下行为。

孔子曰:"富与贵是人之所欲也,不以其道得之,不处也;贫与贱是人之所恶也,不以其道得之,不去也。"④"以其道"就是要坚持一定的原则,其中基本原则就是"己所不欲,勿施于人"。⑤孟子也认为,"欲"本身并没有什么不好,关键在于实现"欲"、

---

① 孟子. 孟子 [M]. 方勇, 译. 北京:中华书局, 2015.

② 孔颖达. 礼记正义 [M]. 上海:上海古籍出版社, 1980.

③ 孟子. 孟子 [M]. 方勇, 译. 北京:中华书局, 2015.

④ 孔子. 论语 [M]. 杨伯峻, 杨逢彬, 译注. 长沙:岳麓出版社, 2013.

⑤ 孔子. 论语 [M]. 杨伯峻, 杨逢彬, 译注. 长沙:岳麓出版社, 2013.

满足"欲"的手段如何。孟子说："生，我所欲也；义，亦我所欲也。二者不可得兼，舍生而取义者也。"①在孟子看来，生固然是每个人都欲求的，死是每个人都厌恶的，但还有比生更高的追求，这就是义；还有比死更让人厌恶的，这就不义。因此，孟子主张宁可就义而死也不害义而偷生。孟子通过对义利关系问题的探讨，得出欲望不可兼得的时候要以道义为标准进行取舍。孟子主张，利在义中，当义利冲突时，舍利取义是最佳选择，舍义本身就是最大的利。这说明孟子将道义作为衡量欲望层次高低的标准，或者也可以说孟子认为"义"本身就是最高层次的"欲"。荀子也认为，义与利同样是人必不可少的需要，"欲利而不为所非"②。又说："义与利者，人之所两有也。虽尧、舜不能去民之欲利，然而能使其欲利不克其好义也。虽桀纣亦不能去民之好义，然而能使其好义不胜其欲利也。"③在先秦儒家看来，人对义与利两种不同欲望的需求是有层次之分、高低之别的。当不同层次的欲望彼此发生矛盾时，就有了取舍的标准。人们在选择的时候一定是就高不就低。哪怕是牺牲生命才能实现更高层次的欲望都是值得的。当然，一个人一定会选择高层次的欲望（例如"舍生取义""杀身成仁"）的前提是这个人要拥有君子之道。孟子说得好："鸡鸣而起，孳孳为善者，舜之徒也；鸡鸣而起，孳孳为利者，跖之徒也。欲知舜与跖之分，无他，利与善之间也。"④荀子也说："君子乐得其道，小人乐得其欲。以道制欲，则乐而不乱；以欲忘道，则惑而不乐。"⑤可见，先秦儒家对待人欲问题，强调的是以合乎"道"的手段去辩证地满足。

2. 礼乐教化

礼乐是中国传统文化的核心，也是儒家思想体系的一个重要组成部分。具有天然欲求的普通人，通过礼乐的教化，成为君子，并得到快乐和满足，是儒家的一个重要理论预设。所谓"礼"，在开端处是与宗教祭祀活动相关的，据东汉许慎《说文解字·示部》记载："禮者，履也，所以事神致福也。从示从豊，豊亦声。"《说文解字·豊部》云："豊，行礼之器也，从豆象形。"许慎认为"礼"字自诞生以来就同宗教祭祀行为有密切关系，它的用途在于"事神致福"。礼起源原始社会的

---

① 孟子. 孟子 [M]. 方勇，译. 北京：中华书局，2015.
② 荀子. 荀子 [M]. 安小兰，译. 北京：中华书局，2015.
③ 荀子. 荀子 [M]. 安小兰，译. 北京：中华书局，2015.
④ 孟子. 孟子 [M]. 方勇，译. 北京：中华书局，2015.
⑤ 荀子. 荀子 [M]. 安小兰，译. 北京：中华书局，2015.

风俗习惯，发端于在古人生活中占据重要位置的饮食行为。《礼记·礼运》记载："夫礼之初，始诸饮食，其燔黍捭豚，污尊而抔饮，蒉桴而土鼓，犹若可以致其敬于鬼神。"

儒家的礼乐思想不仅继承了"周礼"的精髓，还对"周礼"进行了损益，拓展了礼乐的价值内涵、社会功能和普及范围，使得礼乐不仅成为生活中的习惯，还成为获得快乐与幸福的通道。在儒家的思想体系中，"仁"是非常重要的一个概念，孔子通过"引仁入礼"，使礼乐进入了道德的评价范畴，"仁"成为"礼"得以存在的内在依据，"礼"成为"仁"的外在表现和实现途径，两者一表一里、相辅相成、辩证统一。首先，孔子主张通过礼乐教化，将仁 礼之道笃行于社会实践的同时，辅以乐对美好情感的感染作用，强调在润物细无声的熏陶中达到对"君子"人格的养成，进而在全社会形成忠、孝、和、义的正确伦理观，建立一个既秩序井然又充满温情的社会；其次，希望以礼乐治国，即通过"礼治"要求人们遵守各种行为规范，通过"乐治"培养人拥有美好和谐的感情，通过先富而后教之的手段使得国家富强，人民规范守礼，最终达到维护宗法等级制度，天下大同的政治理想。

乐，同礼一样，源自原始的宗教祭祀活动的需要，后来逐渐摆脱了宗教的限制，因为其特有的能够激发人内心善良美好情感的能力，被用来看作教化民众服从统治的工具。《礼记》云："乐者，音之所由生也，其本在人心之感于物也……是故先王慎所以感之者。故礼以道其志，乐以和其声。"[①]音乐，是从声音中产生的，它的根源在于人心对事物的感受。人心对外物的感受不同，发出的声音就各不相同。早期的统治者对于"乐"这种能潜移默化地对人的感情产生作用的事物十分注重，所以在用"礼"引导人们的同时，通过制定高雅的音乐等艺术活动来调和人们的性情，结合礼仪、刑罚、政令来统一民心、治理社会。

乐还能调和人们的交际，节制人们的欲望，使人们的社交活动正常化、规范化。乐更重要的作用在于它能够同道德伦理相通，并通过歌曲和乐舞将道德伦理在潜移默化之中影响民众。据《礼记》记载："是故先王之制礼乐，人之为节……钟鼓干戚，所以和安乐也……礼节民心，乐和民声……则王道备矣。"[②]在当时的统治者看来，乐的调和民生功能与礼的节制人心功能相互作用，使人们在乐的作用下接受并遵守礼所规定的道德伦理秩序，这样就具备王道政治的要求了。

---

① 孔颖达. 礼记正义 [M]. 上海：上海古籍出版社，1980.
② 孔颖达. 礼记正义 [M]. 上海：上海古籍出版社，1980.

（三）理想人格的内在快乐

承认人的自然本性，倡导以道导欲和礼乐教化，并不能完全保证每个人都获得幸福和快乐。在儒家的思想体系中，幸福和快乐的获得还需要在追求理想人格的过程中不断探求。可以说每个人都希望得到社会的肯定，实现自我的价值，在价值实现的过程中得到个体的幸福。理想人格就是做人的道德楷模，是人们道德上应有的完美人格形象。

孔子、孟子、荀子理想人格的共性称谓是君子和圣人。儒家历来崇拜圣人，视圣人为理想人格的化身和人生追求的最高目标。孟子认为："人皆可以为尧舜。"[①]荀子指出："圣人者，人之所积而致也。"[②]但是，由于圣人是一般人所难以企及的，而君子的理想人格更适合广大民众。在儒家看来，"君子"就是那种把仁义道德内化为自觉的欲求，并能从人生的各个角度真正实行行为准则的人。"圣人"与"君子"的最大区别在于"圣人"不仅要有高尚的道德品德修养，还有事功的要求，而"君子"则更强调内在的素养。基于"君子"更具现实意义的理想人格，先秦儒家主要围绕"君子"的观念对理想人格进行阐述。

君子所追求的不仅是拥有高尚的道德品质和优秀的个人素养，还要拥有"博施于民而能济众"[③]的事功能力，即所谓"内圣外王"。先秦儒家对"内圣外王"的理想人格特质作了很多阐释。如孔子说："修己以安人……修己以安百姓。"[④]孟子说："穷则独善其身，达则兼善天下。"[⑤]儒家经典《大学》第一章中提出的"三纲八目"，即"大学之道，在明明德，在亲民，在止于至善"；"格物、致知、诚意、正心、修身、齐家、治国、平天下"这些都是对"内圣外王"的一种表述。它体现了儒家把内心的道德修养与外在的政治实践融为一体的道德人生哲学。

1. 理想人格的内在特征

其一，君子怀仁。"仁"既是人人都可追求的道德目标，又是一种不可能人人达到的"博施而济众"的圣人境界。可以说，"仁"是君子人格的本质，是先秦儒家理想人格的义理根据。孔子提出了以"仁"为核心的理想人格模式，把"仁"作为理想人格修养的最高境界。"君子去仁，恶乎成名？君子无终食之间违仁，造次

① 孟子. 孟子 [M]. 方勇，译. 北京：中华书局，2015.
② 荀子. 荀子 [M]. 安小兰，译. 北京：中华书局，2015.
③ 孔子. 论语 [M]. 杨伯峻，杨逢彬，译注. 长沙：岳麓出版社，2013.
④ 孔子. 论语 [M]. 杨伯峻，杨逢彬，译注. 长沙：岳麓出版社，2013.
⑤ 孟子. 孟子 [M]. 方勇，译. 北京：中华书局，2015.

必于是，颠沛必于是。"①这里的"仁"就是"爱人"。作为对理想人格的一种内在要求，"爱人"不仅仅要爱自己的家庭成员，还必须从"亲亲之爱"出发，推己及人。"己所不欲，勿施于人"②，"己欲立而立人，己欲达而达人"③，把"爱人"推及全体社会成员，实行广博的爱，达到"泛爱众，而亲仁"④。孟子也认为，君子心中时刻装着"仁"，才会以爱心待人，做到"老吾老以及人之老，幼吾幼以及人之幼"⑤。荀子也非常重视理想人格构建中的内在道德修养。他说："笃志而体，君子也。"⑥君子一定要致力于自身品德的修养，"君子耻不修"⑦，在外在的表现上要谦让待人，使高贵的品质积累于自身，遵循"礼"的原则来处世，"故君子务修其内而让之于外，务积德于身而处之以遵道"⑧。可见，内在的道德修养"仁"是君子所以称为君子的根本标志。仁是一种内在的道德自觉要求，而不是外在的强加于人的道德他律。君子怀仁，所以君子既有修己的功夫，又有安人、安百姓的外王功绩。

其二，仁者不忧，君子至乐。孔子曰："君子道者三，我无能焉：仁者不忧；知者不惑；勇者不惧。"⑨"不忧"是在任何情况下都不患得患失，胸怀坦荡，能够以仁的原则自处和处事；"不惑"是在复杂的情势面前也能分清是非曲直，当机立断；"不惧"即面对艰难困苦的境遇，强权暴力的威胁，也不惧怕，敢于奋起斗争。秉有仁爱的情怀，对社会和人生有着深刻的省察，在这种省察中君子积极入世，体验到一种颇具超越之感的大乐。孔子将忧乐问题看得很深，这是因为，人生的乐与忧问题是一面镜子，使每个人的内在人生观、幸福观和生死观得以呈现，决定着人是否能和谐地处于世间。《荀子·子道》中记载了子路问孔子"君子亦有忧乎"的精彩篇章。孔子答道："君子其未得也，则乐其意，既已得之，又乐其治。是以有终生之乐，无一日之忧。小人者其未得也，则忧不得；既已得之，又恐失之。是以有终身之忧，无一日之乐也。"⑩可见，"仁"与"不忧"在君子人格里是相伴出现

---

① 孔子. 论语 [M]. 杨伯峻，杨逢彬，译注. 长沙：岳麓出版社，2013.

② 孔子. 论语 [M]. 杨伯峻，杨逢彬，译注. 长沙：岳麓出版社，2013.

③ 孔子. 论语 [M]. 杨伯峻，杨逢彬，译注. 长沙：岳麓出版社，2013.

④ 孔子. 论语 [M]. 杨伯峻，杨逢彬，译注. 长沙：岳麓出版社，2013.

⑤ 孟子. 孟子 [M]. 方勇，译. 北京：中华书局，2015.

⑥ 荀子. 荀子 [M]. 安小兰，译. 北京：中华书局，2015.

⑦ 荀子. 荀子 [M]. 安小兰，译. 北京：中华书局，2015.

⑧ 荀子. 荀子 [M]. 安小兰，译. 北京：中华书局，2015.

⑨ 孔子. 论语 [M]. 杨伯峻，杨逢彬，译注. 长沙：岳麓出版社，2013.

⑩ 荀子. 荀子 [M]. 安小兰，译. 北京：中华书局，2015.

的。仁者之乐是一种面对困境的内在超越之"乐"，是一种超越自我得失的"知命"之"乐"，是生命的大乐。

其三，自强不息，成己成物。作为君子只是致力于自我的人格修养还不够，还需要关怀世事，积极入世。人是社会中的人，只有在社会中才能真正实现自身的价值，修身的目标是"成己"（自我完善）与"成物"（兼善天下）。"天行健，君子以自强不息"①。在儒家看来，做人最终的理想目标就是能"经世济民""泽加于民""修己以安百姓""治国平天下"，即人生应有所作为。据《左传》记载，鲁大夫叔孙豹回答范宣子什么是死而不朽时说："大上有立德，其次有立功，其次有立言，虽久不废，此之谓不朽。"②叔孙豹在这里揭示了三种道德意义上的人生不朽：第一是立德，即追求崇高的道德理想，完善自己的道德人格，成为后世效法的道德榜样；第二是立功，即以为社会、为民众谋福利为目的，尽己所能而建功立业，泽惠于后人；第三是立言，探求真理，开启智慧，注述典籍，传承文化，使文明继承发展。"三不朽"的思想，首先立足于个人的生命，以立德为本；而后要有所作为，即立功；再后要把这种功德所含的价值传给世人，使更多的人接受并发扬这种价值，即"立言"。这样为整个社会和人民做出贡献的人，上可顺乎天道，下可教育后人，使正气长存，当然能够垂之于史册。这也正是先秦儒家所追求的君子之为。

2. 理想人格的内在快乐

儒家提出的理想人格境界，其蕴意诚如杜维明所评："有超越本体感受但不神化天命，有内在的道德觉悟但不夸张自我，有广泛的游世悲愿但不依附权势，有高远的历史使命但不自居仁圣。"正是这样的人格特征才使得个体的人有着强大的精神力量，以道德理性寻求自身的快乐和幸福。尽管先秦的社会物质生活条件匮乏，社会动乱不堪，但先秦的儒者是快乐的。有人把儒者的快乐分为多种，有获得知识的快乐；有与朋友交流的快乐；有治平天下的快乐等。

孔子力主快乐，不主张把忧郁整天挂在脸上。"仁者不忧""乐以忘忧"是儒家理想人格所追求的境界之一。在孔子看来，快乐就是自然的过程。孔子是颇讲究过程的，他不愿意把时间耗费在毫无意义的相互争斗和自我炫耀上。所以，在子贡大放厥词的时候，在《论语·宪问》中，孔子说道："赐也贤乎哉？夫我则不暇。"但他却面对这样的景象感到快乐："闵子侍侧，訚訚如也；子路，行行如也；冉有、子贡，侃侃如也。子乐。"（《论语·先进》）孔子非常欣赏曾点言志的境界："暮

---

① 王弼. 周易注疏 [M]. 北京：中央编译出版社，2013.
② 杨伯峻. 春秋左传注 [M]. 北京：中华书局，1990.

春者，春服既成，冠者五六人，童子六七人，浴乎沂，风乎舞雩，咏而归。"所以
夫子喟然叹曰："吾与点也。"（《论语·先进》）在这里我们所看到的是再简单
不过的日常生活图景，但孔子却能感受到其中的快乐。究其原因就是孔子以日常自
然生活为美，让自然流淌在内心深处，并在内心中升华成了理性的快乐。梁漱溟先
生认为孔家生活就是人生的快畅舒适。孔子的快乐是一种带有形而上学色彩的修养
与境界，与其说它是一种情绪，不如说它是一种智慧、一种超脱、一种悲天悯人的
宽容和理解，一种饱经沧桑的充实和自信，一种成熟的理性。这种快乐既不是那种
得神恩天宠的狂喜，也不是宗教戒律的苦苦追求，而是某种"理"（宇宙规律）"欲"（一
己私心）交融的情感快乐，也许这就是庄子所谓的"天乐"。因为这种快乐并不是
某种特定的感性快乐，即它已无所谓快乐与不快乐，而只是一种持续的情感、心境，
是感性升华后的内在道德理性满足之乐。

之所以把这种快乐称为"理性满足之乐"，是因为孔孟都把"乐"做了层次之分，
以道德理性满足的快乐为高层次的快乐。《论语·季氏》中孔子指出"益者"的"节
礼乐""道人之善"和"多贤友"都可以为善或者增进自己的善。相反，"损者"的"骄
乐""佚乐"和"宴乐"则是有损人为善的低层次的快乐。孔子通过对比两种不同
性质的乐，表明了他以善为幸福的道义论幸福观立场。孟子也提出君子的三乐："父
母俱存，兄弟无故，一乐也；仰不愧于天，俯不怍于人，二乐也；得天下英才而教
育之，三乐也。"[1]这里所反映的是，作为一个"社会人"，幸福不是单一的自我精
神物质的满足，更是对自身复合性社会身份和义务的认识。真正的君子的幸福应该是，
通过履行"事亲从兄"孝悌的道德，践行"仰不愧于天，俯不怍于人"的道德标准，
完成"得天下英才而教育之"的社会责任所获得的人生快乐。孟子的三乐，无一不
是建立在内在的道德理性满足的基础之上的，没有任何外在感官物质快乐。儒家把
幸福看作一种反求于自身的"非由外铄""我固有之"[2]的道德自律。一个人不论
荣辱得失都可以达到孟子幸福的境界，正如："士穷不失义，达不离道。穷不失义，
故士得己焉；达不离道，故民不失望焉。古之人，得志，泽加于民；不得志，修身
见于世。穷则独善其身，达则兼善天下。"[3]可见，儒家理想人格的快乐不是外在的
享乐，而是内在的道德理性的满足。一言以蔽之，"止于至善"[4]是人生最大的幸福，

① 孟子. 孟子 [M]. 方勇，译. 北京：中华书局，2015.

② 孟子. 孟子 [M]. 方勇，译. 北京：中华书局，2015.

③ 孟子. 孟子 [M]. 方勇，译. 北京：中华书局，2015.

④ 孔颖达. 礼记正义 [M]. 上海：上海古籍出版社，1980.

所以儒家尽管承认物质满足是一种幸福，但精神的快乐则是真正的最大幸福。

二、理想社会

儒家追求的幸福不仅需要理想的人格成就个人内在幸福的体验和满足，还需要理想的社会作为这种幸福的载体和践行场所。因此，在追求幸福的过程中，儒家更重视人与社会的统一，更重视通过个体的积极进取使社会富足、使人民幸福。儒家相信人存在的各个层面，如"自我""社会""政治"和"天命"之间构成一种连续性的关系，其理想人格并不是一个只求一己福祉的自了汉，而是一个成己成物、内圣外王的社会人。儒家坚信个人与社会之间不可分割，个人并不是作为一个孤独的个体，站在社会的对立面。相反，个人必须融入社会的群体中，而不能疏离于社会之外。因此，个人的幸福离不开社会的有序发展。和谐有序的理想社会既是儒家人生价值的出发点，又是其最终的归宿。

（一）大同社会的义理根据

儒家的理想社会是有道德秩序的和谐社会，但社会政治的构成并非依循完全平等的道德逻辑，它依循的是一种具有层级之分的、不平等的政治逻辑。封建社会伦理秩序的等级之分是以"礼"来构造其基本框架的，儒家为了弥补"礼之分"框架结构的刚性和冷酷，又在其中注入了"仁"这种弹性与温情的道德因素。儒家相信，由孝顺的子孙、仁爱的兄弟所构成的国家一定是个井井有条、和谐稳定的社会。而这样的社会才是儒家心目中的道德理想国。也就是说，儒家幸福观的社会维度的义理依据就是"仁"与"礼"。

在孔子那里，"仁"是道德的核心，是理想人格，是解决人际关系问题的最高准则。从"仁"的内容可以看出，孔子突出了"仁"作为个体生命的主体性特征，强调"仁"是完全内在于生命，与生命同在的。由于人不是孤立的个体，需要礼来规范和调整，而这种规范又是以个体生命的道德修养为基础的。孔子认为，仁和礼的关系是统一的。仁是礼的基本精神，是内在的道德；礼是仁的现实体现，是道德的标准。仁以礼为客观的社会标准；礼以仁为实际内涵。孔子通过以仁释礼，重新挖掘和弘扬了礼的精神，使之由日常生活情理上升为社会高度。孔子把礼的血缘实质规定为孝悌，又把孝悌建构在日常亲亲之爱上，这就把礼从外在的规范约束转化为人心的内在要求，把原来冰冷的强制规定，提升为生活的自觉理念，从而使外在伦理规范与内在欲求融为一体。"人而不仁，如礼何？人而不仁，如乐何？"[1]一个人如果不具备"仁"的观念和品质，是不能贯彻礼乐的。礼的种种规定，也就徒具形式，失去意义了。基于这种合一，个体的自我修养和人格完善成为孔子德治思想的基础和出发点，而理想社会也正是德治天下的终极目标。林语堂先生有这样的论述："孔子的思想是代表一个理性的社会秩序，以伦理为法，以个人修养为本，以道德为施政之基础，以个人正心修身为政治修明之根柢。"[2]

儒家的后继者孟子和荀子分别从仁和礼两个方面发挥了孔子的学说。孟子从性善论的角度阐发了孔子"仁"的思想，荀子则从性恶论的角度阐发了孔子"礼"的学说，但是他们的目的却是一致的，都是为了建立一个和谐有序的理想社会。孟子生活的时代，统一是时代的主旋律，因此，孟子的政治主张更侧重于以"仁政"来实现一统天下。孟子反复强调"仁者无敌"[3]"夫国君好仁，天下无敌"[4]"仁人无敌于天下"[5]的主张。荀子从性恶论的角度出发，侧重于礼的作用，强调从外部强制人们服从礼的规范，用礼来维护社会秩序认为"贵贱有别，长幼有序"[6]之类的礼治是治国安民之本。

（二）理想社会的特征

先秦儒家的理想社会主要有两个特征：一是有序，二是和谐。正是这两个特征构成了理想的幸福社会。

"为政先礼，礼其政之本欤。"[7]在孔子看来，管理国家首先要实行礼治。"礼"是治理国家的根本，是治国的经纬，认为："礼之所兴，众之所治也；礼之所废，众之所乱也。"[8]在孔子的治国思想中，礼占据着基础的地位。礼作为维系中国古代宗法等级秩序的社会规范和道德规范，它既具有上下等级、尊卑长幼等"尊尊"的规范，又具有肯定天然血缘骨肉亲情关系的"亲亲"原则。依据这些原则，将亲情伦理与政治伦理浑然合一，从而控制和规范社会成员的行为，维持整个社

---

① 孔子. 论语 [M]. 杨伯峻，杨逢彬，译注. 长沙：岳麓出版社，2013.

② 林语堂. 圣哲的智慧 [M]. 西安：陕西师范大学出版社，2003: 2.

③ 孟子. 孟子 [M]. 方勇，译. 北京：中华书局，2015.

④ 孟子. 孟子 [M]. 方勇，译. 北京：中华书局，2015.

⑤ 孟子. 孟子 [M]. 方勇，译. 北京：中华书局，2015.

⑥ 荀子. 荀子 [M]. 安小兰，译. 北京：中华书局，2015.

⑦ 孔颖达. 礼记正义 [M]. 上海：上海古籍出版社，1980.

⑧ 孔颖达. 礼记正义 [M]. 上海：上海古籍出版社，1980.

会生活的有序。

孔子明确提出为政之道以"正名"为先。孔子说:"名不正,则言不顺;言不顺,则事不成;事不成,则礼乐不兴;礼乐不兴,则刑罚不中;刑罚不中,则民无所措手足。"[1]要求每个人的所作所为,都能和他世袭而来的传统的政治地位、等级身份、权利义务相称,不得违礼僭越。因此"正名"是正礼治秩序之名,就是以礼来约束自己的行为,使君臣父子各安其位,遵守各自的名分,以此建立起稳定的政治和有序的社会。通过"正名"建立的"礼",仅仅是外在的强制性制度。如前所述孔子通过"以仁释礼"进一步把"礼"内化为人的道德感情,从而"礼"不再是冷酷的外在强制,而是人们自觉遵守的行为规范。

荀子也特别强调"礼"的社会作用。在治理社会的时候,荀子主张"制天命而用之"[2]。如何能够达到这样的状态呢?荀子认为必须依靠人类的社会制度——礼。因为,"就人道观来讲,'明于天人之分'的论点就是说:自然和人类社会各有职分,不能用自然现象来解决社会的治乱;人类的职分在于建立合理的社会秩序,以保障人类有力量去控制自然。"[3]按照荀子的理论,"人有其治"[4],而"礼义之谓治,非礼义之谓乱"[5]。因此,只有"礼"才能实现社会的有序,才能实现人的幸福。荀子称赞道:"礼者,人道之极也。"[6]"礼"不仅是"人道",更是幸福的"足国之道"。荀子说:"节用裕民,而善臧其余。节用以礼,裕民以政……礼者,贵贱有等,长幼有差,贫富轻重皆有称者也……父子不得不亲,兄弟不得不顺,男女不得不欢。少者以长,老者以养。故曰:'天地生之,圣人成之。'此之谓也。"[7]正如鲍吾刚所说:"在荀子对人类幸福和理想政体的本质之思考中,'礼'这个概念也具有决定性的影响。作为一个儒家思想家,荀子总是从社会角度出发考虑问题。"[8]简言之,荀子是通过"隆礼"来达到有序的理想社会状态。

"和为贵"是孔子德治思想的重要内容,蕴含着深刻的理性价值。《中庸》云:"喜怒哀乐之未发,谓之中;发而皆中节,谓之和。中也者,天下之大本也;和也者,

① 孔子. 论语 [M]. 杨伯峻,杨逢彬,译注. 长沙:岳麓出版社,2013.

② 荀子. 荀子 [M]. 安小兰,译. 北京:中华书局,2015.

③ 冯契. 中国古代哲学的逻辑发展 [M]. 上海:华东师范大学出版社,1996:288.

④ 荀子. 荀子 [M]. 安小兰,译. 北京:中华书局,2015.

⑤ 荀子. 荀子 [M]. 安小兰,译. 北京:中华书局,2015.

⑥ 荀子. 荀子 [M]. 安小兰,译. 北京:中华书局,2015.

⑦ 荀子. 荀子 [M]. 安小兰,译. 北京:中华书局,2015.

⑧ 鲍吾刚. 中国人的幸福观 [M]. 严蓓雯,译. 南京:江苏人民出版社,2004:50.

天下之达道也。致中和，天地位焉，万物育焉。"①这就是说，"中"是天下的根本状态，"和"是天下的最终归宿，达到"中和"是一切运动变化的根本目的，天地各得其所，万物顺利生长。先秦儒家希望用"和"来解决春秋时代的各种矛盾冲突，挽救"礼坏乐崩"的局面，以求得社会的和谐与稳定。在封建宗法社会中，每个人都有一个特定的层级位置，主要就是"君君、臣臣、父父、子子"。个人对家庭对社会都是义务重于权利，整体利益重于个体利益，即强调人伦和谐。儒家认为，只有"明人伦"，处理好人伦关系，才能使社会安定、发展。同样，群体赖以存在和发展，除秩序外尚需要协调、和谐。《论语》云："礼之用，和为贵。"②孔子倡导"四海之内皆兄弟"③。孟子提出了"天时不如地利，地利不如人和"④的"人和"思想。荀子提倡"群居和一"说，认为只有群的和谐，才能使"牛马为用""多力胜物"⑤。对社会整体而言，秩序与和谐是相互促进的。诚然，中国古代的礼所维护的是一种特定的社会秩序，即封建等级秩序，但礼在维护封建等级制上是从两个方面来体现的：一方面严格等级区分；另一方面又力图协调等级关系，调和等级对立。因此，从根本上说，儒家所追求的理想社会是回到"重礼""贵和"⑥的社会。

三、德福一致的道义论幸福观

"从逻辑的可能性上来说，道德规范与人的幸福之间主要存在着一致或不一致两种类型的关系。从道德规范与人的幸福一致的具体情况来看，道德规范是人得到幸福的必要条件，虽然就特殊、局部的情况来看，道德规范与人的幸福之间存在着不和谐的音符，但从总的趋势上、从根本上来看，它与人的幸福是一致的，而且这与道德规范的普遍认可程度成正比。"⑦总体来说，儒家的典型代表都比较全面深刻地认识到了幸福观的各个维度及其之间的关系。简言之，他们认为人的幸福既需要物质的保障，又需要精神的满足；既不能脱离个人主观内在的自我修养，又要依靠社会整体的有序和谐。儒家的幸福观，正如杜维明所指出的那样，"要求道德的正

① 大学中庸译注 [M]. 北京：中华书局，2008.
② 孔子. 论语 [M]. 杨伯峻，杨逢彬，译注. 长沙：岳麓出版社，2013.
③ 孔子. 论语 [M]. 杨伯峻，杨逢彬，译注. 长沙：岳麓出版社，2013.
④ 孟子. 孟子 [M]. 方勇，译. 北京：中华书局，2015.
⑤ 荀子. 荀子 [M]. 安小兰，译. 北京：中华书局，2015.
⑥ 张锡勤. 尚公·重礼·贵和——中国传统伦理道德的基本精神 [J]. 道德与文明，1998（4）.
⑦ 高恒天. 道德与人的幸福 [M]. 北京：社会科学出版社，2004：132.

当纯洁优先于政治上有关自身利害的权宜之计"①，并对人的行为有严格的原则性规范，坚决反对为达到目的而不择手段。孔子的"不义而富且贵，于我如浮云"②、曾子的"吾日三省吾身"③、孟子的"舍生取义"④以及荀子的"从道不从君"⑤都是儒家道德理性主义的具体体现。很多人对儒家伦理思想也有非常高的评价，认为儒家"以高度重视人类理性的心本论和理本论为哲学依据，儒家伦理文化十分强调理性在人类道德生活中的作用。他们所谓的理性主要是指真与善相结合的道德理性。以道德理性节制人们的感性欲望是儒家伦理文化的一贯主张"⑥。因此，我们可以得出结论：先秦儒家的幸福观是基于德福一致的道义论，其幸福价值取向是以道德理性的满足为乐。

儒家提倡的德福一致的幸福观，主要有以下几点特征。

第一，儒家对幸福的追求以道德的实现为前提和保障。德福的直接一致表现在人人都毫无例外地存在着良心。对于有良心的人来说，做符合良心之事，人的内心就是恬静而愉快的，人在反思自身的行为时往往感到快乐和幸福。孟子所说的"理义之悦我心，犹刍豢之悦我口"⑦以及孔子所说的"君子坦荡荡"⑧，实际就是这种幸福的情形。做事不符合良心的人，则往往感到提心吊胆、焦虑不安，始终没有一种踏实感。俗话说的"为人不做亏心事，夜半不怕鬼敲门"，正是对德福一致的直接揭示。对此，孔、孟、荀分别从人性的本质角度论证了道德对于人的重要性和必要性。孔子、孟子从人性善的逻辑起点入手，论证了每个人都是具有先验道德理性的特点。"性相近也，习相远也。"⑨在孔子看来，人之初的本性是相近似的，只是由于后天的习染不同才有了相互之间的差别。在这里，孔子没有明确表明究竟是性善还是性恶，但是孔子又说："天生德于予。"⑩上天赋予了人以道德性，这也是孔子的"为仁由己"和"泛爱众"的理论基础。人们向来崇天敬神，神圣的上天所给

① 杜维明. 道·学·政：论儒家知识分子 [M]. 上海：上海人民出版社，2000：北美版自序.

② 孔子. 论语 [M]. 杨伯峻，杨逢彬，译注. 长沙：岳麓出版社，2013.

③ 孔子. 论语 [M]. 杨伯峻，杨逢彬，译注. 长沙：岳麓出版社，2013.

④ 孟子. 孟子 [M]. 方勇，译. 北京：中华书局，2015.

⑤ 荀子. 荀子 [M]. 安小兰，译. 北京：中华书局，2015.

⑥ 柴文华. 中国人论学说研究 [M]. 上海：上海古籍出版社，2004：51-52.

⑦ 孟子. 孟子 [M]. 方勇，译. 北京：中华书局，2015.

⑧ 孔子. 论语 [M]. 杨伯峻，杨逢彬，译注. 长沙：岳麓出版社，2013.

⑨ 孔子. 论语 [M]. 杨伯峻，杨逢彬，译注. 长沙：岳麓出版社，2013.

⑩ 孔子. 论语 [M]. 杨伯峻，杨逢彬，译注. 长沙：岳麓出版社，2013.

予他的道德肯定是一种美好的德性。由此我们可以推知孔子是倾向于人性本善的。孟子继承并发展了孔子的思想，系统地提出了性善论。他认为人生而具有恻隐之心、羞恶之心、辞让之心和是非之心的道德素质，仁、义、礼、智是人与生俱来的良知良能。孟子说："人之性善也，犹水之就下也。人无有不善，水无有不下。"①既然人性是善的，每个人都是有道德的人，那么他的价值判定标准就应该是合乎道德规范的理性标准，决不能是感性的标准。这也就是说人的幸福是一种理性的判定，即德福一致。荀子尽管认为人性是恶的，看起来与性善论相悖，但如果我们深入考察其理论实质就不难发现，两者殊途同归。荀子以"性恶"为理论依据，他认为人人都可以通过加强自身的道德修养达到"涂之人可以为禹"②的圣人境界，这与孟子所追求的"人皆可以为尧舜"③的理想目标是完全一致的。但荀子的人类理性更为深刻，他所追求的是一种超越自我的道德境界。因此，荀子认为，离开后天社会的道德教化获得快乐和幸福，是根本不可能的。

第二，儒家认为幸福精神维度的满足高于感性物质方面的快乐。如前所述，人的欲望层次具有多样性，但先秦儒家都把对义的追求看成对高层次欲望的满足。在他们看来，人不能以单纯的利益追求作为行为的出发点，对物质利益的片面追求并不能给人带来精神上的愉悦和幸福。而追求仁义等道德理性的满足能给人带来无限的、纯粹的心理愉悦和享受。这种道德理性满足的快乐，才是最大的幸福。它使人摆脱了那种以口腹感官之欲的满足为至上追求的人随时都可能感受到的痛苦。"君子所以异于人者，以其存心也。君子以仁存心，以礼存心……是故君子有终身之忧，无一朝之患也。"④君子并不是没有忧患，君子终身忧虑自己的本性没有得到充分的发挥，不能像舜那样"为法于天下，可传于后世"。⑤但君子"以仁存心，以礼存心""非仁无为，非礼无行"⑥，不在乎外在的一切。无论是贫贱富贵，无论是天寿吉凶，"孳孳为善者"都在不懈努力中享受着人所独有的超越性的精神愉悦。人之所以能在为善的过程中享有极大的快乐，在于人在此过程中能够体会到一种不受外在条件限制的自由。物质享乐、感官愉悦这些感性的快乐都需要有特定的外在条件，只有人内

---

① 孟子. 孟子 [M]. 方勇，译. 北京：中华书局，2015.
② 荀子. 荀子 [M]. 安小兰，译. 北京：中华书局，2015.
③ 孟子. 孟子 [M]. 方勇，译. 北京：中华书局，2015.
④ 孟子. 孟子 [M]. 方勇，译. 北京：中华书局，2015.
⑤ 孟子. 孟子 [M]. 方勇，译. 北京：中华书局，2015.
⑥ 孟子. 孟子 [M]. 方勇，译. 北京：中华书局，2015.

在的道德才能是不受到限制。孔子说："仁远乎哉？我欲仁，斯仁至矣。"[①]"仁"是存在于人本性之中的，所以"道不远人"[②]。只要我们有对道德享受的欲求，我们就可以自我满足。也就是说，崇尚德，喜爱义，外在的条件再艰苦，只要我们不失掉道德，就可以自得其乐。

孔子就十分赞赏这样的境界与乐处："一箪食，一瓢饮，在陋巷，人不堪其忧，回也不改其乐。贤哉，回也！"[③]许多人"不堪其忧"的饮食居住条件，因为颜子拥有内在的道德高尚的修养而变成了乐处。"不改其乐"体现的是只要拥有高尚的道德情怀，内心就会体现出平和与快乐。孟子认为，"颜子不改其乐，孔子贤之"的原因是"禹、稷、颜回同道"[④]。正如孔子所说："饭疏食，饮水、曲肱而枕之，乐亦在其中矣。不义而富且贵，于我如浮云。"[⑤]对此，孟子也举了一个很深刻的例子："一箪食，一豆羹，得之则生，弗得则死，呼尔而与之，行道之人弗受；蹴尔而与之，乞人不屑也。"[⑥]一筐饭、一碗汤，得之则生，不得则死，此饭汤的物质利益对于人的生命需求是何等重要！但是，如果"呼尔而与之"，即使饿得要死也不会接受；"蹴尔而与之"，乞丐也不屑一顾。这个例子给我们留下的思考是：生命的尊严与生命本身哪个更重要？孟子认为人皆有"羞恶之心"，哪怕是乞丐也不愿意丧失自己的生命尊严去接受令人耻辱的饭汤。这也是我们前面所讨论的两种层次的欲望不可兼得时的价值选择问题。也就是说，生命是人所追求的，仁义也是人所渴望的，当两者面临矛盾时，人应该舍生取义，而不能苟且偷生；死亡本是人所厌恶的，但是还有比死亡更令人厌恶的（如接受嗟来之食时的屈辱），这时人就会勇敢地选择面对死亡。在孟子看来，"行道之人""乞人"的所作所为不过是"人皆有之"，是"本心"的自然流露。当然，前面我们也说过能用"道"这一正确的标准来取舍欲望的人是君子。小人是"不辨礼义"的，所以他们会因为物质欲望，如万钟之禄、宫室之美等，放弃了自己的"本心"，使自己沦落为单纯追求锦衣玉食的两脚禽兽。这种小人所追求的是感性欲望的满足，获得的是单一物质维度的利益幸福，从而失去了作为人所独有的内在道德理性的满足之乐。"君子爱财，取之有道。"[⑦]这显然

① 孔子. 论语 [M]. 杨伯峻，杨逢彬，译注. 长沙：岳麓出版社，2013.

② 孔颖达. 礼记正义 [M]. 上海：上海古籍出版社，1980.

③ 孔子. 论语 [M]. 杨伯峻，杨逢彬，译注. 长沙：岳麓出版社，2013.

④ 孟子. 孟子 [M]. 方勇，译. 北京：中华书局，2015.

⑤ 孔子. 论语 [M]. 杨伯峻，杨逢彬，译注. 长沙：岳麓出版社，2013.

⑥ 孟子. 孟子 [M]. 方勇，译. 北京：中华书局，2015.

⑦ 增广贤文 [M]. 张齐明，译. 北京：中华书局，2013.

不是反对幸福的物质维度，而是认为幸福的精神维度更持久、更值得追求。荀子说："乐行而志清，礼修而行成，耳目聪明，血气和平，移风畅俗，天下皆宁，美善相乐。"[①]由此可以看出，先秦儒家对人们追求正当的物质利益是予以肯定的，但要求人们在处理物质欲望与道德理性的关系上应注重精神的享受，保持平和的心态，以便获得超越性的内在道德理性满足之幸福。

第三，儒家认为幸福在社会维度的实现要高于个人的一己之乐。在人与社会的关系中，儒家提倡整体性的社会价值观。因此，在幸福观的个人与社会维度方面其实质是追求整体性的社会维度，个人的幸福维度是社会整体的一部分而已，个体幸福的获得是以符合社会规范与道德理性为逻辑前提的。一个人的幸福总是同物质享受相联系的，但问题是在社会财富总量一定的情形中，假如每个人都只追求自己的幸福，那么就一定会出现分配冲突，结果是必然有相当一部分人不能实现自己的幸福。儒家为了很好地解决这个矛盾，逻辑地得出了每个人应该"推其所为"，即重视"使他人幸福"，履行"使他人幸福"的义务，如孔子的"忠恕之道"、孟子的"与民同乐"、荀子的"裕民以政"等，都是为更好地实现幸福而设定的道德前提。为了真正能实现最大化的一致幸福就必须做到"我为人人"，客观的结果自然是"人人为我"的理想局面。道德理性的社会功用也在于它最终使每个人都各得其所。荀子甚至认为人之所以能获得幸福就是因为人是"群"的有道德理性的动物。"水火有气而无生，草木有生而无知，禽兽有知而无义；人有气、有生、有知，亦且有义，故最为天下贵也。"[②]力不若牛，走不若马的人，正是靠"群"的力量，生存于天地间。可见在社会中必须遵守道德规范，否则就真的"不若牛马"了。正如马克思在《青年在选择职业时的考虑》中所言："那些为大多数人们带来幸福的人，经验赞扬他们为最幸福的人。"[③]

从总体上说，儒家的幸福价值取向是注重精神享受大于物质享受，社会整体利益大于个人私利，以道德理性满足为乐，实质上是一种带有理想主义色彩的道义论。这种以道德理性满足为乐的幸福价值取向，在历史的发展中，尤其是在"罢黜百家，独尊儒术"后，逐渐成为封建社会的主导幸福观。

---

① 荀子. 荀子 [M]. 安小兰，译. 北京：中华书局，2015.

② 荀子. 荀子 [M]. 安小兰，译. 北京：中华书局，2015.

③ 马克思，恩格斯. 马克思恩格斯全集第 40 卷 [M]. 北京：人民出版社，2001：277.

第二节 ｜ 墨家的幸福观

墨家是中国古代唯一赤裸裸地言功利却能赢得人们尊敬的思想家群体，可敬之处在于他们对功利的独特解析。《墨子·经上》中"功，利民也""义，利也""利，所得而喜也"的论断其实质就是要将空疏的"义利"之辩落实为民众实实在在的现实利益，并以此为出发点去描画人生理想、社会理想和道德理想的蓝图。而站在这个出发点上的人必然会不遗余力地谋求生产力的提高，"科技是第一生产力"，发展科技自然就成为墨家的第一要务。所以，多年以后的人们再读《墨子》，才会惊奇地发现其中包含丰富的关于力学、光学、几何学、工程技术知识和现代物理学、数学的基本要素。梁启超说墨家思想"精妙处往往惊心动魄""只可惜我们这些做子孙的没出息，把祖宗传下的无价之宝埋在地下二三千年"。人们不得不由衷地感叹墨学近年的"中绝"是中国近代科技落后的要因，如果墨学不曾"中绝"，中国科技史上必有更加辉煌的成就，中华民族或可免除多年积贫积弱、任人宰割的屈辱历史。

墨子生活在"侵凌攻伐兼并"[①]"以水火毒药兵刃以相害"[②]的战国初期。这期间正处在社会大转变时期，社会的经济、政治结构发生了急剧的变更，社会思想百家争鸣。墨子从小生产者的利益出发，主张"兼相爱，交相利"[③]，反对"爱有差等"，把"兴天下之利，除天下之害"[④]作为人生的奋斗目标，以共乐利他为幸福。墨家斥"命"颂"力""摩顶放踵"[⑤]"备世之急"[⑥]，虽牺牲自己身体亦在所不惜。与儒家轻视功利重视道德理性的满足不同，墨家注重功利，把义、利统一起来，强调实际功利，主张道德评价应"合其志功而观"。因此墨家的幸福观是一种功利主义的利他幸福观。

在墨子看来，社会个体的人要想获得幸福，就需要通过"兼爱"的途径达到"兴天下之利"的目标，即由社会维度的幸福再到个体维度的幸福。墨子坚信，只要普天之下人们都遵循"兼爱"，就必然会害除利兴，国泰民安，天下和平，达到乐园

---

① 墨子. 墨子 [M]. 方勇，译. 北京：中华书局，2015.
② 墨子. 墨子 [M]. 方勇，译. 北京：中华书局，2015.
③ 墨子. 墨子 [M]. 方勇，译. 北京：中华书局，2015.
④ 墨子. 墨子 [M]. 方勇，译. 北京：中华书局，2015.
⑤ 孟子. 孟子 [M]. 方勇，译. 北京：中华书局，2015.
⑥ 庄子. 庄子 [M]. 方勇，译. 北京：中华书局，2015.

一般的完美境界。墨子进而强调"爱""利"的一致以及"义""利"的一致，从而提出了利他与利己的一致性；爱别人得到别人的爱，给予别人利得到自己的利。在墨子看来，利天下、利他与利己是完全一致的。经过利他到利己、共乐到自乐的逻辑转换，墨子得出的结论是：顺应"天志"实施"兼爱"，"兴天下利"，从而获得快乐和幸福。

立足"兼爱"思想，墨子强烈反对视人我利益对立的自私自利思想，而大力倡导互利互爱，但由于缺乏广泛的道德与社会经济基础，这种互利互爱在当时无法得到所有社会成员的接受与认可，"兼爱"主张只是一种理想主义之爱。但我们也不能全面否定墨家幸福观的理论价值，墨子所提倡的"兼爱""尚贤""非攻"等实现幸福的手段与途径无疑对现代社会的发展具有重要的理论借鉴价值。

一、墨家幸福观的理论基础

（一）天人观念

天人关系问题可以上溯我国古代的殷商时期，当时的统治者为了维护自己的统治，提出"天命论"的主张，意在告知天下，自己的皇权来自于天，是神圣不可侵犯的。在墨子生活的时代里，上天主宰一切的观念在逐步淡化。墨子为了达到"兴天下之利"的幸福目标，提出了有针对性的一系列主张和措施，但"兼爱""非攻""尚贤""尚同"等思想要在现实社会中实施极为不易，统治者不可能主动去推行、贯彻。因此墨子重新定义了"天志"的内容，把"天"塑造成为有着高尚伦理道德的人格神，来论证和支持自己的伦理主张。

他说："天必欲人之相爱相利，而不欲人之相恶相贼也。"[1]又说："天之意，不欲大国之攻小国也，大家之乱小家也。"[2]墨子认为人如果顺从天意，就会受到天的奖赏，如果违反天意，就会受到天的惩罚。"顺天意者，兼相爱、交相利，必得赏；反天意者，别相恶、交相贼，必得罚。"[3]顺从天意的结果正是墨子所提倡的兼爱交利，物质富足，政治稳定的幸福社会。墨子大力提倡天志，不仅认为"天志"在惩恶扬善，调解人际关系，维护社会秩序等方面发挥着重要作用，还把"天志"看成维护社会

---

① 墨子. 墨子 [M]. 方勇，译. 北京：中华书局，2015.

② 墨子. 墨子 [M]. 方勇，译. 北京：中华书局，2015.

③ 墨子. 墨子 [M]. 方勇，译. 北京：中华书局，2015.

秩序最根本、最重要的手段。在这种天人观念的影响下，一方面，墨家要求人们的言行要顺从天意，明辨鬼神，这样上天就会对人们进行奖赏，反之上天就会对人们进行惩罚，上天的意愿具有不可违逆性，其对所有人一视同仁；另一方面，墨家又认为人自己掌握着自己的命运，命运是可以改变的，提出了非命、尚力的伦理主张，赋予了天道观念更多的人文色彩。

（二）义利观念

先秦时期，儒家学派创始人孔子较早对义利关系问题进行了探讨，建立起一个以"仁"为中心的伦理思想体系。比如，以"仁"作为处理人际关系的基本准则，发展了一套"为仁由己"的道德修养方法，并认为，"仁"的性质就是"义"之本身，提出"君子义以为质"[①]"君子义以为上"[②]，承认"义"本身的内在价值，对在道德领域之外寻找"义"的根据的行为持否定态度。在整体上对"利"持否定的态度。孔子云："君子喻于义，小人喻于利。"[③]把君子与小人的区别标志定义为义与利之间的不同，认为"义"存在于人心，不关乎行为结果。以此为基础，儒家学派形成了重视道德修养与忽视外在功利的价值格局。

墨家学说与儒家学说是同一时代的产物，但是墨家"尚利贵义"的思想却与儒家学说不同，认为"有义则生，无义则死；有义则富，无义则贫"[④]，将"兼爱"思想建立在"对等互报"上，"夫爱人者，人必从而爱之；利人者，人必从而利之"[⑤]，在承认"义"的行为能给人带来利益的同时，认为"义"之行为主要取决于"利"，把"爱人，利人"作为衡量道德行为的基本准则。由此可知，墨家把"利"与"义"联系在一起，赋予"利"合理的地位，注重追求"天下之利"，这为自家"尚利贵义"的道德原则以及"尚俭抑奢"的道德品质做了充分的理论准备。

（三）公私观念

公私之辩为中国思想史上的一个重要话题，它极大地影响到中国传统文化的价值取向。先秦诸子对公私观念多有论述，概言之，崇"公"是他们的主导价值取向。

---

① 孔子. 论语 [M]. 杨伯峻，杨逢彬，译注. 长沙：岳麓出版社，2013.
② 孔子. 论语 [M]. 杨伯峻，杨逢彬，译注. 长沙：岳麓出版社，2013.
③ 孔子. 论语 [M]. 杨伯峻，杨逢彬，译注. 长沙：岳麓出版社，2013.
④ 墨子. 墨子 [M]. 方勇，译. 北京：中华书局，2015.
⑤ 墨子. 墨子 [M]. 方勇，译. 北京：中华书局，2015.

思想家们为了证明"公"的绝对性，还诉求于本体，说"公"源于天，源于道。《老子》言："公乃王，王乃天，天乃道。"[①]"公"其实是古代先贤们设计、规定的一系列维护等级政治秩序的道德原则、道德观念的整合。崇"公"就是要摒弃对实现这一目标有障碍的思想和行为，即"私"的观念和行为。

春秋前期流行的公私观念，主要是作为"忠"的一层含义被运用的。当时由于诸侯国国君地位的提高，忠于"周室"的观念变为了忠于诸侯国国君的"公室"的观念。凡是以"公室"的利益为重，没有私心、私利的臣僚，都被赞以"忠"的美名。反之，以私害公则被斥为不忠。《左传·成公儿年》言："无私，忠也。"为此，孔子对"公"的价值作了积极回应。《论语·子罕》云："出则事公卿。"《论语·乡党》云："入公门，鞠躬如也，如不容。"从中可以看出，孔子对公室的敬重和对公道价值观念的肯定，却很少谈论公私问题。

墨家作为当时小生产者的代言人，主张公私兼顾，做到大公而有私、先公而后私。墨子则从"举公义，辟私怨"来阐释其公私观念，体现了以私从公的思想。墨家以其天下万民之公利为宗旨，以天志为视角谈论了公私观念，认为："天之行广而无私，其施厚而不德，其明久而不衰。"[②]墨家崇公抑私的观点为其"爱利天下"的道德修养奠定了基础，并对其"匡时济世"的理想追求起了铺陈的作用。

（四）人性观念

古今中外围绕人性的善恶问题，形成了不同的学派。主要有性善论、性恶论、性无善恶论、性有善恶论、自然人性论等。"人性"一词由"人"和"性"两字构成，顾名思义，指的是人的属性。墨家学派对人性问题没有直接地谈论，但却对"生"给出了这样的解释："生，刑（形）与知处也"，"生"是人的生存；"刑"指人的肉体存在形式；"知"是人的思维能力。可见，墨家已经认识到人的两种属性：具有"形"的自然属性和属于"知"的社会属性。

以此为基础，墨家提出了具有自己特色的、不同于儒家学派的"所染"人性说，认为人的本性是后天所染的，也就是说，后天环境决定着人的正常感情和理性，并对人的发展起着重要的作用。墨家《所染》中写道："染于苍则苍，染于黄则黄，所入者变，其色亦变，五入必，则为五色矣。故染不可不慎也。"还说："非独国有染也，

---

① 老子. 老子 [M]. 饶尚宽，译. 北京：中华书局，2016.
② 墨子. 墨子 [M]. 方勇，译. 北京：中华书局，2015.

士亦有染，其友皆好仁义，淳谨畏令，则家日益，身日安，名日荣，处官得其理矣。"可见，墨家是以染丝为例说明人的品质和人性中后天道德修养的重要性。在墨家看来，道德的善恶是后天所形成的，比如，圣君贤相、暴君奸臣不是先天所注定的，他们优劣品性的形成是由于后天所染不同而造成的。夏桀、殷纣、周厉王、周幽王等"所染不当，故国家残亡，身为刑戮，宗庙破灭，绝无后类，君臣离散，民人流亡"①。而齐桓公、晋文公、楚庄王等因受良臣贤相的影响或辅佐而称霸诸侯，则在于"所染"得当。墨家正是基于"所染"人性论，认识到道德人格的可变性、可塑性，进而认识到可以通过教育的途径来提高人们的道德修养，使其成为"匡时济世"的"兼士"。在墨子看来，所有人的品质都是后天"所染"决定的。只要我们按照"天志"，施行"兼爱"，就可以达到"兴天下之利"的目的。可以说，正是由于墨子认识到了"非命"，看到了社会大环境对个体人性的决定，他才提出了"兴天下之利"的利他主义幸福观。

二、墨家幸福观的主要内容

（一）幸福的目标就是"兴天下之利"

墨家以"兴天下之利，除天下之害"②作为衡量一切思想和行为的价值标准，视功利为幸福的前提。墨家尚利，重视人欲。首先，从幸福的个体维度上看，满足人的基本生理需求是人存在的前提。墨子说："凡五谷者，民之所仰也，君之所以为养也。"③又说："食之利也，以知饥而食之者，智也。"④他指出物欲的合理性，"生为甚欲，死为甚憎"⑤，"我欲福禄而恶祸祟"⑥。其次，从幸福的社会维度上看，为求安民救国，就必须满足人之所欲。墨子说："故时年岁善，则民仁且良；时年岁凶，则民吝且恶。"⑦又断言："食者，国之宝也。"⑧墨子认为求天下之利就是求得幸福的基本手段。"仁者之事，必务求兴天下之利除天下之害"⑨，从而使"饥

---

① 墨子. 墨子 [M]. 方勇，译. 北京：中华书局，2015.
② 墨子. 墨子 [M]. 方勇，译. 北京：中华书局，2015.
③ 墨子. 墨子 [M]. 方勇，译. 北京：中华书局，2015.
④ 墨子. 墨子 [M]. 方勇，译. 北京：中华书局，2015.
⑤ 墨子. 墨子 [M]. 方勇，译. 北京：中华书局，2015.
⑥ 墨子. 墨子 [M]. 方勇，译. 北京：中华书局，2015.
⑦ 墨子. 墨子 [M]. 方勇，译. 北京：中华书局，2015.
⑧ 墨子. 墨子 [M]. 方勇，译. 北京：中华书局，2015.
⑨ 墨子. 墨子 [M]. 方勇，译. 北京：中华书局，2015.

者得食，寒者得衣，劳者得息"①，达到国富民安。在这里墨子首先肯定了个人之利存在的合理性，然后说明个人之利只有在天下共利中才会实现。墨子"兴天下之利，除天下之害"的主张就是为了实现民富国安。只有民富国安，每个人的个人利益和欲望才有实现的可能。墨子"求天下之利"的基本要求就是个人之利服从整体之利，自己"不恶危难"，而"欲人之利也，非恶人之害也"②。墨子把求天下之利作为义善的本质内容，因而他在道德标准上提倡以福众人之利，正如他所说的"任，为身之所恶，以成人之所急"③。墨子强调每个人在求利的时候，必然以考虑天下全体人的利益为前提，对自己求利的行为应有所约束限制。墨家还提倡为利天下而献身的精神。墨子甚至认为，为了达到利天下的目的，哪怕牺牲个体利益也在所不惜，指出："断指与断腕利天下相若，无择也；生死利天下若一，无择也。"④

墨家的幸福观虽然重视功利，但他们所说的"利"并非私利，而是"国家之富，人民之众，刑政之治"⑤的公利。张岱年先生早就明确指出："墨家所谓利，乃指公利而非私利，不是一个人的利而是最大多数人的利。"⑥墨子认为，只有追求天下的公利才能达到国家的富足、人民的繁庶、政治的有序。

与公利对等的就是"义"。墨家不仅尚利，还贵义，他认为"万事莫贵于义""贵义于其身"⑦。墨子把义看成求利的形式与手段，行义就是求利。没有利，也就没有义，义成了利的派生物。在墨子看来，义之为贵，就在于其能利人，他认为："所为贵良宝者，可以利民也，而义可以利人，故曰：义，天下之良宝也。"⑧可见，墨子的义是为利人服务的，义必须以利为目的。墨子主张"利人乎即为，不利人乎而止"⑨，把是否利作为义与不义的标准。一个人的行为是否符合道德要求，是看他的行为功效是"利人"还是"害人"，是"利天下"还是"害天下"。墨子说："若是上利天，中利鬼，下利人，三利而无所不利，是谓天德。故凡从事此者，圣知也，仁义也，惠忠也，慈孝也，是故聚天下之善名而加之。"⑩可见，墨子的"利"主要

① 墨子. 墨子 [M]. 方勇，译. 北京：中华书局，2015.
② 墨子. 墨子 [M]. 方勇，译. 北京：中华书局，2015.
③ 墨子. 墨子 [M]. 方勇，译. 北京：中华书局，2015.
④ 墨子. 墨子 [M]. 方勇，译. 北京：中华书局，2015.
⑤ 墨子. 墨子 [M]. 方勇，译. 北京：中华书局，2015.
⑥ 张岱年. 中国哲学大纲 [M]. 北京：中国社会科学出版社，1985：56.
⑦ 墨子. 墨子 [M]. 方勇，译. 北京：中华书局，2015.
⑧ 墨子. 墨子 [M]. 方勇，译. 北京：中华书局，2015.
⑨ 墨子. 墨子 [M]. 方勇，译. 北京：中华书局，2015.
⑩ 墨子. 墨子 [M]. 方勇，译. 北京：中华书局，2015.

是"兴天下之利"，是善的标准，从而要求人们在追求个体幸福的时候，一定要利他、利天下，否则不会得到善，也就不会幸福。在这里墨子把幸福的目标定位为社会共同的利，把个体的私利融为群体的公利。墨家的这种共乐利他的思想与密尔在《功利主义》中对功利主义的解释是一致的，即功利主义是人类有为他人利益而牺牲自己一生的最大福利的能力。因此，墨家所强调的"贵义"其实质完全不同于以追求道德理性满足为乐的儒家的"重义"，而只是利天下的必要手段。

（二）追求幸福的具体途径

墨子为达到"求天下之利"的幸福目标设定了具体的途径，主要包括三方面内容。一是"兼爱""非攻"，以达到和谐的相互关系；二是"强力""节用"，以保证社会物质生活的正常进行，使"民足乎食"；三是"尚贤""尚同"，任人唯贤、各司其职，以达到墨子心目中理想的国家之治。

其一，"兼爱""非攻"。墨子的"兼爱"，即"爱无差等""远施周遍"，强调爱人如爱己，不分远近亲疏地爱一切人。"兼相爱"的实质内容就是"交相利"，"兼而爱之"就是"兼而利之"①。所以，墨子总是把"相爱"和"相利"、"爱人"和"利人"、"爱"和"利"并列讨论，如"天必欲人之相爱相利""此自爱人利人生与"②"爱利天下"③等。这样，相互的爱就成了相互的利："利人者，人亦从而利之"④，"交相爱交相恭犹若相利也"⑤；平等的爱就成了平等互利："有力相营，有道相教，有财相分"⑥；普遍的爱就成了使天下普遍受的利："万民被其利"，"天下皆得其利"⑦。墨子认为"爱"与"利"两者不可分离，爱而必利，不利无以见爱。墨子的"兼爱"是对人类整体之爱，具有最大的普遍性，是超越时空的理想之爱。墨子找出导致社会弊病的根源就是人们彼此"不相爱"，即"别"。人与人之间的"不相爱"使得诸侯间相攻，家主相篡，人与人相贼，君臣不惠忠，父子不孝慈。所以"若使天下兼相爱，爱人若爱其身"⑧。只有把别人的身体当作自己的身体，把别人的家人当作自己的家

① 墨子. 墨子 [M]. 方勇，译. 北京：中华书局，2015.
② 墨子. 墨子 [M]. 方勇，译. 北京：中华书局，2015.
③ 墨子. 墨子 [M]. 方勇，译. 北京：中华书局，2015.
④ 墨子. 墨子 [M]. 方勇，译. 北京：中华书局，2015.
⑤ 墨子. 墨子 [M]. 方勇，译. 北京：中华书局，2015.
⑥ 墨子. 墨子 [M]. 方勇，译. 北京：中华书局，2015.
⑦ 墨子. 墨子 [M]. 方勇，译. 北京：中华书局，2015.
⑧ 墨子. 墨子 [M]. 方勇，译. 北京：中华书局，2015.

人，把别人的国家当作自己的国家，才能使不孝、不慈、盗窃、攻国情况不再发生，才能使人人之间、人与社会之间达到和谐。墨子所谓的"兴天下之利"，即对天下富之、众之、治之，而这三条都需要有高尚的"兼爱"精神来保证，其中的"治之"尤其如此。"兼爱"精神及其所带来的和谐社会秩序本身就是"治"，即天下大利。"故君子莫若欲为惠君、忠臣、慈父、孝子、友兄、悌弟，当若兼之不可不行也，此圣王之道，而万民之大利也。"①"兼爱"的目的是为了阻止"强凌弱，众暴寡，诈谋愚，贵作贱"②的暴虐行径，使穷苦人民和弱小的诸侯国摆脱灭亡的厄运。墨子提倡的"兼爱"是着眼于实际利益，而不是停留在空泛的道德说教上。墨子指出，对穷苦人民"兼爱"，就要实现"饥者得食，寒者得衣，劳者得息"③，做到"为万民兴利除害"；对弱小国家"兼爱"，就要竭力帮助小国不受大国的侵略。为此，墨子又提倡"非攻"，即反对攻伐战争。墨子认为攻伐战争"计其所得，反不如丧者之多"④，造成国家百姓灾难，这是大不利。

其二，"强力""节用"。在先秦诸子中，墨子是最强调劳动的。墨家承认生产物质生活资料的生产劳动的重要性。他们认为这种物质生产劳动是人类社会生存的基础，也是人类与其他动物的根本区别所在。墨子认为社会的每个人都必须努力，人才能生存，社会才能存在发展。墨子反复强调"强力""节用"的重要性，主张"下强从事，则财用足矣"⑤"贱人不强从事，则财用不足"⑥。墨子反对儒者"贪于饮食，惰于作务"⑦。墨子不仅强调劳动，同时也最强调节用与节俭。墨子所说的"节用"即节约用度，将省下来的东西用于"利民""爱民"。墨子强调节用崇俭，是为了落实人民的幸福生活的物质保障，实现天下之治。墨子"俭节则昌，淫佚则亡"⑧的节用观的基本着眼点是一个"利"字，即所有的费用开销以是否"利民""便民""利国"为准。在提倡"节用"的基础上，墨子又专门提出"节葬""非乐"。节葬、非乐其实也属于节用的范围内。墨子之所以提倡节葬是因为厚葬费财、费力、费时，也不符合古圣王之道，"以厚葬久丧为政，

---

① 墨子. 墨子 [M]. 方勇，译. 北京: 中华书局，2015.
② 孟子. 孟子 [M]. 方勇，译. 北京: 中华书局，2015.
③ 墨子. 墨子 [M]. 方勇，译. 北京: 中华书局，2015.
④ 墨子. 墨子 [M]. 方勇，译. 北京: 中华书局，2015.
⑤ 墨子. 墨子 [M]. 方勇，译. 北京: 中华书局，2015.
⑥ 墨子. 墨子 [M]. 方勇，译. 北京: 中华书局，2015.
⑦ 墨子. 墨子 [M]. 方勇，译. 北京: 中华书局，2015.
⑧ 墨子. 墨子 [M]. 方勇，译. 北京: 中华书局，2015.

国家必贫，人民必寡，刑政必乱”[1]。非乐，不是因为乐器的声音不优美、不动人，而是因为它无益于安定社会、处理政事、发展生产，所以才要禁止。可以说劳动创造财富以利天下，节用守住财富再利天下。这正是墨子主张“兴天下之利，除天下之害”的根本保障，也是实现社会生活幸福的重要途径。

其三，“尚贤”“尚同”。墨子所倡导的国家之治和国家之富，既是达到“刑政治，万民和，国家富，财用足，百姓皆得暖衣饱食，便宁无忧”[2]的一种上下同利的理想境界，也是一条通向天下之利的基本途径。墨子认为尚贤是国家“治之、众之、富之”的根本。他认为：“自贵且智者，为政乎愚且贱者，则治；自愚贱者，为政乎贵且智者，则乱。是以知尚贤之为政本也。”[3]国家的富或贫，人民的众或寡，社会的治或乱，都取决于是否贤者在位。怎样才能获得贤良的人才呢？在墨子看来，要招揽贤能之才，需要运用物质和精神两种手段，既要搞物质刺激，又要注重精神奖励；既兼顾人类具有感性的物质欲望存在的本质特点，又兼顾人类具有理性的精神存在的本质特点。“众贤之术”应是视德义而举贤，不分贵贱亲疏，一视同仁，就是“列德尚贤”“以德就列”[4]。墨子尚贤不受亲疏贵贱的影响，只以德义为唯一根据选拔人才，即所谓“无异物杂焉”[5]。“尚贤”在担负墨家功利幸福观实现途径的同时，“实际把各种身份地位的不同社会角色在精神上拉到了一个水平线上”[6]，使得社会各个阶层的人都有了追求幸福的方向和目标。

“尚同”是“尚贤”的继续。墨子的“尚同”即“上同”，要求百姓与为政者一致，下级与上级一致。“尚同”是在了解下情，顺从民意基础上的集中统一，绝非“不得下情”而上下阻隔的虚假一致。墨子曰：“上之为政，得下之情则治。”[7]，这里是说，在上的为政者，能得下之情，顺民之意，自然就可以在赏罚方面“尚同”，也就有了政事的顺畅和国家的兴盛。“尚同”是顺从民意基础上的思想政治统一，是确保实现治理的一项重要措施，亦为“政之本而治之要也”[8]。在墨子看来，有了“尚同”就有了贤人政治，就有了天下的大治。墨子认为“尚同”是实施“兼爱”理想的政治制度，这个统一奉行

① 墨子. 墨子 [M]. 方勇，译. 北京：中华书局，2015.
② 墨子. 墨子 [M]. 方勇，译. 北京：中华书局，2015.
③ 墨子. 墨子 [M]. 方勇，译. 北京：中华书局，2015.
④ 墨子. 墨子 [M]. 方勇，译. 北京：中华书局，2015.
⑤ 墨子. 墨子 [M]. 方勇，译. 北京：中华书局，2015.
⑥ 黄勃. 论墨子的“兼爱”[J]. 湖北大学学报（哲社版），1995（4）.
⑦ 墨子. 墨子 [M]. 方勇，译. 北京：中华书局，2015.
⑧ 墨子. 墨子 [M]. 方勇，译. 北京：中华书局，2015.

的公正法则，是为了反对专制独裁的统治，积极推行民主政治，做到下情上达，赏罚分明。

第三节 | 道家的幸福观

道家代表人物老子和庄子所处的时代，是一个"礼坏乐崩"、社会动荡、民不聊生的历史时期。老子生活的年代，周王室衰微，诸侯峰起，战乱频繁。庄子所处的时代，更是残酷黑暗，人与人之间勾心斗角，到处充满着是非邪恶。为了能在动乱的时代安身立命，找到人生幸福的真谛，老庄从道的高度提出了自然无为的幸福观。所谓"自然"，不是自然界中的具体事物，而是不加以人为强制的本然状态；所谓"无为"，不是无所作为，而是顺应本性，不强作妄为。这种自然无为的幸福观在对待生命关怀上追求重身贵生；在理想人格塑造方面追求返璞归真的圣人（真人）境界；在社会治理上追求无为而治的小国寡民状态。基于自然无为的逻辑核心，道家把追求幸福看成效法自然的进程，认为幸福就是返璞归真、自由和谐的快乐。

一、道家幸福观的理论基础

（一）返璞归真的理想人格

从个体维度上讲，人的幸福是人作为主体的内在感受。无论是崇尚道义理性的满足，还是追求物质感性的刺激，个体的人都必须建构一个自我认同的价值评判标准。这种标准物化成具体的形象就是所谓的理想人格。老子和庄子依循自然无为的逻辑主线，反对儒家道德教化对人自然之性的扭曲和异化，继而提出了复归于自然的理想人格。老子、庄子不像西方的哲学家柏拉图、亚里士多德那样明确提出一个幸福的概念并进而做出比较详细、系统的论述，他们只是通过构造一个美好的理想社会，通过推崇"至人""真人"或"圣人"等这些幸福的理想人格来感悟幸福。

道家视朴素为道德的原初状态或理想状态，认为道德的本质是朴实无华、真诚无妄。老子认为，现存的一切仁义道德都是背离大道的产物，而真正的道德应该是无知、无欲、无私、无为和柔弱不争的上德。老子说："绝圣弃智，民利百倍；绝仁弃义，民复孝慈；绝巧弃利，盗贼无有。"①老子认为世间的圣智、仁义、巧利这三者全是人为和巧饰的东西，用它们来治理天下只会使天下越治越乱，造成人们的淫乱和困惑，使社会陷入功利主义和虚伪主义的泥潭。有鉴于此，老子主张弃绝世俗的功名利禄和人为的伦理道德，使人类的心智复归到朴素自然、纯洁无瑕的状态，从而达到"圣人"的理想人格境界。

在老子看来，"圣人"是回归到原初状态的人，即返璞归真之人。老子把这种理想的人格境界称为赤子境界。老子认为，"含德之厚，比于赤子"②，赤子无知无欲，精足心和，纯然天真，纯洁无瑕，质朴清纯，未受人世情欲污染，他天真自然，"常德不离"。老子也把这种赤子境界看作世人摆脱苦难纠缠、求得心理宁静的最佳出路。庄子理想人格理论与老子理想人格理论虽有某些不同，但在基本精神上是一致的，并且有所发展。庄子把听任本性自由发展的人称之为"真人"。也就是"古之真人，不知悦生，不知恶死。其出不䜣，其入不距。翛然而往、翛然而来而已矣。不忘其所始，不求其所终。受而喜之，忘而复之。是之谓不以心捐道，不以人助天，是之谓真人"③。庄子的"真人"是"独与天地精神往来，而不敖倪于万物。不谴是非，以与世俗处"④的得道者，同时也是"乘云气，骑日月，而游乎四海之内"⑤的"圣人"。总之，老庄理想人格的内在意蕴和本质特征是质朴纯真、自然无为，是包容宽厚、豁达超然。

（二）小国寡民的理想社会

尽管老庄为我们描绘了非常生动的理想人格形象，但人是不能独立于社会而单独存在的。"人的本质并不是单个人所固有的抽象物。在其现实性上，它是一切社会关系的总和。"⑥因此，我们探讨人的幸福就不能脱离社会维度。先秦道家主张无为而治，在国家的治理上提倡"不尚贤""不贵难得之货"⑦，即确立不以名利为荣而以和谐为上的价值观念，引导人们"为而不争"⑧"功成身退"⑨，摆脱名利的束

① 老子. 老子 [M]. 饶尚宽，译. 北京：中华书局，2016.
② 老子. 老子 [M]. 饶尚宽，译. 北京：中华书局，2016.
③ 庄子. 庄子 [M]. 方勇，译. 北京：中华书局，2015.
④ 庄子. 庄子 [M]. 方勇，译. 北京：中华书局，2015.
⑤ 庄子. 庄子 [M]. 方勇，译. 北京：中华书局，2015.
⑥ 马克思，恩格斯. 马克思恩格斯选集：第 1 卷 [M]. 北京：人民出版社，1995：18.
⑦ 老子. 老子 [M]. 饶尚宽，译. 北京：中华书局，2016.
⑧ 老子. 老子 [M]. 饶尚宽，译. 北京：中华书局，2016.
⑨ 老子. 老子 [M]. 饶尚宽，译. 北京：中华书局，2016.

缚，过一种安居乐业的生活。老子认为名位引起人们的争逐、财货引起人们的贪婪，这会使社会纷争四起、国家动乱不已。在老子看来，只有"不尚贤"，才能"使民不争"；只有"不贵难得之货"，才能"使民不为盗"①。也只有这样，社会才能安定，人民才"不为物役"。庄子也认为，"至德之世，不尚贤，不使能"②，即至德的时代，因人人都是贤人，人人都是能人，故不标榜贤人，不任用能人，达到天下大治。为了使百姓过上宁静的生活，必须引导人们"绝圣弃智""攘弃仁义"③。

在老子看来，无为而治的最佳社会形式就是"小国寡民"。国小到"邻国相望，鸡犬之声相闻"；人民的思想纯朴到"有什伯之器而不用""重死而不远徙""复结绳而用之"；人民回归"甘其食，美其服，安其居，乐其俗"④的怡然自乐的社会生活，回归完全自然的状态。庄子心目中的理想社会则是所谓的"至德之世"及"建德之国"。他这样描绘"至德之世"："彼民有常性，织而衣，耕而食，是谓同德；一而不党，命曰天放……夫至德之世，同与禽兽居，族与万物并，恶乎知君子小人哉。同乎无知，其德不离；同乎无欲，是谓素朴；素朴而民性得矣。"⑤认为"建德之国""其民愚而朴，少私而寡欲；知作而不知藏；与而不求其报；不知义之所适，不知礼之所将。猖狂妄行，乃蹈乎大方；其生可乐，其死可葬"⑥。庄子的"至德之世"及"建德之国"所强调的是一种顺应自然本性的自由境界的生存方式。而这种看似回归原始的社会状态，恰恰可以使人在动乱时代安顿自我，使人摆脱樊笼，恢复自由的本性，获得幸福。这与老子小国寡民的幸福社会构想是完全一致的。

道家"小国寡民"的社会主张并不是一种历史的简单倒退，而是一种面对黑暗生活无力抗争的一种美好的企盼与想象。"小国寡民""至德之世"是一种看似原始而实际是使社会更和谐、更幸福的社会形式。在这样的理想社会中，社会秩序不需要国家暴力机器来维持，没有阶级剥削、没有等级压迫、没有重赋逼迫、没有兵战祸难。人们甘食美服、安居乐业，日出而作、日落而息，一切依顺自然。彼此之间自然和谐，超然功利，只有快乐幸福的生活。这种世外桃源是先秦道家所追求的理想社会形式，它充满了乌托邦的理想色彩。

---

① 老子. 老子 [M]. 饶尚宽，译. 北京：中华书局，2016.

② 庄子. 庄子 [M]. 方勇，译. 北京：中华书局，2015.

③ 庄子. 庄子 [M]. 方勇，译. 北京：中华书局，2015.

④ 老子. 老子 [M]. 饶尚宽，译. 北京：中华书局，2016.

⑤ 庄子. 庄子 [M]. 方勇，译. 北京：中华书局，2015.

⑥ 庄子. 庄子 [M]. 方勇，译. 北京：中华书局，2015.

（三）精神自由的逍遥之乐

道家认为幸福快乐的基本前提就是自由，正如"泽雉十步一啄，百步一饮，不蕲畜于樊中"[①]。庄子告诫我们，如果贪图名利富贵，就会失去自由，陷入樊笼。没有自由，何谈幸福？人应该做到"辅万物之自然而不敢为"[②]。"不敢为"是指人要获得自由，就必须遵守自然规律，而不是干涉它、违背它。那么什么才是真正的自由呢？具体地说就是不受外界的条件制约（无待），不受自己精神和肉体的限制和束缚（无己），与道一体，顺应自然。庄子把这种自由的逍遥之乐描述为"天乐"，认为："夫明白于天地之德者，此之谓大本大宗，与天和者也……与天和者，谓之天乐。"[③]

道家崇尚自由的逍遥之乐，包括以下三个方面的内容。

1. 重身贵生，不为物役

道家认为，生命是自然的一部分，是大自然的恩馈，是"道"与"德"的化育产物，所以生命是弥足珍贵的。老子倡导人生在世应爱惜身体，重视生命，不要过分追求名利。"道大，天大，地大，人亦大。域中有四大，而人居其一焉。"[④]人的生命是伟大的，追求名利是为了人的生命，为了名利而害生、丧生，那就是舍本逐末了。老子说："金玉满堂，莫之能守；富贵而骄，自遗其咎。"[⑤]老子认为外物是不真实，也是不确定的，为外物而"守"而"骄"对人的自身是有害的。庄子慨叹道："夫富者，苦身疾作，多积财而不得尽用，其为形也亦外矣！夫贵者，夜以继日，思虑善否，其为形也亦疏矣！"[⑥]因求利求富求名求贵而劳苦身体，却不能为自身尽数享用，这是何苦呢？庄子对"以物易性"的人生价值取向提出了严厉的批评。在他看来："小人则以身殉利，士则以身殉名，大夫则以身殉家，圣人则以身殉天下。"[⑦]这种以身为殉，为追求各自目标而不惜牺牲性命的做法是极不可取的，违背了"道法自然"的"常德"。诚如老子所说："名与身孰亲？身与货孰多？得与亡孰病？甚爱必大费，多藏必厚亡。"[⑧]名利不是人生的目的，人生的目的应是效法天地自

① 庄子. 庄子 [M]. 方勇，译. 北京：中华书局，2015.
② 老子. 老子 [M]. 饶尚宽，译. 北京：中华书局，2016.
③ 庄子. 庄子 [M]. 方勇，译. 北京：中华书局，2015.
④ 老子. 老子 [M]. 饶尚宽，译. 北京：中华书局，2016.
⑤ 老子. 老子 [M]. 饶尚宽，译. 北京：中华书局，2016.
⑥ 庄子. 庄子 [M]. 方勇，译. 北京：中华书局，2015.
⑦ 庄子. 庄子 [M]. 方勇，译. 北京：中华书局，2015.
⑧ 老子. 老子 [M]. 饶尚宽，译. 北京：中华书局，2016.

然之道、依循本性而生活。拼命地追名逐利，那就会带来无限的祸害与痛苦，人生就毫无幸福可言了。

在先秦道家看来，人的自然本性更值得尊重。老子认为，正是因为人类对外物的追求，才导致为物所役；正是因为"智慧出，有大伪"①；正是因为学而有知，才有忧虑。因此，老子主张无欲、无知、无私、无为，回归自然，获得自由。在他看来，自由是以自在作为前提的，不能徒增外在条件，否则就失去了自然的本心，就会适得其反。在庄子看来，外物与我毫不相干，只有"贵在于我而不失于变"②，才能不殉外物。庄子主张变"为物所役"为"物物而不物于物"③，主宰外物而不被外物所主宰。庄子认为幸福必须是自由的，不需要依靠任何条件，没有任何限制，能在无穷的天地之间自由地行动，即"无待"。只有无所待以游无穷者，才是真正的逍遥游。如果对外物有所依赖（有待），受到外物的诱惑，就会失去自由，没有幸福。幸福就是要绝对的自由，它要求摆脱外界条件的限制和束缚，摆脱自己的肉体和精神的限制和束缚，达到"无己"的状态。故"至人无己；神人无功；圣人无名"④。

2. 淡泊名利，宠辱不惊

庄子对世俗之人以功名利禄为人生的快乐大惑不解。他说："今俗之所为与其所乐，吾又未知乐之果乐耶？果不乐耶？吾观夫俗之所乐，举群趣者，诠然如将不得已，而皆曰乐者，吾未之乐耶，亦未知不乐也。果有乐无有哉？吾以无为诚乐矣。"⑤由此可以看出，庄子对名利能不能真的给人带来快乐和幸福充满了怀疑，甚至否定。而在老子看来，世俗之人之所以宠辱皆惊，失去内心的和谐幸福，是由于名利之心太重，过分计较外在评价。"得之若惊，失之若惊，是谓宠辱若惊。"⑥"宠辱若惊"表现出世俗之人失去了自我所产生的蒙昧主义或盲从主义行径。宠幸与羞辱对于人的尊严之挫伤、人格之剥夺在本质上是一样的。受辱固然损伤了个人的自尊，得宠何尝又不是被剥落了人格的独立完整？得宠者唯恐失去恩宠荣誉，于是在赐予者面前诚惶诚恐，曲意逢迎，自我人格的尊严无形地萎缩下去。而一个未曾得到他人宠幸的人，却可以保持自己人格的独立与完整。所以在老子看来，得宠并不是一件光

---

① 老子. 老子 [M]. 饶尚宽, 译. 北京: 中华书局, 2016.

② 庄子. 庄子 [M]. 方勇, 译. 北京: 中华书局, 2015.

③ 庄子. 庄子 [M]. 方勇, 译. 北京: 中华书局, 2015.

④ 庄子. 庄子 [M]. 方勇, 译. 北京: 中华书局, 2015.

⑤ 庄子. 庄子 [M]. 方勇, 译. 北京: 中华书局, 2015.

⑥ 老子. 老子 [M]. 饶尚宽, 译. 北京: 中华书局, 2016.

荣的事情，即"宠为下"①。宠辱皆若惊者，是由于自私其身所造成的。自私其身变现为重视外物而不重视内在精神，重视世俗的功名利禄而不重视自我的人格完整，因此宠辱不惊是得道之人精神自由的表现。

3．不悦生而恶死

先秦道家尽管提倡重身贵生，但他们认识到了生死是一种自然规律，所以他们能从对死亡的畏惧中解放出来，以自然主义的博大胸襟超越死亡，不为生所累，不为死所羁。珍爱生命是道法自然的产物，欣然地面对死亡也是道法自然的应有之义。老子说："飘风不终朝，骤雨不终日。孰为此者？天地。天地尚不能久，而况于人乎？"②人是自然界的一部分，生生死死都要服从自然界本身的法则。先秦道家认为，人的生命并不归自己所有，不过是天地所委托的形体而已。"气变而有形，形变而有生，今又变而之死，是相与为春秋冬夏四时行也。"③既然人的生命不属于自己，死亡也不属于自己，一切只是天地间气的运动，我们完全没必要也不应该悦生而恶死。我们应该学习真人"不知悦生，不知恶死"④。在庄子看来，人生的最大困扰来自于人悦生而恶死的心理意向。这是人生自我设置的枷锁，是人生观的最大谬误。只有冲破悦生而恶死的观念，才能使人生走上澄明的坦途大道。庄子说："明乎坦涂，故生而不悦，死而不祸，知终始之不可故也。"⑤明白了死生是人所行走的坦途，就不会因为活着而高兴，也不会把死亡视为灾祸。生命与死亡都是自然造化所赋予的，我们不仅赞美和珍爱生命，也要超然地去赞美死亡，做到"善吾生者""善吾死也"⑥的道家境界，完全摆脱外在的一切束缚，达到绝对的精神自由的逍遥之境。

二、道家追求幸福的理论进路

（一）无为

老子提倡"无为"的思想。老子说："圣人处无为之事，行不言之教。"⑦无为不是什么事都不做，而是一切顺其自然，遵守自然规律，不勉强事物的发展，无为

① 老子. 老子 [M]. 饶尚宽，译. 北京：中华书局，2016.
② 老子. 老子 [M]. 饶尚宽，译. 北京：中华书局，2016.
③ 庄子. 庄子 [M]. 方勇，译. 北京：中华书局，2015.
④ 庄子. 庄子 [M]. 方勇，译. 北京：中华书局，2015.
⑤ 庄子. 庄子 [M]. 方勇，译. 北京：中华书局，2015.
⑥ 庄子. 庄子 [M]. 方勇，译. 北京：中华书局，2015.
⑦ 老子. 老子 [M]. 饶尚宽，译. 北京：中华书局，2016.

则不败，他认为："为者败之，执者失之。是以圣人无为故无败，无执故无失。"①具体说来是这样做的："是以圣人之治，虚其心，实其腹；弱其志，强其骨。常使民无知无欲，使夫智者不敢为也。为无为，则无不治。"②做到"无为"甚至可以无所不为，过上"无知无欲"的幸福生活。

庄子也认为，一切事物都有它存在的客观性及自然秉性，我们只要顺从了它的自然属性，就是寻得了幸福，不必再强求其他外在的事物。无为就是顺应自然，不改变事物的本性。庄子在《庄子·逍遥游》中假设了极大的鲲鹏，极小的蜩鸠："鹏之徙于南冥也，水击三千里，抟扶摇而上者九万里，去以六月息者也……蜩与学鸠笑之曰："我决起而飞，抢榆枋，时则不至，而控于地而已矣，奚以之九万里而南为？"③万物的自然本性不同，其自然能力也各不同，可是有一点是共同的，就是他们充分而自由地发挥其自然能力的时候，他们都有着同等的幸福。同样，人也如此："故夫知效一官，行比一乡，德合一君，而徵一国者，其自视也，亦若此矣。"④我们不用羡慕大鸟，也不要嘲笑小鸟，每个人的能力不一样，能自由自在的发展是最好的。相反，如果人为地改造自然，不但不会幸福，反而会带来痛苦。庄子说："是故凫胫虽短，续之则忧；鹤胫虽长，断之则悲。故性长非所断，性短非所续，无所去忧也。"⑤这里是说，鸭子的腿虽然短，但是如果给它接上一段，它会忧愁；仙鹤的腿虽然长，但如果给它砍去一段，它会悲伤。所以，天生长的不要去截断它，天生短的不要去接长它，自然也就没有什么痛苦需要解脱了，自然本身就是美好的，人们保持自然天性并且充分自由地发展，就是最真实的幸福状态。

因此，"无为"在道家看来，是追求幸福的重要步骤。"天长地久，天地所以能长且久者，以其不自生，故能长生。是以圣人后其身而身先；外其身而身存。非以其无私邪？故能成其私。"⑥老人认为，如果希望能够和天地一样长生，就应该无为于生；如果要身先，就应无为于先；如果要身存，就应无为于存；如果要成私，就应无为于私。庄子进一步发展了老子"无为"的思想。"无为名尸，无为谋府；无为事任，无为知主。体尽无穷，而游无朕。尽其所受乎天，而无见得，亦虚而已。

---

① 老子. 老子 [M]. 饶尚宽，译. 北京：中华书局，2016.
② 老子. 老子 [M]. 饶尚宽，译. 北京：中华书局，2016.
③ 庄子. 庄子 [M]. 方勇，译. 北京：中华书局，2015.
④ 庄子. 庄子 [M]. 方勇，译. 北京：中华书局，2015.
⑤ 庄子. 庄子 [M]. 方勇，译. 北京：中华书局，2015.
⑥ 老子. 老子 [M]. 饶尚宽，译. 北京：中华书局，2016.

至人之用心若镜，不将不迎，应而不藏，故能胜物而不伤。"①人心要超脱名利之求，绝弃智巧事为，"游心"于"无为之业"。心要像明镜一般，任凭外来之物归来往去却不为所动，应该顺应外物的变化而不躲藏或隐藏，也就是不为是非、名利等世俗之物所诱惑，这样就能够胜物而不被外物所伤，也就是"物物而不物于物"。

（二）守弱

老子认为："反者道之动，弱者道之用。"②还说："人之生也柔弱，其死也坚强。草木之生也柔弱，其死也枯槁。故坚强者死之徒，柔弱者生之徒。是以兵强则灭，木强则折。强大处下，柔弱处上。"③柔弱与生相连，坚强与死相关；坚强会带来害处，柔弱却有益无害。柔弱还能胜于刚强，老子常常以水和婴儿为柔弱的典范，他说："天下莫柔弱于水，而攻坚强者莫之能胜也，以其无以易之。弱之胜强，柔之胜刚，天下莫不知，莫不行。"④还说："知其雄，守其雌，为天下溪。为天下溪，常德不离，复归于婴儿。"⑤柔弱到了极点，就跟水、婴儿相似，也就越合于道，越接近无为，越能达到人生幸福的最高境界。庄子进一步发展了"弱"的观点，并极端到"无所可用"才是"大用"的地步，认为："山木自寇也；膏火自煎也。桂可食，故伐之；漆可用，故割之。人皆知有用之用，而莫知无用之用也。"⑥做到对世俗没有用处，即"不材"，就可以不为世俗所用，就可以免遭祸殃。无用反而有大用，才能享受逍遥的幸福生活。

（三）不争

老子曰："圣人不积。既以为人己愈有，既以与人己愈多。天之道，利而不害，圣人之道，为而不争。"⑦圣人是不强求掠取利益的，这是因为，越是积累，越会不足，而越是给予别人，自己越丰富；越是帮助别人，自己越充足。我们要像圣人那样不为争求外在名利而做事。老子还强调："我有三宝，持而宝之。一曰慈，二曰俭，

---

① 庄子. 庄子 [M]. 方勇，译. 北京：中华书局，2015.
② 老子. 老子 [M]. 饶尚宽，译. 北京：中华书局，2016.
③ 老子. 老子 [M]. 饶尚宽，译. 北京：中华书局，2016.
④ 老子. 老子 [M]. 饶尚宽，译. 北京：中华书局，2016.
⑤ 老子. 老子 [M]. 饶尚宽，译. 北京：中华书局，2016.
⑥ 庄子. 庄子 [M]. 方勇，译. 北京：中华书局，2015.
⑦ 老子. 老子 [M]. 饶尚宽，译. 北京：中华书局，2016.

三曰不敢为天下先。慈故能勇；俭故能广；不敢为天下先，故能成器长。今舍慈且勇；舍俭且广；舍后且先；死矣！"①老子以为，太过争先恐后甚至会置己于死地。

不争还包括虚而不盈，即"勿矜""勿伐""勿骄"，做到"功遂身退"，做到"知足""知止"。老子曰："不自见，故明；不自是，故彰；不自伐，故有功；不自矜，故长。夫唯不争，故天下莫能与之争。"②老子进一步强调："持而盈之，不如其已；揣而锐之，不可长保。金玉满堂，莫之能守；富贵而骄，自遗其咎。功遂身退，天之道也。"③庄子认为凡事不能动情，要顺从天意。在日常生活中，保持心境的平和，不受喜怒哀乐等人常有的情绪影响和打扰，听其自然，不以好恶伤身，也不人为地增益生命，老子曰："且夫得者，时也；失者，顺也；安时而处顺，哀乐不能入也。此古之所谓悬解也。"④所以，庄子在他的妻子死后非但不哭还"箕踞鼓盆而歌"⑤。

（四）无欲

老子认为，欲会扰乱人的心境，让人难以得到真正的幸福，但是又不能压抑或禁止，要使欲自然而然地不发生。"不见可欲，使心不乱……常使民无知无欲。"⑥让人满足于最少的欲，不再有所企求，这样才能达到这样的理想社会："小国寡民。使有什伯人之器而不用，使民重死而不远徙。虽有舟舆，无所乘之；虽有甲兵，无所陈之。使人复结绳而用之。甘其食，美其服，安其居，乐其俗。"⑦食色乃人之本性，食、服、居仍是需要的，不过要甘其所拥有的食，美其所拥有的服，安其所拥有的居，乐其所拥有的俗，要"知足不辱，知止不殆"⑧，这样才"可以长久"。庄子也提无欲，他的理想人格是"有人之形，无人之情"，还提出"无待"："若夫乘天地之正，而御六气之辨，以游无穷者，彼且恶乎待哉！"⑨只有"无待""无己"，才能得到真正的自由和幸福。

① 老子. 老子[M]. 饶尚宽，译. 北京：中华书局，2016.
② 老子. 老子[M]. 饶尚宽，译. 北京：中华书局，2016.
③ 老子. 老子[M]. 饶尚宽，译. 北京：中华书局，2016.
④ 庄子. 庄子[M]. 方勇，译. 北京：中华书局，2015.
⑤ 庄子. 庄子[M]. 方勇，译. 北京：中华书局，2015.
⑥ 老子. 老子[M]. 饶尚宽，译. 北京：中华书局，2016.
⑦ 老子. 老子[M]. 饶尚宽，译. 北京：中华书局，2016.
⑧ 老子. 老子[M]. 饶尚宽，译. 北京：中华书局，2016.
⑨ 庄子. 庄子[M]. 方勇，译. 北京：中华书局，2015.

第四节 | 法家的幸福观

　　春秋战国时期，社会处于急剧变化的转型时期，是一个"礼坏乐崩"的时代。此时，由于旧有的秩序和社会规范失去了约束力，新的社会规范和法制还没有建立，整个社会陷入动荡之中。各个学派纷纷提出了自己的治乱方略：儒家盼望用"克己复礼"唤回统治者和民众的良知，使社会重归"尊尊""亲亲"的理想时代；墨家期盼用"兼爱"天下之心建立共乐利他的贤同社会；道家期望用自然无为把社会导入"原型"。但现实社会的纷争却未因他们理论的推出而稍有平息，仍然战祸不断。儒家期待的政治太平的局面并没有发生，所谓的"孔子成《春秋》而乱臣贼子惧"①，只是儒家所希冀的理想局面而已。这说明"礼治"策略已经无法改变当时社会的混乱状况。新兴地主阶级夺取政权后，为避免重蹈覆辙，只有寻求另一种方式和途径来解决社会的弊端，那就是"法治"。以法制恶，以刑制暴，使天下重归一统不失为解决纷乱现实问题的途径。其实，"法治"思想在春秋后期就已经产生，但那时还没有太大影响，时至战国，残酷的现实促使它终于成长为一个学派，这就是法家。法家把追求个人利益看作人的本性，看作支配人行为的决定因素。韩非把这种自利心称为"自为心"②和"计算之心"③，进而把人与人之间的一切关系都归结为从自利出发的利害关系。法家主张幸福就是自我功利的实现，但个人利益的实现不是自由的，而要通过为封建专制国家建功立业。法家自利幸福观的目的是加强封建专制政权，用实力消解争斗，并用强有力的国家权力（君权）使社会归于一统。因此，法家主张"开公利而塞私门"④，主张专制的君主应该"操名利之柄"⑤进行"牧民"。最终，法家为我们带来了传统幸福观中独具一格的幸福观点。

一、法家幸福观的理论基础

　　不可否认幸福与人的内在紧密相关。先秦法家以抽象的人性论作为其幸福观的

① 孟子. 孟子 [M]. 方勇，译. 北京：中华书局，2015.
② 韩非子. 韩非子 [M]. 高华平，译. 北京：中华书局，2015.
③ 韩非子. 韩非子 [M]. 高华平，译. 北京：中华书局，2015.
④ 商鞅. 商君书 [M]. 石磊，译. 北京：中华书局，2011.
⑤ 商鞅. 商君书 [M]. 石磊，译. 北京：中华书局，2011.

理论基础。在他们看来，人性都是好利恶害，自私自利的，虽然法家各派的具体主张和论证却各有不同，但其主要目的都是要通过人性逐利这一内在尺度来论证实行法治的必要性和可能性。齐国的法家管子认为，人有趋利避害、乐欲忧恶的本性。《管子·禁藏》中说："凡人之情，得所欲则乐；逢所恶则忧，此贵贱之所同有也。"在管子看来，欲望得到满足感到快乐是人之常情。因此，追求功利就成为必然，"见利莫能勿就，见害莫能勿避……故利之所在，虽千仞之山，无所不上；深渊之下，无所不入焉"①。郑国子产也说："唯有德者能以宽服民，其次莫如猛。夫火烈，民望而畏之，故鲜死焉。水懦弱，民狎而玩之，则多死焉，故宽难。"②值得注意的是，子产并没有把趋利避害看作普遍现象。他只是认为"小人之性"才是好利恶害的，认为："夫小人之性，衅于勇，啬于祸，以足其性，而求名焉者。"③而商鞅把求利避害当成了人的本性，每个人都会在选择中"度而取长，称而取重，权而索利"④。商鞅把"求利"上升到人性的高度；认为："民之性，饥而求食，劳而求佚，苦则索乐，辱则求荣，此民之情也。"⑤商鞅把"民之于利"比作"若水之于下也"⑥，认为人求利避害的本性不可选择与阻挡。这里商鞅已然把人性对利的渴求看成了人的内在本质的必然，形成了以功利为幸福的思想理论基础。

　　韩非认同"人莫不自为也"⑦的观点，并形成了自为自私的人性论。韩非认为，人"皆挟自为心"⑧。在韩非看来，所有人都把得到利益避免危害当成了所要追求的幸福和快乐。他多次强调，"人无愚智，莫不有趋舍"⑨，"喜利畏罪，人莫不然"⑩，"人情皆喜贵恶贱"⑪，"夫安利者就之，危害者去之，此人之愉也"⑫，"夫民之性，恶劳而乐佚"⑬。其认为每个人都应为自己打算，追求富贵、尊荣、安逸、快乐和逃

① 程树德，焦循，朱熹，等. 新编诸子集成 [M]. 北京：中华书局，2008.
② 杨伯峻. 春秋左传注 [M]. 北京：中华书局，1990.
③ 杨伯峻. 春秋左传注 [M]. 北京：中华书局，1990.
④ 商鞅. 商君书 [M]. 石磊，译. 北京：中华书局，2011.
⑤ 商鞅. 商君书 [M]. 石磊，译. 北京：中华书局，2011.
⑥ 商鞅. 商君书 [M]. 石磊，译. 北京：中华书局，2011.
⑦ 程树德，焦循，朱熹，等. 新编诸子集成 [M]. 北京：中华书局，2008.
⑧ 韩非子. 韩非子 [M]. 高华平，译. 北京：中华书局，2015.
⑨ 韩非子. 韩非子 [M]. 高华平，译. 北京：中华书局，2015.
⑩ 韩非子. 韩非子 [M]. 高华平，译. 北京：中华书局，2015.
⑪ 韩非子. 韩非子 [M]. 高华平，译. 北京：中华书局，2015.
⑫ 韩非子. 韩非子 [M]. 高华平，译. 北京：中华书局，2015.
⑬ 韩非子. 韩非子 [M]. 高华平，译. 北京：中华书局，2015.

避危险、祸害、艰难、痛苦是人的本性。曰："好利恶害，夫人之所有也。"[1]认为"好利恶害"是人一切行为的基础和出发点。由此韩非断言，在人际关系上每个人对于他人都"用计算之心以相待"[2]，人与人之间的关系是纯粹的"计算"关系，是赤裸裸的、冷冰冰的利害关系。在韩非看来，个人利益是衡量一切价值的唯一标准。人们为自己的私利而互相计较、互相交易、互相争夺、互相残害。简言之，人性的本质就是自私自利的。他还认为"主卖官爵，臣卖智力"[3]，君臣关系就是典型的利益交换。他甚至认为父母子女也是一种利益关系，"产男则相贺，产女则杀之"[4]，更不用说其他的人际关系了。韩非生活的战国末期，社会矛盾尖锐复杂。他所描绘的人与人之间种种相攻、相夺、相害、相残的现象，正是社会矛盾的表现。在他看来，纯洁高尚的理想、友爱互助的情感、忠孝仁义的道德，均已荡然无存。韩非对舍利就危的行为质疑道："人焉能去安利之道，而就危害之处哉？"[5]在他看来这种行为基本没有发生的可能性，因为人与人之间无非基于一个"利"字。人的一切思想、感情、言论、行动，都取决于对自己有利无利，根本不存在忠、孝、仁、义这类道德观念，"故不养恩爱之心"[6]，正所谓"民之故计，皆就安利，如辞危穷"[7]。先秦法家的人性论发展到韩非这里已经完全抛弃了人性内在的道德与精神层面，只剩下了赤裸裸的外在利益关系了。

　　基于对人性好利恶害、自私自利的共同认识，先秦法家幸福观的价值取向必然以自我功利实现为主导。也有的学者认为先秦法家并不是严格意义上的功利主义。原因主要是先秦法家的整体思想并不是以个人为本位，而是以君主为本位。我们知道，在功利主义的框架内，其信条首先直接指向个人行为的合理性，即个人行为之所以是正确的，是因为该行为能够更多地增进这个人的幸福亦或最大多数人的最大幸福。而纵观先秦法家所主张的君主之利，其实质是利民，即是通过主张君主之利，来实现社会国家的稳定和民众的利益。在韩非看来，君主独揽大权，社会才能稳定，人民才能得利。王霸天下既是君主的最大利益，也是国家的利益，同时更是人民的

① 韩非子. 韩非子 [M]. 高华平，译. 北京：中华书局，2015.
② 韩非子. 韩非子 [M]. 高华平，译. 北京：中华书局，2015.
③ 韩非子. 韩非子 [M]. 高华平，译. 北京：中华书局，2015.
④ 韩非子. 韩非子 [M]. 高华平，译. 北京：中华书局，2015.
⑤ 韩非子. 韩非子 [M]. 高华平，译. 北京：中华书局，2015.
⑥ 韩非子. 韩非子 [M]. 高华平，译. 北京：中华书局，2015.
⑦ 韩非子. 韩非子 [M]. 高华平，译. 北京：中华书局，2015.

幸福。虽然韩非的这一理论在事实上维护了君主的个人私利，但韩非是以君主之大利来代表人民之利益的。本节是站在宏观的视野下来考察先秦法家的幸福观，因此将其幸福观归为功利主义派系。

二、实现幸福的路径

通过对法家人性论的厘清，我们知道法家以利害关系作为价值判定的标准，因此法家所理解的幸福就是利益最大化的满足。一方面，法家认为，个体要想获得幸福就必须通过建功立业，以达到利益最大化的满足；另一方面，法家认为，个体利益的实现必须依靠法治来实现社会的有序，只有避免了无序的争斗才能实现真正的幸福。也许有人质疑先秦法家通过严刑竣罚的手段获得幸福的有效性，但事实上正如商鞅所设想的那样，"重刑连其罪，则民不敢试。民不敢试，故无刑也"①。所以在法家看来，"法"设立的目的并不是竣罚，而是基于人们趋利避害的本性，用"法"的威慑来保障社会有序从而获得利益的最大化。商鞅从人性好利恶害出发，宣扬"重刑少赏"，其理由是轻罪重罚，那么人民就会恐惧，轻罪就不会出现；严刑重罚，那么百姓就畏惧，国家就能治理好，百姓就能各享其乐，这就是所谓"以刑去刑"的办法。若天下国家都采用刑罚之术，那么最高的道德就会重新建立起来，所以道德是由利害关系产生的。《商君书·画策》说："所谓义者，为人臣忠，为人子孝，少长有礼，男女有别；非其义也，饿不苟食，死不苟生。此乃有法之常也。圣王者，不贵义而贵法。"②国君根据好利之民性而制定法，人们怀着好利恶害的心理依法行事，久而久之，行为规范也就根深蒂固了。商鞅主张："重刑少赏，上爱民，民死赏。重赏轻刑，上不爱民，民不死赏。"③他利用人民求利避害的心理，把法当作君主制民、牧民以制天下的根本，运用赏罚手段，驱使人民去从事耕战，从而达到富国强兵的目的。

韩非也认为君主治国就是要利用人们趋利避害的本性，一方面，从积极的角度来说，君主治国要以功利作为激励手段。因为"利之所在民归之"，所以在治天下时，应导之以利，"赏莫如厚，使民利之"④。国家政策就应建立在"利"的基础上，使人们相互为用，并为统治者所用。在这里韩非以功利原则作为评判一切的标准，他

① 商鞅. 商君书 [M]. 石磊，译. 北京：中华书局，2011.
② 商鞅. 商君书 [M]. 石磊，译. 北京：中华书局，2011.
③ 商鞅. 商君书 [M]. 石磊，译. 北京：中华书局，2011.
④ 韩非子. 韩非子 [M]. 高华平，译. 北京：中华书局，2015.

认为能带来实际效益的行为，便是合理的。他断言："夫言行者，以功用为之彀也。"①在此，善恶的评价已为功利的权衡所取代。从这种认识出发，韩非视"利"为天下之最，强调用"法""术""势"来调整人们的利益关系，制裁人们的不法行为。另一方面，从消极的角度来说，君主治国要以刑罚作为惩治手段。人都是好利恶害的，严刑和重罚都是人们所畏惧的，所以"凡治天下，必因人情。人情者有好恶，故赏罚可用"②。治理国家就是要"陈其所畏以禁其邪，设其所恶以防其奸"，只有这样才能"国安而暴乱不起"③。于是韩非得出结论："法者，事最适者也。"④在韩非看来，实行法治不可避免地存在着暂时的痛苦，但却可以长久得利；实行仁道，恰恰是只能获得眼前的快乐和利益，但却抹杀了公平获得利益的机制，必定后患无穷。"法所以制事，事所以名功也。法有立而有难，权其难而事成，则立之；权其害而功多，则为之。"⑤因此，在先秦法家看来，为了实现社会的稳定、和谐、有序的发展，实现真正的"利"（幸福），法治路径是唯一的途径。

但需要注意的是，法家这种通过法治来实现强国福民的做法，需要两个必要的前提：一个逻辑前提是人性必须是趋利避害，这样通过法治才可以让这些臣民成为"有口不以私言，有目不以私视"⑥的没有独立人格的君主工具；另一个逻辑前提是君主必须足够的优秀，懂得治、牧臣民之术。可以说，韩非以功利为逻辑起点，试图通过贤明的君主来实行法治，实现社会的有序和谐，但客观的结果却走向了目的的反面。以功利作为调节人际关系的基本准则，必然导致功利意识的过度膨胀，使人对价值和幸福的追求走向歧途。这种理论思想培养的个体，不能视为健全的主体，而是功利的奴仆，已经丧失了做人的尊严，更无幸福可言。法家的幸福观实质上只是统治者的个人私欲的满足，而能从统治者身上得到的也仅仅是物质上的利益，而不是幸福。虽然法家最终将个体之利纳入以君主为代表的"公利"之中，但法家以利弃义，则意味着利益计较的公开化，这种急功近利、重利弃义的指导思想必然使社会处于紧张与冲突之中。因此，我们可以认为法家的幸福观是一种异化的功利主义幸福观。当然，在那个历史时期，有太多的异化产物，幸福亦如此。

① 韩非子. 韩非子 [M]. 高华平，译. 北京：中华书局，2015.
② 韩非子. 韩非子 [M]. 高华平，译. 北京：中华书局，2015.
③ 韩非子. 韩非子 [M]. 高华平，译. 北京：中华书局，2015.
④ 韩非子. 韩非子 [M]. 高华平，译. 北京：中华书局，2015.
⑤ 韩非子. 韩非子 [M]. 高华平，译. 北京：中华书局，2015.
⑥ 韩非子. 韩非子 [M]. 高华平，译. 北京：中华书局，2015.

三、法家幸福观的得失

先秦法家幸福观的贡献在于：其一，法家具有积极的现实态度。不可否认，法家都不避言功利。他们认为，人生来就是为实现一定的功利目的而奋斗的，个人的功利目的就是实现自己的人生价值和幸福。法家的人生价值和幸福就是干一番事业，以期青史留名。当然也只有这样，高官厚禄才会随之而来。管仲说："不羞小节而耻功名不显于天下也。"[1]可见，法家的"功名"是与治天下联系在一起的。对于法家人物所在或所服务的国家，其功利目的就是使该国富强，成就霸业。应该说，法家的这种积极性、进取心和奋斗精神确实是人类社会所需要的。为达到这种综合性的功利目的，法家崇尚实力（国力、兵力），充分肯定利（物质基础）对社会生存和发展的作用。如商鞅认为，任何人都应该树立功利目的，为"利禄"而奋斗，国家也应该确立这样的激励机制，使任何人都有可能通过为国家做出贡献而获得应有的物质利益和社会地位。尽管法家功利幸福观在理论与实践上有很大偏颇，但客观上调动了人们的积极性，破坏了旧的宗法秩序，对国家统一和社会发展起到了一定的促进作用。其二，法家幸福观中包含重法尚公的精神。法家明确区分公利与私利，力倡并实践私利服从公利的原则，坚持立法秉公、执法秉公，只要有利于国、有利于民，就不顾一切，决不计较利害，甚至不顾生死。韩非表示，只要有利于民众的利益，就坚持"立法术设度数"[2]，决不怕遭到祸患。乃至司马迁曾悲叹："余独悲韩子为《说难》而不能自脱耳。"[3]

先秦法家幸福观的局限在于：其一，对道德的忽视或根本否定。先秦儒家尽管重义，但也并不排斥利禄。儒家还以积极的态度参与政治活动，只不过他们讲究取义中之利，不丧失自己的人格尊严，不违背基本的道德原则。先秦法家对道德的这种或忽视或根本否定的态度则是极其片面的。管子一派在强调物质生活水平对道德水平决定作用的同时，尚且承认并在一定程度上重视道德的作用，但总体来说，法家在价值导向上贵利贱义，忽视道德对利益的反作用，忽视道德教化对维护社会秩序以及提高人类生活质量的积极能动作用。只看到人性好利自私的一面，把对社会发展过程中这一侧面的认识普遍化和绝对化，无视人性中对道义的需要和产生道义

---

① 司马迁. 史记 [M]. 北京：中华书局，2016.

② 韩非子. 韩非子 [M]. 高华平，译. 北京：中华书局，2015.

③ 司马迁. 史记 [M]. 北京：中华书局，2016.

的可能性，无视人之所以为人的尊严与价值。这在理论上是片面的、畸形的，在实践上是急功近利的、有害的。其二，极度尊君，维护剥削阶级的利益。法家把"利"看作人的全部价值和追求，儒家只是在主观上重天下大利而在客观上不得不归结于以君父为代表的统治阶级的利益，而法家则直言不讳地尊崇君父之利，甚至在很大程度上把它作为利的全部内容，并定义之为"公"，反对君利（或以君利为国家利益）以外的一切个人利益。这些思想造成了对百姓正当利益的压制，同时这种极度尊君的思想对封建制度发展过程中的专制性起到了推波助澜的作用。其所谓的"法治"对于社会的绝大多数人都只是得到"法"的惩治。法家的功利幸福观中所体现的只有君主一人之利，论证的只是君主一人的幸福。

第四章

城市发展之痛及其出路

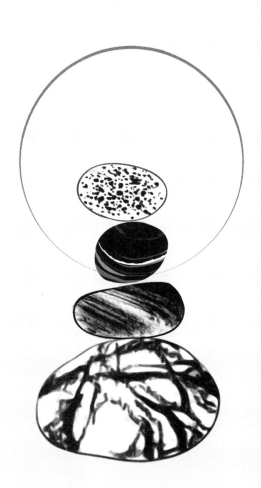

21 世纪，世界城市化达到一个新的高度，世界上有 30 亿以上的人口生活在城市，有些发达国家的城市人口占总人口比重的 70%~80%。据预测，我国城市化水平到 2020 年也将超过 60%。所以，城市的发展与建设与我们大多数人的幸福生活息息相关，城市已经成为我们追求幸福的崭新载体。

人类出现城市社会生活的历史并不久远，尚不到整个人类生存时间的 0.5%，但是我们所有的有文字的历史都是人类社会进入城市社会后才开始的，繁杂的社会制度，灿烂的文学、艺术、科学大多是在城市社会发展起来的。正是因为城市在人类文明进程中占有举足轻重的地位，大多数人对近两百年来历史的观察与阐述都喜欢用一个生动的词来表达，即"城市化进程"。近几百年来人类社会发生了斗转星移、日新月异的变化，我们所有的人都置身于城市化这一激荡人心的文明巨流中。今天，世界的城市化已跨过工业文明阶段而进入新全球化与新城市化双向紧密关联的后工业文明阶段。随着后工业社会的来临，知识经济在深刻地变革城市的经济结构产业结构与利益结构的同时，也深刻地改变着城市的一切，从人的素质到城市风貌，从社会组织到价值观念，从城市结构到城市功能，等等。

随着世界经济和科技的飞速发展，人口越来越多地聚居于城市，城市已经成为人类生产、生活的主要场所，城市环境以及城市所能提供给人们的各种软件和硬件已成为评价一个国家或地区中人们生活的幸福程度的主要指标。在新的时代环境下，城市发展面临越来越多的问题，城市病的产生严重影响着我们的生活，同时也阻碍着城市发展的前进步伐。城市病是一个世界性的问题，是城市化过程中，伴随城市人口快速膨胀而出现的城市交通拥堵、环境污染、卫生状况恶化、资源短缺、就业困难、秩序混乱、治安恶化以及教育、医疗、住宅和各类城市基础设施供应不足等一系列问题的集合，生活在城市中的我们无时无刻不在感受着城市病给我们带来的不便。如何处理好人与交通、人与环境、人与资源的关系以及经济发展与资源承载的关系，怎样着力提升城市生活质量和水平，怎样在保持经济增长的同时能够让资源和环境可持续发展，怎样在经济发展的同时以城市为载体建构居民的幸福生活，已经成为考验人类智慧和创造力的主要课题。

第一节 │ 城市的历史与城市的本质

一、城市的历史

城市产生于原始社会末期，手工业和农业分离的第二次社会大分工之后。就经济而言，城市是手工业和商业的中心，农村则是农业生产的基地。公元前 3000 年到前 1500 年是城市产生的主要时期。其间，在尼罗河流域、两河流域、小亚细亚、地中海东部沿岸以及亚洲的黄河流域和印度河流域，城市文明蓬勃地兴盛起来，出现了人类历史上最早的一批城市。古代城市形成的原因有两点：农耕取代狩猎、游牧，进而占据生产的主导地位，社会组织结构开始稳定下来；私有制引导的商品交换，形成了大大小小的交易市场。可以说，世界各地的古代城市的起源和早期发展基本上都是遵循这样一条路。

近现代的城市是工业革命的产物。从生产技术方面来说，工业革命使工厂代替了作坊，使机器代替了手工劳动；从社会关系来说，工业革命使依附于落后生产方式的自耕农阶级消失了，工业资产阶级和无产阶级形成和壮大起来；从经济结构来说，机器生产使商品数量激增，通信、交通运输、服务业、金融业等产业围绕着商品价值的实现应运而生。工业革命为人类社会带来的这些巨变的后果之一，就是农业人口向非农产业区迅速集中，非农人口向集中的市场与发达的商业圈周边聚集，从而形成了众多不同规模的城市。恩格斯曾以英国为例，对工业革命中近现代城市的形成与发展做出描述："居民也像资本一样在集中着……大工业企业要求许多工人在一个地点共同劳动，这些工人必须居住在一起。因此，即使在最小的工厂附近，也形成了整个村镇……村镇变成小城市，小城市又转化为大城市。大城市越大，住起来也越方便……由于这个缘故，大工业城市的数目急剧增加起来。"①

从历史上看，中国古代的城市建制和布局发展，在世界城市发展史上居于重要的地位。早在距今 4000 余年前，中国已经出现了城市的雏形——城堡。在距今 3000 余年前的商代，中国的城市建设技术已经非常发达，可以建设坚固的城墙和高大的宫殿。早在公元 10 世纪的大宋时期，北宋都城汴梁以及其后南宋京城杭州就已经是拥有百万人口的大都市，而长安、洛阳也是人口聚集、贸易发达、闻名中外的古城。但是，中国一些大城市的早期繁荣并没有带动中国整体城市的发展，并且在由古代城市向现代城市的转型中远远落后于西方。约翰·弗里德曼在《中国城市变迁》一书中指出："中国城市历史不同于欧洲，欧洲围绕着地中海具有相似的城市传统，城市通常是城邦。而中国从未发展出城市自治制度，在中国的大部分地区，城市是王权分配座次，而不是自身权力的体现。"欧洲城市在历史发展中逐渐摆脱封建领主的控制，发展成为经济中心与自由城市；然而，中国城市更多的是作为实施封建制度统治的中枢出现的，尽管商品经济因素早已有之，但是在封建经济社会结构的桎梏下始终处于萌芽状态。

城市作为连续进化的人工生命体，处于不断进化的状态，对于它的研究不可能脱离过去而凭空提出任何解决途径，历史在每一个时刻既隐藏着过去的原因，又隐藏着未来的各种可能，其结果总是要到后来的岁月中才得以展示。我们选取最具有代表性的西方世界的城邦和东方世界的都城作为我们历史研究的对象，以期为我们当前以城市为载体追求幸福生活提供借鉴和能量。

（一）城邦

城邦是希腊世界里最具特色的国家形态，希腊社会的发展进步与城邦的形成发展是同步进行的。它孕育了公民的城邦民主意识，留下了众多举世瞩目的文化艺术遗产，其形式和政治特性的影响力一直延续到罗马帝国时期。这种城邦大部分规模很小，

① 马克思，恩格斯. 马克思恩格斯全集：第 2 卷 [M]. 北京：人民出版社，1957：318.

人口不多，"城邦不能由 10 人组成——可要是有 10 万人也就不再是城邦了"①，规模不大的城邦是公民社会的适宜形式。一个城邦不管怎样组成，都必须是自给自足的，它一定要实现一个目标，并且为了它而存在。亚里士多德说："城邦并不是为了防止相互伤害和促进贸易而居住在同一地区。如果城邦要存在，那么这些事物就必须具备。但即使它们一应齐全，城邦也并不会因而存在。城邦是由若干家庭和部落为了分享一种良好的生活，即自给自足的完美无缺的生活而构成的。"②作为城邦的"良好生活"和作为个人目的的幸福是一致的。

希腊社会的城邦是由各个大小不一的氏族、村落组合起来而形成的一种特殊的国家形态。在经济上，每个城邦都是一个独立的经济单位，公民不仅拥有奴隶，还拥有其他的财产，在任何一个家庭中，奴隶都不能缺少，奴隶属于家庭构成中的财产要素，是活的所有物。因此，奴隶在一个家庭中，承担了大部分的生产和生活劳动，城邦中的公民不仅满足自给自足的生活需要，还有足够多的闲暇时间去从事其他的社会交往活动。这样，一方面，加强了他们在城邦内部与外部的联系和沟通，促进了城邦经济的发展和繁荣；另一方面，又极大地加剧了公民之间的贫富差距，使阶级矛盾越来越深。在政治上，每个城邦也是一个独立的政治单位。每个城邦根据不同的管辖区等实际条件，实行不同的国家政体制度。而亚里士多德长期生活的雅典实行的则是由多数穷人统治的民主制，而不是由少数富人统治的寡头制。寡头制的统治者以良好的出身、财产和教育为标志，即它依据财产来制定统治的原则，寡头统治认为财产是国家中最重要的东西，它根据人们对于国家财产的贡献来任命政府官员；而民主制的统治者则是以低微的出身、贫困以及下贱的工作为标志。因此，民主制任命政府官员的基础既不是财产，也不是贫困，而是自由的地位，即所有人有同样的身份地位。此外，民主制统治者的权力根据君主的最高德行或统治阶级的相对德行而授予。这种由多数穷人统治的民主制是雅典在经历了公元前 6 至 5 世纪的一系列的政治改革才得以完成和建立的，它有平等和自由的精神。首先，它确立了公民在政治地位上的完全平等，所有的自由人都有平等的政治权利，公民能够参与制定城邦的一切重大方针与政策。其次，它确立了公民直接参与政务的权利。公民可以通过抽签的方式轮流或通过选举担任诸如陪审员等工作。民主制不是由哪一个人或几个人当永久的统治者，而是轮流执政，人人都有当权的机会，担任公职，

---

① 亚里士多德. 政治学 [M]. 吴寿彭，译. 北京：商务印书馆，2009：47.
② 亚里士多德. 政治学 [M]. 吴寿彭，译. 北京：商务印书馆，2009：88.

没有财产定额的限制，即使有也是很低的；官吏由选举或抽签来确定，而且任期短，不可以连任，这样就废除了终身连任制。平静的生活使每个人都愿意依法办事，社会就比较稳定。

这样一种独特的经济、政治制度，就孕育了希腊城邦生活下城邦公民独有的精神气质以及伦理思想。城邦在古希腊人的生活世界中占据着无比重要的位置。首先，公民公平地参加公共政治活动。由于城邦中，不再有君主的独裁和专制命令，也不再有宗教仪式中的格言警句，城邦公民在闲暇时都会去参加公共生活，城邦鼓励穷人多参与政治事务，有些城邦还制定了津贴制度，对穷人参政或担任公职给予补贴，对富人不参加公民大会则处以一定的罚金。在当时的社会，到处都可以看见一群人在进行激烈的讨论、辩论。于是，针锋相对的讨论、辩论活动就成为当时社会的主流，它以理性和自由平等压倒了其他一切独裁命令等权力手段。其次，公民可以参与政务就使得城邦社会生活中一些最重要的活动都带有公开性的特点。公民可以通过参与公共活动发表自己的见解、看法。曾只属于高层阶级的上层建筑等方面的精神文化活动，如今也越来越公众化和平民化了，越来越多的普通大众可以与军事贵族、祭司贵族一起讨论问题。"知识、价值和思想技巧在变为公共文化的组成部分的同时，也被带到公共广场上去接受公众的批评和争议，它们的公开化引来了各种各样的注释、阐释、反对意见和激烈争论，它们不能再把某种个人威信的力量强加于人，而必须通过论证的方法来证明自己的正确性。"[①]最后，在城邦中进行生产和生活的公民，不分出身的高贵与低贱、地位和职务的尊卑以及贫富的差距，从一定意义上说，他们都属于人，都是城邦中的"同类人"。正是这种同一性，把公民们紧紧地共同维系在城邦这一条绳索上，也正是这种同一性，才构成城邦统一的基石。公民共同维护城邦的社会稳定，促进城邦的繁荣发展。在希腊人的心中，只有具有相同性质的"同类人"才能因为"友爱""公正"而联系起来，组成一个共同体——城邦。城邦在希腊人的心中占据着十分重要的位置，从一定意义上可以说，家庭在希腊人的心目中并不十分重要，因"友爱"而结合起来的城邦才是希腊人全部生活的重心。因为家庭是一个最小的社会组织，它是以满足每日需要这种天性建立起来的组织，必要的生产活动也主要是由奴隶来承担，而由若干个村社、氏族组合起来的城邦则是一个完整的公社，它基本上或完全自给自足，它和家庭一样也是为了生活而出现，但它却是为了善的生活而存在。也就是说，城邦和家庭出现的原因相同，即为了生活，

---

① 周华. 论亚里士多德的幸福观——以亚里士多德对人本质的两个论断为进路 [D]. 华东师范大学，2005：6.

但是它热衷于满足进一步的愿望，即向往善的生活。所以，公民要想获得自我认同以及他人的认可，就必须通过参与公共的政治生活——在公民大会上运用自己的思辨，与对方进行理想、公开地谈话，平等地进行辩论，以理说服对方。

在古希腊社会，公民和城邦之间是一种和谐的个人与集体的关系。一方面，国家的善的生活仅仅存在于其公民的善的生活中，于是，城邦采用了一系列的政治权力和手段来抑制本族内部经济上的贫富差距，比如说，对不参与公共政治活动的富人处以罚金，用发津贴的方式来鼓励广大穷人参与公众生活，防止两极分化和阶级对立。在生活的各个领域中都以公民的幸福、培育全面发展的优秀公民为目的，以便使公民过一种完善和自足的生活，正如亚里士多德认为的"国王应该追求他的臣民的幸福，而不应该追求自己的幸福"[①]。而另一方面，个体的人是社会的基本成员，公民认识到国家的善比个人的善更伟大、更完善，个人的善不过是我们在不能得到国家的善的情况下所提及的东西。所以，公民也视城邦为自己价值实现的唯一载体。在他们心中，城邦绝不仅仅是一个地理位置上的概念，城邦更是他们的精神寄托之地，他们认为，为城邦工作也就是为自己工作；城邦完善了，个人也就能活得更好。基托曾在《希腊人》中这样指出："能够对不仅是城邦，还有希腊人的行为与思想做出解释的，乃在于他们本质上是社会的。在谋生方面，他们本质上都是个人主义者，而在完善生活之实现方面，他们本质上是'共产主义者'。宗教、艺术、运动、探讨事物——所有这些都是生活之必需，又只能通过城邦方可得到全面满足……而且，希腊人也会在办理共同体事务中扮演自己的角色。要是我们明白了希腊人通过城邦而享受的生命活动是多么必要、有趣和令人激动——所有这些都在露天举办，看着同一座卫城，由同样的山丘或大海将城邦中每个人的生活形成一个有形的包围圈——我们就有可能理解希腊的历史，理解尽管有种常识的策励，希腊人也不会为了一个幅员更为广阔，然而却缺乏趣味的统一体，去牺牲他们的城邦，及其生动而包罗万象的生活。"[②]

希腊这种独有的城邦生活以及宽容的政治、自由的学术氛围激励人们全面发展，努力提升自己的内在修养，追求优秀、卓越的发展，而不是沉溺于对物质生活的权势物欲的追求，使古希腊人形成了一种属于他们独特的伦理思考方式。

---

① 亚里士多德. 政治学 [M]. 吴寿彭，译. 北京：商务印书馆，2009：89.

② 基托. 希腊人 [M]. 徐卫翔，黄韬，译. 上海：上海人民出版社，1998：94-95.

（二）中国古代都城

城市一词在汉语中可以拆分为"城"和"市"两个部分。城产生于原始社会末期，最初是有围墙的防御据点。城最初有两点作用：其一是防卫功能，抵御外敌入侵。其二是定居功能，人们居住于城中，进行生产、贸易和生活。在原始社会向奴隶社会转化的过程中，人们因居住地点不同，分为"国人"（即居住于城里的人）和"野人"（即乡下人）。市有两种含义：其一是商品交易关系，其二是商品交易场所。人类最初的商品交换是物物交换，交易往往在井旁进行，再后来在交通要口，最后才将交易场所移到城中。此时"城"与"市"才聚合在一起，即为"城市"。城市以第二、三产业为主，工商业发达，交通便利，有相当数量的非农人口聚居，城市逐渐成为国家和地区的政治、经济和文化教育中心。刘易斯·芒福德曾说过："城市具有各自突出的个性，这个个性如此强烈，如此充满'性格特征'，可以说，城市从一开始便具有人类性格的许多特定的文化差异。"我国古代的城市建设和我国的传统文化是融合在一起的，古代城市的规划和布局也深深地受到传统文化的影响和渗透。同时，城市的规划也在一定的程度上反映着人们的生活习惯和理想追求。

1. 城市规划中重视秩序与位置

由于时代的发展和地域的不同，城市的布局和形式也有所变化，但城市存在的本质没有改变，即无论任何时候，城市都为那一个时代的社会制度服务，体现那个时代的社会精神。在封建社会，中国古代城市规划的目的是巩固封建统治，不论是形式还是内容都在强化统治秩序中的等级观念。出于此目的，城市的组织显示出一种严格的组织层次和上下里外有别的程序。以城市的组织要求来说，中国古代的城市在这一方面是相当成功的，尤其是将一种原则转化为一种形式及具体的形象时，技术上的表达方法确实达到了一个很高的水平。中国古代文明历经新石器时代、青铜文化时代，礼制制度逐渐兴起。尤其是青铜文明中的大型编钟，器具有序、庞大、音响规律、超凡，表现出古代礼与乐相通的秩序感，使我们联想到中国古代都城整齐、宏大、严格的形制，这对古代城市采用方形城墙、规整街道，将宫殿置于中央，讲究轴线对称，追求庄严、规整的传统，具有非常重要的影响。

2. 城市设计中重视因地制宜

在中国古代，虽然礼制思想在生活中占据主导地位，但在具体实践中设置城市时，严格恪守"礼制"的规划构想容易碰到很多实际问题。由于城市在功能上承担了军事防御的责任，因此在城址的选择上就必然考虑人文及军事地理，由此在城市设计中重视地理环境、重视因地制宜。

例如，明南京城是明初洪武至永乐的 53 年间全国政治中心所在地，受到自然环境和建城历程等诸多因素的影响，是我国典型的不规则形都城。明南京城城区范围很大，城市的平面形状并不规整，但从全局来看结构严谨、分区合理。新旧城区结合自然，井然有序，形成了一个"四城相套"的布局：最内为宫城，宫城外为皇城，皇城外为内城，内城外环以广阔的外城。城市分区则可按功能分为三大区，即政治活动区、经济活动区和城防军事区。市肆区集中于鼓楼以南直至秦淮河，这一带为繁荣的商业及手工业中心，主要为自发形成的区域，布局不规则。东部皇城区为新建的行政中心区域，采用中国城市典型的布局手法并予以发展，形成了规整有序的空间布局形式。城西北地势较高，专设屯兵军营，多为未建设的空旷地带，在三区交界的中央高地上建钟鼓楼。这三个地区虽然均在应天府城之内，但各自平面布局不一致，道路系统也不是一个整体。城墙沿着三大区的周边曲折环绕，围合成极其自然的形态。整个古城的外廓沿着这三大区的用地，充分利用山丘、湖泊、河流等地理形势，东北方靠近钟山西南麓，北面紧靠玄武湖，把鸡笼山、覆舟山包入城中，西北角直伸到长江边的狮子山，东南方包括秦淮河，于是古城平面自然成为西北角伸出且南部突出的不规则形状。这一屈曲多变、颇不规整的形态和格局一直延续至今。

3. 城市建设过程中"象天法地"的浪漫情怀

李约瑟在谈及中国建筑的精神时说："再没有其他地方表现得像中国人那样热心于体现他们伟大的设想——'人不能离开自然'的原则，这个'人'并不是社会上可以分割出来的人。皇宫、庙宇等重大建筑物自不在话下，城乡中集中的或散布于田庄中的住宅也都经常出现对'宇宙的图景'的感觉，以及作为方向、节令、风向和星宿的象征主义。"[1]城市是人们生活得以展开的载体，城市的建筑承载着人们的精神向往和浪漫情怀。在古代城市的建设中，对"天""地""自然""道""五行"的向往和模仿，成为古代城市生活中极为重要的一个维度。

在中国传统文化中，天、地、人三者是和谐统一的有机体，可以相互感应与沟通。

班固《西都赋》说汉长安城"体象乎天地，经纬乎阴阳，据坤灵之正位，放太紫之圆方"。依据《周易·说卦》，西北为乾，西南为坤，乾代表天，坤代表地，坤位在地支中又属于未，未央宫位于西南就是中央宫之义。这也从另一个侧面说明"宫城居中"的理论受到重视。另外，未央宫北门外的北阙又称玄武阙，东门外的东阙

① 李约瑟. 中国科学技术史 [M]. 北京：科学出版社，1975：337-338.

又称苍龙阙,未央宫内有朱鸟堂、白虎殿[①]。《三辅黄图》卷三《未央宫》说:"苍(青)龙、白虎、朱雀、玄武,天之四灵,以正四方,王者制宫阙殿阁取法焉。"由此可推测,未央宫的布局源于阴阳五行、八卦的思想。

二、城市的本质

城市是什么?表面看来,将城市看作建筑物的组合,是高楼林立、车水马龙、企业商场云集、人口集聚的经济实体,都是符合事实的,城市的确是一个物质经济实体,是一个人工的物化环境,但事实上任何城市都不是自然而然形成的,都是经人工设计、施工、修改和改造的。如果对人工环境进行一番考证,那么我们透过城市所有的物质形态就可以找到隐含在背后的人的因素。城市在不同时期所留下的有形物体反映了城市的历史、反映了历史中人的意识和行为,反映了时代精神。正如刘易斯·芒福德所认为的,"城市实质上就是人类的化身"。城市从无到有、从简单到复杂、从低级到高级的发展历史,反映了人类社会、人类自身同样的发展过程。城市文明是人类文明的集中体现。

刘易斯·芒福德曾指出:"人类用了多年的时间,才对城市的本质和演变过程获得了一个局部的认识,也许要用更长的时间才能完全弄清它那些尚未被认识的潜在特性。"[②]西方学者对城市本质的探讨最早可追溯到古希腊时期,此后,在中世纪和近现代时期都曾对城市本质进行过深入的研究和认识,其中不仅包括史学家、城市地理学家,还有社会学家、法学家和经济学家等,正是长期不懈的探索才使人们对城市的认识随着城市的成长、成熟而不断深化。

古希腊哲学家亚里士多德从人的本质来探讨城邦的本质。他认为城邦的本质是由公民的本质决定的,而公民的本质又是由人的本质决定的,人的本质是灵魂的善,同时人又是合群的动物,人只能在城邦中才能体现出自身的本质来,因此人的本质与城邦的本质联为一体,密不可分。亚氏把人的本质归为灵魂的善,把城邦的目的归为完成善业,正是体现了人与城邦本质的一致性。当然,城邦要为公民提供一个平等、参与、民主的环境,只有在这个环境中才能够体现出人的灵魂之善、人的道

---

① 我国古代把天空里的恒星划分成为"三垣"和"四象"七大星区。所谓的"垣"就是"城墙"的意思。"三垣"是"紫微垣",象征皇宫;"太微垣"象征行政机构;"天市垣"象征繁华街市。这三垣环绕着北极星呈三角状排列。在"三垣"外围分布着"四象":东苍龙、西白虎、南朱雀、北玄武。

② 刘易斯 · 芒福德. 城市发展史 [M]. 北京:中国建筑工业出版社, 1989:1.

德之美、人的品行之纯。我们可将亚氏对城邦本质的探讨归结为，城邦是以人为主体，对人的关注和人的完善是城邦的目的。

刘易斯·芒福德是从城市发展的历史过程来认识城市本质的。他将城市的本质看作其文化功能的体现。他指出："正是由于给城市规定的这一严苛的定义，才不能不引起我们深深地怀疑：密集，众多，包围成圈的城墙，这些只是偶然性特征，而不是它的实质性特征——城市不只是建筑物的集群体，它更是各种密切相关的经济相互影响的各种功能的复合体；它不单是权力的集中，更是文化的归极（Polarization）。"在芒福德看来，城市存在的意义，不在于它的物质形式，而在于它传播和延续文化功能的重要作用。他指出："如果我们仅研究集结在城墙范围以内的那些永久建筑物，那么我们就根本没有涉及城市的本质问题。我认为，要详细考察城市的起源，我们就必须首先弥补考古学者的不足之处，他们力求从最深的文化层中找到他们认为能表明古代城市结构秩序的一些隐隐约约的平面规划。我们如果要鉴别城市，那就必须追溯其历史。"①芒福德正是从城市历史的回顾探索中来认识城市本质的，他对古希腊城邦本质及功能进行过系统的研究，最后的观点是将城市的本质与人的进化相联系。他认为："最初城市是神灵的家园，而最后城市本身变成了改造人类的主要场所，人性在这里得以充分发挥。进入城市的是一连串的神灵，经过一段时间间隔后，从城市中走出来的是面目一新的男男女女，他们能够超越其神灵的局限，这是人类最初形成城市时始料未及的。"②

那么，什么是城市的真正本质呢？我国著名城市学家宋俊岭对此进行过比较深入地探讨。宋俊岭认为，城市的本质就是"人类自身物种属性的全面延伸和集中物化；是文明人类生存的抽象需求外化而成的实际手段的集大成；是人类自身品格外化而成的物质环境构造体系和相关制度"。所谓延伸，是指人的属性和功能在时间与空间上的延展或效能的扩大。所谓物化，是指人的功能和属性在时间与空间上化为实际的手段或介质。例如，人类的战争功能物化为古代城市的城墙、壕堑、敌楼等；人类的语言文字功能物化为甲骨文、金文、纸张，物化为现代城市中随处可见的报纸、电视、互联网、多媒体、广告牌以及城市中重要的传媒产业；人类的经济功能物化为作坊、工厂、超市、银行、证券公司以及各种基础设施；宗教心理物化为寺庙、石窟以及受众者；人类的社会组织功能物化为政府、社团、交通、军队等；

① 刘易斯·芒福德. 城市发展史 [M]. 北京：中国建筑工业出版社，1989：2.
② 刘易斯·芒福德. 城市发展史 [M]. 北京：中国建筑工业出版社，1989：P7.

人类的审美和艺术功能物化为歌剧院、体育场、酒吧等各种娱乐场所；人类的社会倾向和感情的延伸物化为医院、托儿所、敬老院等。其实，当我们环顾四周时就会发现，城市中的每一条道路、每一个超市、每一个公园、每一家企业、每一家医院，无不是人的需要的外化和物化。

从某种意义上说，我们可以这样理解城市的本质：城市是文明人类的存在形式，是人类文明的主要载体，城市状况既反映当地社会人群的生活质量，又制约其发展水平，城市是当前人们追求幸福生活的崭新载体。

第二节 | 自然的报复——城市病

城市往往是一个地区的教育中心、科技中心、政治中心。城市是人类社会发展的产物，也是社会文明的集中体现。政治与文化交织在城市之中，人们生活的方方面面也在此交汇。在城市中，文明的产物不断发展、衍化，人类的经验逐渐演变成真实可行的符号。城市是行为的象征，是秩序构成的系统。分工明确、科技创新快、体制完善的城市以自身发展的强大优势带动着周边地区的发展，在这些强大的优势带动下与周边地区一同进步。

我国的城市发展从改革开放以来突飞猛进，城市化进程取得了世界的瞩目。改革打破了国家和城市的长期封闭状态，打开了国门和城门，实现城市的全方位开放，加强城市与国际的联系，同时加速了城市化进程，提高了城市化水平，推进了国家的现代化。城市化成为国家改革开放的既定方针、重要内容、基本政策和举措。

人口迅速聚集到城市，代表了城市进程的加快，也侧面体现出生产力的集中趋势。但人口的过度密集也带来了许多的城市问题，让我们不得不重视。世界上以人口密集度著称的城市有东京、纽约，这些城市都是繁华之都。但目前国内城市的人口密度都远远超出以上城市，如上海、北京、广州。不合理的人口分布形式不可避免地带来房价高涨、城市拥堵、资源短缺之类的问题。同时，这些问题对市民心理、生理的负面影响也越来越突出。

一、城市病的定义

城市作为生产力发展的集中体现，也是社会文明的集中体现，其在繁荣发展的同时，以强大的辐射带动能力，影响着周边地区的发展。技术的创新、生产力的提高都以城市为载体不同程度进行着。然而，在新的时代环境下，城市发展面临越来越多的问题，城市病的产生严重影响我们的生活，同时也阻碍城市发展的前进步伐。

对于"城市病"一词我们并不陌生，日常生活中我们经常能够听到，也能切身体会到城市病给我们带来的各种麻烦。但是对于城市病的介绍有各种不同的观点。有的研究人员认为，城市病是指由于城市人口、工业、交通运输过度集中而造成的种种问题和弊病，是城市化进程中因城市的盲目扩张、违背科学规律和自然规律进行建设而表现出来的与城市发展不协调的失衡和无序现象。它造成了资源的浪费、居民生活质量的下降和经济发展成本的上升，进而导致城市竞争力丧失，阻碍城市的可持续发展。①也有人认为，城市病是一个世界性的问题，是城市化过程中伴随着城市人口快速膨胀而出现的城市交通拥堵、环境污染、卫生状况恶化、资源短缺、就业困难、秩序混乱、治安恶化以及教育、医疗、住宅和各类城市基础设施供应不足等一系列矛盾。②还有人认为，城市病指在一国城市化尚未完全完成的阶段中，因社会经济的发展和城市化进程的加快，由于城市系统存在缺陷而影响城市系统整体性运动所导致的对社会经济的负面效应，即城市病是城市化进程的附带产品，如人口膨胀、交通拥堵、资源短缺、环境污染。③《新华新词语词典》中"城市病"的解释："现代大城市中普遍存在的人口过多、用水用电紧张、交通拥堵、环境恶化等社会问题"及"由于上述原因使城市人容易患的身心疾病。"④

由以上各种介绍我们不难提炼出几个关键词：发展、人口、负面效应。因此，本书将城市病定义为：城市病是随着城市发展而产生，以大量人口集聚为标志的各种社会问题的集合。这里将城市比作人，而将城市中的各种问题形象的比作病。城市病是一种"综合征"，它的实质是以城市人口为主要标志的城市负荷量超过以城市基础设施为主要标志的城市负荷能力而使城市呈现不同程度的"超载状态"，城市病的病情与超载程度成正比。

---

① 边洁英. "中原经济区"建设过程中"城市病"的防治——以郑州市为例[J]. 河南商业高等专科学校学报, 2011, 4（1）.

② 张建桥. 论"城市病"的预防与治理[J]. 郑州航空工业管理学院学报, 2011, 29（1）.

③ 左茜. "城市病"：以城市化中的水问题为例[J]. 学理论, 2010（22）.

④ 商务印书馆辞书研究中心. 新华新词语词典[Z]. 北京：商务印书馆, 2003.

城市病是随着城市发展而出现的，它的产生与城市发展有着必然的关系，那么城市的发展过程是怎样的呢？一个城市发展到哪个阶段可以用城市化水平来衡量，城市化水平是指城镇人口所占总人口的比例。著名的诺瑟姆曲线反映了城市的发展过程，城市发展过程被描绘成一个拉长的"S"形曲线，分为发生期、发展期、成熟期。城市化水平在 30% 之前称为城市的发生期，这一阶段城市开始出现，人口及贸易开始集中发展，城市发展缓慢，城市病初显端倪。城市化水平在 30%~70% 之间称为城市的发展期，此阶段城市发展速度加快，城市病开始呈现爆发期。城市化水平达到 70% 之后，城市开始进入成熟期，城市内部系统各方面机能协调完善，城市病开始减少并稳定在一个很低的水平。由此城市病的发展随着城市化的程度呈现一个倒"U"形。

城市病是城市发展过程中不可避免的负面现象，如果不重视对城市病的预防和治理，城市病将展现惊人的破坏力。城市病程度的顶峰没有固定值，顶峰的持续时间也没有固定值，也就是说如果城市病治理得不到位，产生的后果没有上限，城市病可能变成城市灭亡的罪魁祸首。如果一个城市现存的城市病不足以让城市灭亡，也会长期困扰城市，由此城市可能没法发展到成熟期。

城市病是随着城市的成熟而消亡的，但是城市的成熟过程不是一个自发的过程，在这个过程中必须要人为地对城市进行规划、指导、建设、管理，使城市在克服城市病的过程中达到最终的成熟。与其说是城市病自动消亡，不如说是科学的城市发展战胜了城市病。对付城市病必须要发动人类的主观能动性，重视城市病，从各个环节去预防和治理它。

二、城市病的表现形式

城市病给城市的和谐发展、经济增长带来持续破坏和潜在威胁的同时，也极大地影响居民对城市的直接感受，影响居民的幸福感。城市病有六种表现形式：人口过度集中、资源短缺、自然环境恶化、交通状况恶化、房价过高、安全形势严峻。

（一）人口过度集中

城市对人类一直以来都有很强的吸引力，城市的发展也离不开不断涌进城市的人们的推动，只有人多城市才能发展迅速。但是，由于人口集中过快，城市规划建设以及城市管理落后，城市设施不能及时满足入城人口的需求，各类的城市问题就会出现了，也会形成一些严重的社会问题。

人口的过度集中会导致噪音和垃圾处理的问题。噪音不利于人的生活，噪音污染会使人不适、听觉失灵，还会导致身体机能下降、智力退化、记忆力衰退，导致高血压、心脏病等多种疾病的发生。现代城市把噪音控制作为一项重要的任务。如市区机动车禁鸣喇叭、工地夜间施工予以限制、高速公路两旁建隔音屏等。与此同时，城市化发展迅速，人口过度集中，垃圾问题日益严重。生活垃圾和工业固体废弃物是城市主要污染源，应有效地解决垃圾收集、垃圾分类、垃圾处理等问题。据估计，我国"城市垃圾"年产量近 1.5 亿吨，处理一吨垃圾要上百元经费，建一座大型垃圾焚烧场就得花 20 多亿元，解决垃圾污染还是城市化中的一个大难题。

（二）资源短缺

经济发展到现在，能源资源的短缺成了发展速度的最大制约因素。由于当时利益的短视、科技的落后，导致现在的工业大都极度消耗能源，高能耗低产出的困境一直困扰我国城市化的发展。居民的日常生活水平的提高也对城市资源有了更多的要求，日常用电用水量、汽车油耗量等都在飞速提升，资源的匮乏在城市化进程中日益加重。

土地资源紧缺也在城市化道路上显得尤为突出。土地资源的总量是固定的，作为供给刚性的特殊资源，城市在发展过程中，随着人口的集聚，不可避免地出现土地供给紧张的问题，例如东京、德国、巴黎等国际化大都市，无一例外的存在土地严重供给不足的问题，土地的有限性对城市发展起着决定性的制约作用，怎样增加新的有效空间提高土地的利用效率，成了城市化进程中不得不面对的难题。

（三）自然环境恶化

近年来，随着中国城市化速度日益加快、覆盖范围日趋广泛，城市开发建设由于片面追求发展速度和建设规模的行为对生态环境造成了严重影响。肆意的开发建设、掠夺式的资源消耗、自杀式的污染排放加剧了水土矛盾和环境恶化，使生态环境受到威胁，难以避免地出现了种种生态环境恶化、自然资源枯竭等现象。一个世纪以来，由于人类的贪婪和无休止的欲望造成了水资源紧缺、土地沙漠化严重、耕地面积急剧减少、物种数量锐减、臭氧层空洞等问题。近二十年，全球气候变暖已成为全世界热议的话题，根据权威部门的预测，未来一百年全球气候变暖的步伐将加快，气温上升造成的粮食减产、环境恶化、物种灭绝等问题将日趋严重。我们人类必须承认，超级城市排放的大量温室气体是罪魁祸首。

在自然环境恶化问题中，直接影响居民幸福感的是空气污染问题。人口在城市的高密度聚集，特别是工业的高度聚集，工厂的烟囱和各种排放物造成城市环境的污染、"热岛效应"、汽车的尾气、居民烧饭取暖的排放也加剧了城市空气的污染。伦敦的"雾都"曾是城市空气污染的典型。

除此之外，还有高污染排放、城市内涝、地面下沉等问题，也极大地影响城市发展和人民生活的幸福水平。

（四）交通状况恶化

随着人们生活水平的提高，越来越多的家庭购买了私人汽车，据交管部门权威数据显示，目前中国汽车保有量正以惊人的速度迅速提升。另外，由于我国很多地方存在着盲目追求城市化进程的现象，在城市基础设施建设上缺乏科学性和前瞻性公共设施及管理不完善。这两方面原因，造成了城市交通拥堵严重。交通状况的恶化使生活在城市中的居民的出行时间成本大大增加，影响了日常工作和生活。

交通状况恶化在一定程度上增加了社会经济成本。SYSTRA 公司通过对多个发达国家的大城市的交通状况进行分析发现，交通堵塞所带来的经济成本占 GDP 的 2%。

（五）房价过高

随着人口向东部地区和各大城市的日益集中，在城市化进程中，城市住房需求不断增加，房价过高的问题日益明显，尤其在一些大城市房价过高的现象变得非常普遍。遏制房价过快上涨，满足保障住房需求，成为城市保障和改善民生、促进经济健康发展和社会和谐稳定的重大任务。

居住权是每一个市民应当享受的基本权利，联合国对此有过明确的指示。有一个家是人们日常生活工作的基本前提，有一个安稳舒适的居住环境能让人安心的投入工作，同时"家"这一私人空间能让居民有基本的满足感。所以说住房是城市化进程中是不可缺少的基本保障。2004 年的数据显示，全国的城市总数有 661 个，城市面积达到 39.43 万平方公里，城市人口达到 3.4 亿，城区范围内人口密度达到 847人 / 平方公里。城市的人口容量有限，而非城市人口还在继续往城市流入。人们流入城市，首先就要解决居住问题，房屋的刚性需求与土地的刚性供给产生不可调和的差值，房价的上涨也就不可避免。政府推进保障房、经济适用房对特殊家庭有一定的帮助，但是对于城市整体来说还是杯水车薪，不能从根本上解决问题。城市房价问题依然是城市化进程中非常棘手的问题。

（六）安全形势严峻

信息化、工业化、市场化和城镇化的迅速发展带来了城乡结构和就业结构的变化调整，并随之涌现出多种多样威胁城市和谐稳定的矛盾和问题。城市中的不确定性风险和安全威胁不断增加，同时，城市的预警应急任务繁重，城市治理压力艰巨。

城市化推进带来的人口流动和集中，必然会引起社会关系的重新组合和生活方式的变革，与此相应，必然会产生个人与个人、个人与社会之间的矛盾和冲突。城市是社会犯罪最为集中的地方。随着社会的进步，新的网络犯罪等也不断滋生。

三、城市病的成因

一般认为，作为人类经济社会活动的基本趋势，城市化具有诸多积极效应，正如成德宁（2003）研究认为，积极、稳妥地推进城市化有利于推动地区经济发展，城市化具有促进国内市场扩张、促进农业现代化、推动农村工业化、促进资源和环境保护、促进技术扩散和人力资本形成等多方面的积极效应。当然，也有不少研究认为，由于制度缺失或管理滞后等各种综合因素，城市化也存在着诸多的负面效应。例如，城市化会引起新增贫困人口和城市贫民窟（骆祚炎，2007），带来土地盲目开发和土地资源浪费（王家庭、张俊韬，2011）等。这些负面效应，实质上就是城市化进程中城市病的病状表现。

从目前研究看，一种观点认为城市化进程中城市病必然产生，城市在向现代化、高度化发展过程中将面临以下问题：人口过多、资源短缺、环境污染、生态恶化、交通堵塞、城市贫困、管理低效、就业困难、空间拥挤、治安恶化、城乡冲突等社会问题。相反，另一种观点则认为城市化过程中不一定会产生城市病，城市病的产生有其特点和内在诱因（王桂新，2011）。从国际国内经验看，城市化进程中各地区城市病的类型和严重程度也具有很大差异，为此对于城市病是否具有必然性、规律性，值得深入探讨。显然，对城市病的发生原因进行分析，是治理城市病——以城市为载体建构每位居民的幸福生活的研究起点。

（一）城市结构失衡

各类城市病的发生，从事件本身来看，有其对应的结构性原因。具体来说，城市病中生态破坏和环境恶化，是生产生活活动的高度集中以及相关行为致使城市地质结构系统发生变化而引发的生态环境方面的后果；社会矛盾的增加，则是由于城市收入分配差距、群体分异等造成社会结构发生变化，继而引发的不同群体、个体之间矛盾的出现或激化；城市的经济发展问题，是由于城市经济结构失衡特别是产业结构和人口就业结构不匹配、生产要素资源配置不科学造成的；城市的资源问题，主要是资源供需紧张带来的资源矛盾激化从而引发资源类城市病造成的；而城市空间拥挤，则是由于城市人口的增加，城市生产空间、生活空间和生态空间在建设布局上的不合理造成的；甚至市民身心健康方面的问题，也可以归结为城市生活状态下的人体自我调节的失衡。

（二）城市制度设计不完善

健全且科学的机制会使城市管理者、城市建设参与主体、城市生活主体一方面约束自身的非理性行为，另一方面激励其在城市发展中付诸积极行为。反之，在现实中由于制度设计的问题会导致城市建设和发展存在逐步非理性行为，影响城市的健康发展。以中国为例，由于我国城市存在严格的等级行政制度，城市自主发展活力在一定程度上受到制约，特别是长期以来以经济增长为主要考核指标的政绩考核严重影响到城市的健康发展，大规模的城市扩建和经济建设（包括工业园区开发和新区建设）使得城市结构发生巨大的变化，人为地造成个别大城市；在财税体制和土地制度上，城市政府搞大规模的国有土地出让也会带来城市的盲目建设，进而引发一系列问题。

（三）城市管理低效

一般说来，城市系统的运转需要一个科学的管理手段、技术和方法。城市基础设施、公共服务设施和社会公共事务的运行构成了城市经济社会发展的环境。政府作为城市管理的主体，按照一定的原则和目标，采用一定的措施和手段，对城市各种管理对象进行计划、协调、指挥和控制。城市管理一般有以下几个步骤：前期规划、中期建设与后期运行管理。由于缺乏战略导向意识，城市前期规划存在不科学风险，中期建设管理、后期运营管理也存在低效风险。特别是在城市空间结构上，如果不能超前规划生产、生活和生态空间的总体格局，随着城市化的深化推进，城市病出现的风险就越大。

（四）城市建设滞后

城市建设是城市管理的一部分，城市管理主要是指城市规划、城市系统运转管理等；城市建设则侧重有形的物质建设。城市建设以规划为依据，通过建设工程对城市人居环境进行改造，对城市系统内各物质设施进行建设，城市建设的内容包括城市系统内各个物质设施的实物行态。为了有效容纳城市新增人口，城市的基础设施建设必不可少，如果城市基础设施配套建设滞后，即使城市前期的规划科学、管理方法有效，也不能有力地承载起城市规模不断扩大下生产和生活活动，从而引发城市病的发生。在某种程度上，这是城市病发生的直接原因。

（五）非理性行为

城市管理和城市建设是城市管理者在城市化过程中的促进城市发展的主要任务。从行为角度看，城市病发生不是必然的，它是人的非理性的结果。这些非理性行为主要包括三点：①短期市场行为。企业主体在城市地区为片面追求利润，不顾城市可持续发展，排放污染物、占用城市空间、恶性竞争等造成资源浪费。②政府失灵行为。城市的盲目扩张建设、法规制度不健全、体制机制不完善等都能造成城市系统运转障碍。③个体逐利或盲目跟风行为。城市地区人口密集，人口素质和思想意识差异很大，在城市发展过程中，不可避免存在破坏城市系统的行为。人们对大城市生活方式的过度迷恋而蜂拥趋向城市地区，也会加剧城市病的发生。

（六）科技负效应

科技的发展始终都是"双刃剑"。一方面，科技进步有利于城市系统的科学运转，预防城市病的发生，另一方面先进的科学技术又是城市病的始作俑者。例如，现代的采掘和建筑改变了城市地质和面貌结构从而破坏原生态环境，使得生态环境变化不可逆转。再如，现代科技下城市光污染、强辐射越来越严重。

综合考察"城市病"的致病原因，究其根本，则是城市发展理念的滞后，特别是在现代城市发展或新城开发建设过程中缺乏前瞻性和科学性的发展理念造成的。

四、城市病的危害

（一）对城市发展的危害

城市病从政治、经济、环境、社会生活等各个方面阻碍着城市的发展。正如疾病对人体的危害一样，城市病是城市发展的天敌，城市发展的各个阶段都有着不同形式的城市病，并对城市化进程产生负面影响。城市化进程中交通拥挤、环境污染、能源资源紧张、人口聚集无序等都会严重阻碍城市的健康正常发展，拖慢城市的发展进程，甚至让一个城市走不到成熟期。古今中外，除去战争和自然灾害，绝大部分城市都是由于各种城市病的困扰而走向的衰败。

（二）对城市居民的危害

城市是城市居民生活的载体，城市病的各种负面影响都可以辐射到人们的生活之中。总的来说，城市病对居民的危害归于两大类：一是城市生存环境给人带来的生存压力，例如失业、犯罪等给人带来的不安全感。二是城市居住环境给人带来的生理和心理疾病，例如呼吸道疾病、抑郁症、睡眠不足等问题。在城市化进程中，城市居民的身心问题应引起全社会的关注和重视。在生理上，由于城市户外活动空间有限，城市居民长时间在拥挤的环境中居住和生活以及从事高压的日常工作，其身体素质下滑，出现各种各样的疾病。在心理上，由于各项保障不充分，城市居民面临购房困难、工作紧张以及越来越多的问题，市民难免会产生焦躁、压抑、恐慌、寂寞、无助等心理。有严重心理问题的人，很容易发生犯罪、卖淫、吸毒、自杀等病态行为。城市居民的身心问题在本质上是城市病的一个重要表征，影响人的生活质量和幸福感受。

五、国内外对城市病的研究

（一）国外对城市病的研究

最早提及城市病的是英国经济史学家哈蒙德夫妇，他们用"迈达斯灾祸"（Curse of Midas）来形容英国城市病高发的那一段历史。作为最早实现城市化，也是最早实现工业化的英国，以超出人们想象的速度发展，工业化带来好处的同时，也引发了许许多多不可避免的麻烦和灾祸。

19 世纪是英国人引以为傲的"黄金时代"。工业革命和城市化的出现标志着人类历史的巨大进步，在维多利亚时代，英国从一个农村人口占优势的国家转变成一个工业化的城市国家。1800 年，有四分之三的人口居住在农村，而到 1900 年，却已经有四分之三的人口居住在城市。但随之而来的"工业化不仅扰乱了人的关系，还势必导致物质环境恶化"[1]，阿·汤因比在 19 世纪 80 年代就曾断言："产业革命的烟雾所带来的破坏要多于创造。"约翰·拉斯金也曾预言 20 世纪英国的前景将是"烟筒会想利物浦码头上的桅杆那样密布"，"没有草地……没有树木，没有花园"。

这并非危言耸听。19 世纪英国城市发展确实已呈现病态。人口源源不断地涌入城市，为工业发展提供充足劳动力的同时，也使城市人口急剧膨胀，导致住房短缺，进而促使住房过度密集开发，以至于"街道通常是没有铺砌过的，肮脏的、坑坑洼洼的，到处都是垃圾，没有排水沟，有的只是臭气熏天的死水沟"[1]。居住状况的恶化必然带来城市卫生状况的恶化，流行病和地方病成为英国所有城市历史上沉重的一页。贫民窟成为热病、伤寒、霍乱等各种疾病的巢穴，公共卫生设施极度匮乏。英国人的平均寿命直线下降。移民引发就业竞争，工人生活处境每况愈下。城市化进程中，人们生活环境、生活方式的改变引起了城市人口精神空虚。"城市病"愈演愈烈，带来了一系列的灾难性后果。

庆幸的是，当问题发展到威胁整个国民健康和劳动力再生产时，"城市病"引起了社会和当权者的关注。英国社会各界就英国放任式工业化道路展开了批判，这对城市的发展布局、运行模式及生活方方面面产生了深远的影响。18 世纪末，当权者开始正视城市问题，社会有识之士也努力地探寻着医治"城市病"的良方。

空想社会主义学家欧文充当了开路先锋，他的空想社会主义理论影响了大批的学者和实践家；同时他作为实践先锋，试图建立"新和谐村"，试图建立一个没有犯罪、人人幸福、功能完善的标准社区模式。社会改革家埃德温·查德威克（1832）是社会改革事业的先驱。他倡导了完善济贫法、公共用水集中处理、提供标准的公共卫生服务、建立公益类学校、帮助失学儿童等多项社会事业改革。埃比泽·霍华德则提出了"花园城市协会"，引发了英国城市规划运动。在现今看来这些并不完

---

① 阿萨·勃里格斯. 英国社会史 [M]. 陈叔平，译. 中国人民大学出版社，1991：231.
② 马克思，恩格斯. 马克思恩格斯全集：第 2 卷 [M]. 北京：人民出版社，1957：306-309.

美的规划运动之下,统治阶级看到了有志之士对于城市发展的强烈建议,也开始重视他们的力量。社会人士也开始参与到城市发展的步伐当中,对城市的发展起到了至关重要的作用。政府开始不得不承担城市化过程中的责任:在城市卫生建设方面,1838年济贫法委员会秘书查德伟克派出医疗方面的委员会进行了调查,并于1844年发表《关于劳动人口卫生状况的报告》,指出生活在底层的阶级正处于有害于他们道德和健康的状况下。在城市规划与环境建设方面,政府有计划地清理贫民窟、改善街道环境。社会制度与公共立法起了推动作用。

英国城市病的整治在摸索中前进,在实践中提高,在付出了相当大的代价后城市病才逐渐解决。作为第一个工业化国家,英国在治理城市病上的成功不仅具有非常重要的历史意义,也是全世界发展过程中值得参考的重要资料。

(二)国内对城市病的研究

在20世纪70年代,我国加快了城市发展的步伐,如今进入半工业社会,并向更高的目标前进。但是,在城市发展途中,城市病日趋严重,阻碍着城市的发展,也给生活在其中的居民带来极大的困扰,从心理和生理上均有不同程度的影响。

中国市长协会在2002年发布了《2001—2002中国城市发展报告》,作为城市战略发展指导,报告中提到:"以发展克服城市病、以规划消除城市病、以管理医治城市病的宏观理论,明确了城市病的本质和防治城市病的方向,揭示了防治城市病与加快城市化进程并行不悖的内在规律。"①

城市病是随着城市发展而产生的,但并不能因此而否定发展的必要性,要在发展中寻求方法克服城市病。城市的建设分为城市规划、城市建设、城市管理三个部分。这就要从城市规划源头整体考虑城市病问题,及早发现问题所在,进行宏观上的调整;在城市建设中进行快速准确的基本建设,不要重复建设,不然会在造成浪费的同时影响居民生活;对于已经形成的城市,最重要的就是城市管理,在基础设施整体不可调的情况下,有效及时的管理能一定的缓解城市病。除了中国市长协会的权威指导,在学术界各个领域也有着对于城市病不同的解读。

社会学领域的理论研究一般认为传统城市社会环境需要专业化的管理,以保证

---

① 中国市长协会. 2001—2002中国城市发展报告 [M]. 北京:西苑出版社,2002.

其高效、顺利运行，各个部门达到最佳状态，为城市发展提供保证。以各级政府作为中心，建立起井然有序的结构，各级政府提供和管理基础设施、公共福祉、公益服务。王颖（2002）在《城市社会学》中指出，应当提出一种服务理念，将各级组织当作共同利益方一起对城市进行管理和服务。在城市管理过程中，政府只需从宏观上进行管理，不要去追求不擅长的细节操作，让各级组织在自己的领域充分发挥主观能动性这样能很有效避免城市病的发生。

经济学领域中，吉林大学国有经济研究中心徐传谌和秦海林（2007）在《城市经济可持续发展研究："城市病"的经济学分析》[1]中对城市病进行了经济学的分析。他们认为城市病问题是市场在不断完善成熟的过程中自身带来的负面效应，严重阻碍了城市经济的可持续发展。城市病问题的出现以及城市经济不能持续发展的深层次原因是现实中的资源配置方式往往是介于市场行为与集体选择两种方式的中间地带。解读城市病的经济学含义，对于解决城市病问题，实现城市经济可持续发展的目标，有着一定的借鉴意义。他们从市场对资源的配置入手，得出城市病由于市场失灵而产生。环境资源的保护、公共交通的提供、居民住房、共用设施等物品在性质定义上不够清晰，这导致了城市发展过程中各种问题的发生。而这些问题在面临集体选择时要有一个价值判断，使人们在制定公共政策的过程中有一个最优选择，这对于理解城市经济可持续发展的内涵有一定帮助。

环境生态系统领域也有对城市病的论述。北京大学环境科学与工程学院郁亚娟、郭怀成、刘永等人（2008）在总结国内外城市病现象和病因的基础上，提出了城市生态系统健康的五大功能，即承载力、支持力、吸引力、延续力和发展力，并以此建立了 CASED 模型[2]，分析与此相对应的限制城市功能的瓶颈因子，将城市的各项病症与城市功能相联系，构建城市病诊断和城市生态系统健康的评价体系。其以北京市为案例进行了城市病单因子诊断和城市生态系统健康评价，计算了北京市 1999~2005 年的城市生态系统健康指数，并分析了北京市城市病发生的原因、城市病所处的阶段等。他们的研究对我国城市病诊断与解决，以及城市生态系统健康评价具有重要参考意义。

① 徐传谌，秦海林. 城市经济可持续发展研究："城市病"的经济学分析 [J]. 税务与经济，2007（2）.
② 郁亚娟，郭怀成，刘永，等. 城市病诊断与城市生态系统健康评价 [J]. 生态学报，2008，28（4）.

第三节 | 生态城市的设想

18 世纪发生的工业革命，促进了社会生产力和科学技术的大发展，增强了人类认识和改造自然的能力，使人对自然环境的依赖逐渐减弱。人类从一个半服从于自然的位置上升为一个新的统治自然的地位，并在地球上演出了一幕幕壮观的改造自然的场面。但面对一次次的"胜利"，人类同时也得到自然苦涩的"回报"——生态环境问题。

城市化带来了人类经济社会的繁荣，但出现了资源耗竭、环境污染和生态破坏等生态问题。同时，城市化也在一定程度上直接威胁到人类自身的可持续发展，城市化带来了显而易见的物质财富的集聚，但作为城市核心的人的处境却往往被忽略了，以至于"人创造了城市，却失去了对城市的控制，在城市中逐渐丧失了自我"（黄光宇，2002）。城市的高度发展和高节奏的生活方式，同时也给人们的心理上造成了很大的压力，引发了许多社会心理问题。

然而，无数事实证明，人类无法回避城市化，世界城市化进程正以迅猛之势推进。面对城市化所带来的严峻的环境资源问题，人们开始对原有的生存空间、生活方式和价值观念进行反思。国际社会中环境保护思潮的不断涌现，揭开了人类城市发展史上"生态觉醒"的一页。可持续发展概念的提出，进一步推动人们对城市发展未来模式的思考。"生态城市"就是人类基于解决城市化和生态问题的努力尝试而提出的。它追求人与自然的和谐共处，这不仅为人们提供了解决既有城市问题的可行方案，还提供了实现可持续发展目标的可行途径。

一、生态城市的概念、内涵和特征

生态城市尽管在 20 世纪 80 年代迅速发展，但其理念渊源却很长。现代生态城市思想直接起源于霍华德（Edward Howard，1850—1928）的追求城市与自然平衡的田园城市理论。20 世纪 70 年代联合国教科文组织（UNESCO）发起的"人与生物圈（MAB）"计划中，提出了生态城市这一崭新的城市概念和发展模式。1975 年雷吉斯特（R.Rigster）等人成立了以"重建城市与自然平衡"为宗旨的非营利性组织——"城市生态"组织，并开展了一系列的生态建设活动，产生了一定的国际性影响。同期，国际上城市生态研究得到蓬勃发展，生态城市理论也得到不断发展。

1990 年"城市生态"组织成功地在巴克利召开了第一届国际生态城市大会之后，第二届（Adelaide，Australia，1992）、第三届（Yoff, Senegal, 1996）、第四届（Curitiba, Barzil，2000）和第五届（深圳，中国，2002）国际生态城市大会相继召开，使生态城市建设在全球产生了广泛的影响，大大推动了国际生态城市建设实践的开展。

（一）生态城市的概念

生态城市的概念是随着人类文明的不断发展，人们对人与自然关系认识的不断升华而提出来的。20 世纪 70 年代，联合国教科文组织（UNESCO）发起的"人与生物圈（MAB）"计划指出，生态城市是"从自然生态和社会心理两方面去创造一种能充分融合技术和自然的人类活动的最优环境，诱发人的创造性和生产力，提供高水平的物质和生活方式"。这一观点的提出，立即受到全球广泛关注，并出现了一系列的城市改造运动，如伯克利型城市、健康城市、清洁城市、绿色城市等，虽然这些城市概念及观点主要是以整治城市本身存在的生态问题而采取的直接反映，不能代表生态城市的真正内涵，但却使生态城市的概念不断得到发展。

1984 年城市生态学家 O.Yanistky 提出，生态城市是指自然、技术、人文充分融合，物质、能量、信息高效利用，人的创造力和生产力得到最大限度的发挥，居民的身心健康和环境质量得到维护，一种生态、高效、和谐的人类聚居新环境。

美国生态学家 Richard Register 认为，生态城市即生态健康的城市，是低污、紧凑、节能、充满活力并与自然和谐共存的聚居地。生态城市追求的是人类与自然的健康与活力，并认为每个城市都有可能利用其自然察赋，将原有城市建设转变成生态城市，实现城市生态化和生态城市普遍化，促进城市的健康和可持续发展。P.F.Downton 认为，生态城市就是人与人之间、人类与自然之间实现生态平衡的城市，并指出创建有活力的人居环境、构建与生态原则一致的健康经济、促进社会公平与改善社会福利是生态城市建设的关键。

罗斯兰（Roseland）（1997）认为，生态城市理念并不是独立存在的，而是与其他理念共存并包含其他理念。这些理念包括可持续发展、可持续的城市发展、可持续的社区、生物区域主义、优良技术、社区经济发展、社会生态、绿色运动等。

我国学者在生态城市实践中也提出了许多新的看法，黄光宇（1992）认为，生态城市是根据生态学原理，综合研究城市生态系统中人与"住所"的关系，并应用生态工程、环境工程、系统工程等现代科学与技术手段来协调现代城市经济系统与生物的关系，保护与合理利用一切自然资源与能源，提高资源的再生和综合利用水平，提高人类对城市生态系统的自我调节、修复、维持和发展的能力，使人、自然、环境融为一体，互惠共生。沈清基（1998）认为，生态城市是一个经济发达、社会繁荣、生态保护高度和谐、技术与自然达到充分融合，城市环境清洁、优美舒适，从而能最大限度地发挥人的创造力和生产力，并有利于提高城市文明程度的稳定、协调、持续发展的人工复合生态系统。郭中玉（2000）在研究珠江三角洲生态城市类型与调控对策中指出，生态城市应该是结构合理、功能高效和关系协调的城市生态系统，其中结构合理是指适度的人口密度、良好的环境质量、充足的绿地系统、完善的基础设施、有效的自然保护；功能高效是指优化的资源配置、经济的物力投入、畅通有序的物流、快速便捷的信息流；关系协调是指人和自然协调、社会关系协调、城乡协调、资源利用和资源更新的协调、环境胁迫和环境承载力协调。

综合各家言论，可以说，生态城市是文明、健康、和谐、充满活力的复合系统，是一种生态良性循环的理想区域形态，是人与自然达到了阴阳互补，同气共生的境界。它是具备高度生态文明的人文环境系统，是摆脱区域发展困境的根本途径，是人类发展的生态价值取向的必然结果，是生态价值观、生态哲学和生态伦理意识的综合体现。

（二）生态城市的内涵

从生态城市概念的多样性论述中可以发现，生态城市具有丰富的内涵，主要表现在以下几个方面。

从生态哲学角度，生态城市的实质是实现人与人、人与自然的和谐。生态城市强调人是自然界的一部分，人必须在人与自然系统整体协调、和谐的基础上实现自身的发展，人与自然的局部价值都不能大于人与自然统一体的整体价值，强调整体是生态城市的价值取向所在。

从系统论的角度，生态城市是一个结构合理、功能稳定、达到动态平衡状态的社会、经济、自然复合生态系统。它具备良好的生产、生活和净化功能，具备自组织、自催化的"竞争序"主导城市发展，以及自调节、自抑制的"共生序"保证生态城市的持续稳定。城市中各类生态网络完善，生态流运行高效顺畅。

从生态经济学角度，生态城市要求以生态支持系统的生态承载力和环境容量作为社会经济发展的基准。生态城市既要保证经济的持续增长以提供相应的生产生活条件满足居民的基本需求，更要保证经济增长的质量。生态城市要有与生态支持系统承载力相适应的合理的产业结构、能源结构和生产布局，采用既有利于维持自然资源存量，又有利于创造社会文化价值的生态技术来建立城市的生态产业体系，实现物质生产和社会生产的生态化，保证城市经济系统的高效运行和良性循环。生态城市倡导绿色能源的推广和普及，致力于可再生能源高效利用和不可再生资源能源的循环节约使用，关注人力资源的开发和培养。

从生态社会学角度，生态城市不单是单纯的自然生态化，而是人类生态化，即以教育、科技、文化、道德、法律、制度等的全面生态化为特色，推崇生态价值观、生态哲学、生态伦理和自觉的生态意识，以形成资源节约型的社会生产和消费体系，建立自觉保护环境、促进人类自身发展的机制和公正、平等、安全、舒适的社会环境。

从地域空间角度，生态城市不是一个封闭的系统，而是以一定区域为依托的社会、经济、自然综合体，因而在地域空间上生态城市不是"城市"，而是一城乡复合体，即城市与周边关系趋于整体化，形成城乡互惠共生的统一体，实现区域可持续发展。

（三）生态城市的基本特征

根据生态城市的概念及内涵，生态城市有以下几个基础特征。

第一，健康、和谐。生态城市是生态系统健康和谐的区域，具有合理生态城市的生态结构、和谐的生态秩序、完善的生态功能。生态城市能够提供正常、稳定的生态服务功能，拥有持续积累和盈余的生态资本，强调系统内部、系统外部以及系统间的和谐均衡。

第二，高效、活力。生态城市是多层次多要素开放的生态系统，追求系统整体功能的高效和活力，以达到物尽其用、地尽其得、人尽其才、各施其能、各得其所，实现资源的高效利用以及生态功能的增值。

第三，持续、公平。生态城市是以可持续发展思想在区域形态上的重要表现，它要求合理公平配置资源，兼顾社会、经济和环境三者的整体效益，协调发展与保护、发展与公平的关系，满足不同地区和今世、后代的发展需求。通过分享技术、资源、信息、经济等成果，形成城乡互惠共生的统一体，实现城乡融合，促进区域的均衡可持续发展。

二、生态城市建设的理论基础

任何一种城市发展模式，都需要一定的理论作为基础，在实践中起到指导作用。生态城市建设的理论基础主要包括以下三种。

（一）城市生态学理论

"城市生态学"是由美国芝加哥学派的创始人帕克于 1925 年提出的。城市生态学从宏观角度讲，是对城市自然生态系统、经济生态系统、社会生态系统相互关系的研究，把城市作为以人为主体的人类生态系统来加以考察研究。当代城市生态学的研究途径之一是从生态系统的理论出发，研究城市生态系统的特点、结构、功能的平衡，以及它们在空间形态上的分布模式和相互关系。城市生态学强调城市中自然环境与人工环境、生物群落与人类社会、物理生物过程与社会经济过程之间的相互作用，同时把城市作为整个区域范围内的一个有机体，揭示城市与其腹地在自然、经济、社会诸方面的相互关系，分析同一地区的城市分布于分工合作及其规模、功能各异的人类群落之间的相互关系。

城市生态学原理在生态城市建设过程中的应用，体现在从生态学的角度探索城市人类生存所必需的最佳环境质量，运用城市生态系统中物质与能量运动的规律，自觉地调节物质与能量运动中的不平衡状态。同时，运用先进的科学方法和技术手段，充分合理利用自然资源，使城市生态系统最小限度地排除废弃物。城市生态学原理是建立城市生态模型的依据。

（二）可持续发展理论

可持续发展是 20 世纪 80 年代出现的重要战略思想，目前已被全世界普遍接受，并逐步向社会经济的各个领域渗透，成为当今社会的热点问题之一。可持续发展思想起源人类对能源危机、资源危机、粮食危机、生态危机等人类面临的各种危机的反思。它是在 1987 年发表的世界环境与发展委员会的报告《我们共同的未来》（Our Common Future）中作为明确的概念提出来的，意为既要满足当代人的需要又不损害后人，并可满足其需要的能力的发展。1992 年 5 月在巴西里约热内卢召开的"联合国与发展大会"通过了全球《21 世纪议程》，使可持续发展成为指导世界各国社会经济发展的共同战略。

可持续发展战略旨在促进人类之间以及人类与自然之间的和谐，其核心思想是：健康的经济发展应建立在生态可持续、社会公正和人民积极参与自身发展决策的基础上。具体体现为三个原则：一是公平原则，包括本代人的公平、代际的公平以及资源分配与利用公平。二是持续性原则，即要求人类的经济和社会发展不能超越资源与环境的承载能力。三是共性原则，即可持续发展需要全球的联合行动。城市可持续发展理论侧重于城市可持续体系的建立和对城市可持续发展程度的评估，是生态城市建设的重要指导思想。

（三）循环经济理论

循环经济思想萌芽可以追溯到 20 世纪 60 年代，但由于种种因素的限制，到 90 年代，随着人类对生态环境保护和可持续发展认识的逐步深入，循环经济才得到越来越多的重视，并快速发展。

所谓循环经济，本质上是一种生态经济，它倡导的是一种与环境和谐的经济发展模式。它要求把经济活动组织成一个"资源—产品—再生资源"的反馈式流程，其特征是低开采、高利用、低排放。污染和废弃物是单向型经济的产物，在循环社会里不存在废弃物。"零废弃物"的说法比"不排放废弃物"的说法更为科学。因为在类似生态链的理想循环社会里，废弃物均可被下一个环节利用，上一个环节的废弃物作为下一个环节的原料，如此不断循环，持续发展，从而实现对系统外的"零排放"。当然，这是一个相当理想的境界，类似于人们所说的"永动机"，但这是不可能实现的，只能是随着城市生态系统完善，逐步趋于"零排放"目标。但在此基础上提出的"零排放生态城市"的构想却可以被广泛应用到城市生态与经济发展中。生态城市建设的一个重要内容就是要将传统的经济生产方式转变为循环经济的生产方式，建设循环型社会也是生态城市建设的重要途径和发展目标，更是实现城市可持续发展的重要保证。

三、生态城市的建设原则

生态城市是保证城市经济效率和生活质量的前提下，使能源和其他自然资源的消费和污染最小化，达到人与自然健康、持续发展。生态城市是一个"进化"的概念，它不是一个理想的终极目标，而是一个"过程"，一个协调、和谐的进化过程，或者说是一个"动态的目标"。但城市发展的机制揭示了生态城市并不是绝对的"和谐"，而是有"斗争"的和谐（正负反馈机制相互作用），表现为矛盾的对立统一体。因此生态城市建设是一项系统工程，是城市管理者和决策者运用人力、物力、财力、技术、信息、时间、自然资源、环境资源等来调节与控制城市生态经济系统的发展和演化，确保城市系统运行的稳定有序。而稳定有序的关键是城市"进化"过程中必须遵守以下几个基本原则。

（一）系统性原则

城市作为一种特殊的生态系统，它不同于其他生物群落，它是以人的行为为主导、以生态环境为依托、以物质流动为命脉、以社会体制为经络的人工生态系统。一座可持续发展的城市，它有赖于资源持续供给的能力；有赖于生态支持系统的自我调节能力和社会经济系统的自我组织、自我调节能力；有赖于城市生产、消费、还原的生态功能的协调；有赖于社会的宏观调控能力、部门之间的协调行为以及公众的参与意识。其中，任何一个方面功能的削弱或增强，都会影响其他成分，并最终影响到城市可持续发展的进程。因此，生态城市建设必须遵循生态系统原理，从系统观点出发，把自然、经济、社会结合起来作为一个整体进行综合分析、评价。

（二）循环再生原则

城市的物质资源是有限而并非无限的，城市系统中的资源、产品和废弃物的多重利用和循环再生是扩大生态支持能力的重要保证，也是生态城市长期生存并不断发展的基本需求。以往城市各种生态环境问题产生的原因是城市缺乏这种内在的物质和产品的循环再生机制，致使城市吸纳了大量的物质资源后，只有少量的物质资源形成产品。这不仅使资源利用程度低，还诱发大量环境问题的产生。因而，生态城市建设需改变城市生态系统中资源利用方式，使资源利用由单一的线性"链"状演变成复合的"网"状，在城市资源和废弃物之间、内部和外部之间构筑一个利于循环再生的通道，才能提高城市的生态和环境效益。

（三）和谐共生原则

和谐是生态城市调控的核心原则。生态城市本质是要处理好人与自然、城市与乡村、人工环境与自然环境的关系，任何一个组分对立统一的关系没有协调好，都会影响到城市生态系统的正常循环运行。生态城市不仅要求每一组分彼此间协调，还要求所有组分的有机融合，单一组分的和谐有序不能保证生态城市的健康发展，只有系统内所有组分的协调共生才是系统实现最优的充分必要条件。系统优化共生的结果不仅节省了资源、能源、能量和信息，还使系统获得多重综合效益。相反，单一的资源利用，各组分低强度的融合，都会使共生关系减弱，最终影响系统的活力与健康。

（四）持续内生原则

城市生态系统是一个自组织系统，在一定的生态阈值范围，系统具有自我调节、自我维持稳定、自我发展的机制和功能。这种生态阈值又叫生态承载力，是某一环境状态和结构在不发生对人类生存发展有害变化的前提下，所能承受的人类社会的作用，具体体现在规模、强度和速度上，它包括资源承载力、技术承载力和污染承载力。

生态承载力的大小取决于城市内部结构与功能，是客观与主观相结合的产物。它表现为客观存在的同时，又可能由人类通过自身行为来改变。生态承载力的改变会引起城市生态系统结构和功能的变化，从而推动城市生态系统正向演替或逆向演替。只有当城市活动强度小于生态承载力时，城市生态系统才会向着结构复杂、能量利用优化、生产力不断提高的方向演化，城市也才会持续发展。否则，城市的可持续发展无从谈起。

（五）多样性和最小因子原则

大量事实证明，生态系统的组成及结构越多样、越复杂，则其抗干扰的能力越强，因而也越易于保持其动态平衡的稳定状态。生态城市建设必须建立在城市的多样性基础上，有了多样性，才能导致稳定性。城市的多样性包括人力资源的多样性、土地利用的多样性、城市行业及产业结构的多样性等。各种人力资源的多样性质，保证城市各项事业的发展对人才的需求；城市用地的多种属性，保证了城市各类活动的开展；城市各部门行业和产业结构的多样性和复杂性，导致城市经济的稳定性和整体城市经济的高效率性……因此，城市多样性有利于城市的持续、健康、协调发展。

但在维持城市生态系统结构、功能运行的各因素中，往往是处于临界量（最小）的生态因子对城市生态系统功能的发挥具有最大的影响力。有效地改善其量值，会大大地增强城市生态系统的功能与产出。另外，城市发展各个阶段皆存在着影响、制约城市的特定因素，当克服这类因素后，城市将进入一个全新的发展阶段，发生质的飞跃。

四、国内外生态城市的建设实践

（一）国外生态城市建设的实践

近几十年来，生态城市思想提出后，各国在城市建设实践过程中逐渐认识到生态城市建设是人类文明进步的标志，是城市发展的必然方向。目前国外已有不少城市在这方面投入了大量的资金，健全了相关法规制度和采用了先进的科学技术，广泛展开有关的示范建设，并取得了建设生态城市的经验和效果。

1992 年美国在加州伯克莱实施了生态城市计划，其理念和做法在全球产生了广泛影响。新加坡经过几十年努力，已建设成为举世公认的花园城市和生态型城市。澳大利亚的哈里法克斯生态城项目是该国第一例生态城市规划，它不仅涉及社区和建筑的物质循环规划，还涉及社会与经济结构，走出了传统商业开发的老路，提出了"社区驱动"的生态开发模式；怀阿拉市城市规划则充分融合了可持续发展的各种技术，包括城市设计原则、建筑技术、设计要素与材料、传统的能源保证与能源替代、可持续的水资源使用和污水的再使用等，解决了该市的能源与资源问题。巴西的库里蒂巴市以可持续发展的城市规划典范而享誉全球，其公交导向式的交通系统革新与垃圾循环回收项目、能源保护项目曾荣获国际大奖。日本的九州市从 20 世纪 90 年代初开始以减少垃圾、实现循环型社会为主要内容的生态城市建设，提出了"从某种产业产生的废弃物为别的产业所利用，地区整体的废弃物排放为零"的构想。德国埃尔兰根市率先执行"21 世纪议程"有关决议，采取多种节地、节能、节水措施，修复生态系统，进行综合生态规划，成为德国"生态城市"先锋市。西班牙马德里与德国柏林合作，重点研究、实践城市空间和建筑物表面用绿色植被覆盖、雨水就地渗入地下、推广建筑节能技术材料、使用可循环材料等，改善了城市生态系统状况。

1. 巴西生态城市建设

位于巴西南部的库里蒂巴市是巴西的生态之都，被认为是世界上最接近生态城市的城市。该市以可持续发展的城市规划典范而享誉全球，也受到世界银行和世界卫生组织的称赞，还因垃圾循环回收项目（联合国的环境项目）、能源保护项目（国际能源保护协会的项目）、公交导向式的交通系统革新而分别获奖。库里蒂巴市的建设经验包括几个以下方面。

第一，公交导向式的城市开发规划。库里蒂巴市在城市建设中将土地利用与交通相结合，鼓励混合土地利用开发的方式，而且总体规划以城市公交线路所在的道路为中心，对所有的土地利用和开发密度进行了分区。目前，城市有三分之二的市民每天都使用公共汽车，并且做到公共汽车服务不需财政补贴。研究人员估计该城市每年减少的小汽车出行达 2700 万次。

第二，关注社会公益项目。库里蒂巴市有几百个社会公益项目，较为著名的环境项目是 1988 年实行的口号为"垃圾不是废物"的垃圾回收项目。垃圾的循环回收率达到 95%。回收材料售给当地工业部门，所获利润用于其他的社会福利项目，同时垃圾回收利用公司为无家可归者和酗酒者提供了就业机会。这些简单的、讲究实效的、成本很低的社会公益项目旨在成为库里蒂巴市环境规划的一部分，并使得城市在环境和社会方面走上了一条健康的发展之路。

第三，对市民举行环境教育。一个城市成为生态城市的前提是对其市民进行环境教育，培养其环境责任感。库里蒂巴市对此十分注重，儿童在学校受到与环境有关的教育，而一般市民则在免费环境大学接受与环境有关的教育。

2. 澳大利亚生态城市建设

1996 年 6 月澳大利亚的怀阿拉市开始建设生态城市。市政府把所有环境计划结合到一起，利用可持续发展的各种技术降低社区运行费用，包括城市规划的生态化原则、生态节能的建筑材料应用、传统能源的保护和新能源的开发应用、水资源保护和污水的再利用等等。

20 世纪 90 年代初期，澳大利亚完成了第一个生态社区——哈利法克斯生态城的规划和建设，以"社区驱动"的发展模式加强社区的环境建设和物质循环利用及调节社区的社会经济结构。具体战略要点包括评价土地的生态承载力；使建筑物与景观植物完美结合并与环境协调；建筑物规划、建设过程中从材料选择、结构设计到施工等对环境不产生副作用；调动居民生态环境意识，使居民参与社区的规划、设计、建设、管理和维护全过程。

3. 丹麦生态城市建设

丹麦的哥本哈根市生态城市建设项目是丹麦第一个生态城市的建设项目，旨在建立一个生态城市的示范城区，为丹麦和欧盟的生态城市建设储备经验。其生态城市建设的内容包括以下几个方面。

第一，建立绿色账户。绿色账户记录了一个城市、一个学校或者一个家庭日常活动的资源消费，这样能够比较不同城区的资源消费结构，确定主要的资源消费量，并为有效削减资源消费和资源循环利用提供依据。

第二，设立生态市场交易日。从 1997 年 8 月开始，每个星期六，商贩们携带生态产品包括生态食品在城区的中心广场进行交易。一方面鼓励了生态食品的生产和销售，另一方面也让公众了解到生态城市项目的其他内容。

第三，注意培养生态城市建设的后继力量。丹麦生态城市项目注重吸引学生参与，在学生课程中加入生态课，对学生和学生家长进行与项目实施有关的培训。

（二）国内生态城市建设的实践

我国的生态城市建设在理论上有坚实的文化基础，生态文明城市建设也有不少先进的实践。从 20 世纪 80 年代初我国开始进行生态城市研究，北京、天津、上海、长沙、宜春、深圳、马鞍山等城市都相应开展了研究，主要集中在城市生态系统分析评价和对策研究上。其中，江西省宜春市是我国第一个生态城市的试点。在规划与建设过程中，应用环境科学的知识和可持续发展的思想，利用生态工程的方法和系统工程的手段，在市域行政范围内，调控自然、经济、社会的复合生态系统，使其结构、功能向最优化发展，保证能流物质畅通和高效利用。宜春市的生态城市建设填补了我国在生态城市建设方面的空白。目前我国大多数生态城市是在工业区或老城区的基础上改造的，例如大连、广州、昆山、张家港、苏州等。我国也有重建的生态新城，这些生态新城多是在荒芜的盐碱地上建设起来的卫星城，如天津中新生态城、上海崇明岛东滩生态城、唐山曹妃甸生态城等。我国的生态城市种类主要由以下几种。

1. 山水园林生态城市

山水园林生态城市要求城市建设不仅要具备生态城市的特点和功能，还要有具有园林诗画的意境，是生态与园林的有机结合体。还有一些城市提出建设"山水生态城市"或者"园林生态城市"，其本质与山水园林城市是相同的。广州市提出用 20 年的时间，把广州建成"园林置于城中、城置于园林中"、经济实力雄厚、文化底蕴深厚、社会发展进步、人民生活富裕、人与自然高度和谐、生态环境优美、兼备岭南自然景观与人文景观及山水特色的山水园林生态城市。

2. 森林型生态城市

森林型生态城市要求城市建设过程中重视森林建设，通过提高城市森林覆盖率来实现美化环境、净化空气的目的。森林覆盖率高是森林生态城市的显著特征。我国明确提出建设森林型生态城市的是郑州市。郑州市依托郑州市地貌和主要地表构筑物，从大、中、小三个层次构建森林生态景观带，营造森林保护圈层和网络。

3．滨海型生态城市

滨海型生态城市模式是具有特殊地理区位的城市如滨海城市、港口城市提出的。这些城市在生态城市建设过程中提出注重海洋资源和海洋环境的保护，城市建设充分彰显"山、海、岛、城"于一体的滨海特色，同时大力发展海洋特色经济，增强海洋经济的支撑能力，并以此为龙头带动城市经济的发展。我国的烟台市、天津市都提出要建设滨海型生态城市。

4．阳光型生态城市

阳光型生态城市要求城市建设过程中充分体现阳光型生态产业、生态文化和生态景观的特征。提出建设阳光型生态城市的城市通常具有日光资源充足、生态环境良好的优势。我国山东省日照市在城市建设过程中提出要依托日照市良好的生态资产（阳光、大海、金沙滩）、交通运输条件和丰富的土地资源，在生态系统可承载的能力范围内，通过技术创新、体制改革、产业转型和能力建设，发展以光合资源产业、物资集散产业、阳光型休闲产业、阳光型能源产业和海洋资源产业为主导的富裕、健康、文明的阳光型生态城市。

5．节水型生态城市

节水型生态城市模式主要是针对一些地区在城市化进程中出现的水资源匮乏、水质污染和灾害性天气带来的城市供水安全问题所提出的。节水型生态城市在城市建设过程中提倡提高城市污水回用率，利用海水淡化以及雨水回收等手段来缓解城市水资源匮乏的现状。厦门市是我国第一个提出建设节水型生态城市的城市。为了缓解水资源的匮乏现状，厦门市在城市建设过程中通过利用其临海的区位优势，加大海水利用力度，实施雨水利用，结合再生水回收利用与引水水源流域的污染防治等措施来构建城市立体供水安全保障体系，用以解决城市供水安全问题，从而保障经济的快速发展与社会安全。

6．旅游生态城市

旅游生态城市模式是针对目前我国旅游专业化城市粗放型的发展现状提出的。与其他生态城市模式相比，旅游生态城市在城市建设过程中注重与城市旅游功能密切结合，如注重对旅游资源的开发与保护以及城市环境建设，注重协调城市居住环境、城市环境与旅游环境之间的关系，通过旅游生态城市建设使城市生态系统、旅游系统、经济系统、社会系统处于相互协调、相互促进的动态平衡状态。我国广西的桂林市、山东的泰安市等都提出过建设旅游生态城市。

五、建设生态城市的建议

我国在近三十年，已有生态城市建设案例上百个，但在国内外产生重大影响的成功例子并不多见。我国生态城市建设尚处于初步探索阶段。基于我国生态城市建设的紧迫性，依据生态城市建设的基础理论及分析，并借鉴国外生态城市建设的经验教训，提出体现地域特色的城市建设的几点建议。

（一）坚持科学的发展观，建立生态城市理念

生态城市建设需要继续发扬中华文明的伟大精神，在哲学上，强调人与自然的和谐，树立人、技术、社会、自然相互和谐的生态文明观。在实践上，强调经济社会发展与生态环境的协调统一，走循环经济和新型工业化的道路。在成果上，形成一类经济发达、生态高效的产业，体制合理、社会和谐的文化以及生态健康、景观适宜的环境，激发城市生态系统的整体活力，提高城市文化品位，建立具有地域特色的中国生态城市。

1. 提倡生态文明，坚持科学发展观

生态文明是指人们在改造客观物质世界的同时，不断克服改造过程中的负面效应，积极改善和优化人与自然、人与人的关系，建设有序的生态运行机制和良好的生态环境所取得的物质、精神、制度方面成果的总和。它反映的是人类处理自身活动与自然界关系的进步程度，是人与社会进步的重要标志。

生态文明同以往的农业文明、工业文明具有相同点，那就是它们都主张在改造自然的过程中发展物质生产力，不断提高人的物质生活水平。但它们之间也有明显区别，即生态文明遵循的是可持续发展原则，它要求人们树立经济、社会与生态环境协调发展的新观念。生态文明以尊重和维护生态环境价值和秩序为主旨、以可持续发展为依据、以人类的可持续发展为着眼点，强调在开放利用自然的过程中，人类必须树立人和自然的平等观。其从维护社会、经济、自然系统的整体利益出发，在发展经济的同时，重视资源和生态环境支撑能力的有限性，实现人类与自然的协调发展。生态文明力图用整体、协调的原则和机制来重新调节社会的生产关系、生活方式、生态观念和生态秩序，因而其运行的是一条从对立型、征服型、污染型、破坏型向和睦型、协调型、恢复型、建设型演变的生态轨迹。如果从维系人与自然的共生能力出发，从人与自然、人与社会以及人际和代际的公平性、共生性的原则出发，从文明的延续、转型和价值重铸的角度来认识，生态文明必将超越和替代工

业文明。

2. 建立生态城市理念，构建和谐社会

在城市规划与建设当中，要以科学的发展观为指导，积极探索生态化城市的空间结构、能源结构、产业结构、住区结构和交通结构，建立人与自然和谐发展的城市建设的新理念；实现社会主义市场经济条件下的经济腾飞与环境保护、物质文明与精神文明、自然生态与人类生态的高度统一以及可持续发展，这对我国构建和谐社会具有重要的理论意义和现实意义。这种城市模式符合科学发展观、可持续发展的精神，以实现一个经济高度发达、社会繁荣昌盛、人民安居乐业、生态良性循环并能促使城市经济与环境的双赢目标。这与和谐社会所指出的"社会同一切与自身相关的事情保持着一种协调的状态，包括社会与自然环境、经济、政治、文化之间的协调"理念相一致。

这种城市模式通过科技生态技术来协调城市人工生态系统与自然生态系统之间的关系，使城市环境及人居环境清洁、优美、舒适、安全，失业率低、社会保障体系完善，技术与自然达到充分融合，从而最大限度地发挥城市对农村、整个社会和国家的影响力，进一步促使城市的可持续发展，从而有利推动我国构建和谐社会。

（二）创建城市环保新机制，加快环保法制建设

环境保护是城市生态建设、生态恢复和生态平衡维持的重要手段。创建政府主导、市场推进、公众参与、执法监督的环保新机制是生态城市建设的保障。

1. 政府主导

政府是生态城市建设的主导力量，应大力度组织、规定、维护、激励整个社会建设和保护生态环境行为。首先，建议国家提升环保主管部门的职能和地位，改革地方环境管理体制，省以下环保机构实行垂直管理，由省政府来直接任命各地环保局局长，并提供运行经费，强化市、县环境执政能力，监管地方环境治理与保护。其次，必须强化各级领导干部的环境质量责任制，要把干部任期内对环境和生态保护的功过作为绩效考核的重要内容。在科学发展观的统一指导下，树立绿色的政绩观，科学衡量政绩。新的政绩观在考核时，应该淡化对增长数量和速度的追求，增加环境保护问责制。再次，生态城市建设是一项复杂的系统工程，各地政府要成立以市长为组长的领导小组协调建设中的重大问题，并要组建专家小组针对本城市的个性特色编制城市建设的总体规划和建设工作部署，为城市建设提供蓝图和依据。

2. 市场推进

市场推进就是环境保护引入价值观念，建立和推广市场机制。通过税、费和环境产权的手段促进公众和企业认识环境的使用价值、自然的生态价值和生命支持功能，实现降低资源消耗和减少污染的目的。

近年来，国家为了加大生态环境治理的力度，仅用于控制环境污染的投入已逐年提高，但治理资金缺口仍很大，光靠政府这条渠道难以满足需要。因此，应充分运用市场机制，利用民间资金和社会资金，参与环境建设。实践证明，运用市场机制可以有效加快城市生活垃圾和污水治理步伐。污水和垃圾处理建设应遵循"政府推动、民间经营、排污收费、自负盈亏"的方针来实行市场机制，政府并非甩手不管，政府的职责是做好规划，提出处理要求，并进行严格监督，保证污水处理厂和垃圾处理厂能够正常运行。国家有关部门在照顾公众承受力的前提下，不断提高污水和垃圾收费标准，最终使收费额度略高于污水和垃圾处理成本，以使城市环境建设走上良性循环的轨道。现在国内外都有企业家表示愿意承担污水处理厂和垃圾处置的建设。只有转变机制，制定相应的政策措施，城市环保才能推行起来。

3. 公众参与

目前，以"人与自然和谐相处"为重要内容的"和谐社会"理念的提出，加速了人们对环保的主动关注。这表明公众的环保意识已经达到了普及阶段，环保事业的发展面临着"一呼百应"的机会，如果能落实科学发展观，呼应公众对环保的殷殷期待，必将获得公众的支持和参与。

维护公众参与环保的巨大热情主要做到以下几点。首先，在法律上为公众参与环保创造条件，制度化的公众参与才是环保根基。通过立法明确保障公众享有环境权，包括环境决策参与权、环境监督权、环境诉讼权、环保知情权，同时公民也应履行对环境保护的义务。我们注意到，中国环保领域的第一部公众参与的规范性文件《推进公众参与环境影响评价办法》，已经于 2006 年 2 月发布，其中许多规定具有前瞻性和可操作性，通过实施将有效促进社会监督机制的健全和公众参与环保渠道的拓宽。其次，各地应注重广泛、深入、持久地开展生态环境宣传教育工作和资源综合利用的宣传活动，不断提高全民的生态道德素质，加强资源忧患意识、节约意识和责任意识，特别是要将资源综合利用纳入中小学教育、高等教育、职业教育和技术培训体系。新闻出版、广播影视、文化等部门和有关社会团体要充分发挥各自优势，搞好资源综合利用宣传，宣传资源综合利用典型，曝光严重浪费资源、污染环境的现象。用舆论引导全社会树立正确的消费观，鼓励使用资源综合利用产品，逐步推行垃圾分类回收和利用，减少一次性产品的生产和使用，形成节约资源和保护环境的生活方式和消费模式。再次，尊重支持民间环保组织，充分发挥和挖掘环保民间组织的作用。各类民间环保组织，特别是那些广大青少年的环保志愿者组织，其成员热爱祖国、倡导奉献、关注环境、倡导节俭。作为政府机关，要对民间环保组织予以支持引导，如对各类环保组织进行专业培训、多层次地搭建政府与公众座谈和对话的平台、联合民间环保组织和各界人士共同合作社会公益行动、就重要的公共政策进行专门的解释与沟通等，谋求建立全球生态道德教育的新体系。

4. 执法监督

在公众环保意识普遍不高，企业急功近利的思想还普遍存在的情况下，在生态城市建设过程中需要加快环保的法制建设，形成一套完整、严密、可操作的适应城市生态化发展的法律综合体系，使城市生态化发展制度化、法制化，依法管理、依法监督，扫除城市生态建设的人为障碍。

各市制定地方法规，为本市生态城市建设提供相应的保证，形成具有本市特色的生态治理结构。如厦门市人大常委在全国人大授权下先后出台了20多个地方法规，包括《厦门市环境保护条例》《厦门市砂、石、土资源管理规定》《厦门市大屿岛白鹭自然保护区管理办法》等，这也是厦门市在生态文明城市建设取得显著成绩的重要原因之一。

（三）调整产业结构，大力发展循环经济

产业结构和产业发展与城市建设相辅相成，相互借力，不同城市根据自身情况，大力培育生态支柱产业，可以实现城市经济发展与环境保护的共赢。发展循环经济能有利维护生态城市建设当中经济发展、生态环境、自然资源的平衡协调，从根本上解决城市化发展的严重问题，实现循环型经济社会、资源节约型社会、环境友好型社会。

1. 调整产业结构，培育生态产业

生态城市建设要特别注意优化产业结构，坚持以不破坏生态环境平衡为前提，贯彻绿色GDP的观念，合理安排三大产业发展。三大产业的比例关系变化要符合世界范围产业结构化演化规律，即第一产业比重下降，第二、三产业比重上升。

不同城市根据自身情况，大力培育生态支柱产业，在坚持资源适度开发、高效利用的同时，遵循低耗、高效、少污染的原则，走生态工业、生态农业的发展道路。

发展生态工业，一要加大产业结构和产业布局的战略性调整，努力推进传统企

业向高新企业转移，不断提升产业发展的规模和档次，实行产业和行业的聚集，形成分工明确的工业区；加快发展通信、光电、生物医药、电子产业，为生态环境改善创造条件。二要以治污治散为重点，搞好工业园区的规划建设和治理整顿。三要大力推行 ISO14000 环境管理体系认证，主动按照国际通行的"绿色"标准组织生产，提高产品在国际市场上的竞争能力。与此同时，要下决心关停并转那些能源消耗大、经济效益差、环境污染重的企业。

生态农业主要包括绿色农业食品和绿色食品原料，生态林业、草业、花卉业，生态渔业，观光农业，生态畜牧产品，生态农业手工业等方面。为此，要研究开发生态技术，防止土壤肥力退化，进行植物病虫害综合防治，实现生活用能替代和多能互补、废弃地复垦利用和陡坡地退耕还林，发展山地综合开发复合型生态经济、以庭院为主的院落生态经济，以及农村绿色产业和绿色产品，提高农业产业化水平，促进农村生态经济的发展。另外，还要重视生态旅游业和环保产业的发展。

2. 走新型工业化道路，发展循环经济

发展循环经济能有利于维护生态城市建设过程中经济发展、生态环境、自然资源诸多因素之间的平衡协调，实现城市经济发展与环境保护的共赢。循环经济是一种与环境和谐的经济发展模式，为新型工业化道路开辟出一条新的道路，以生态经济系统的优化运行为目标来改造传统企业，加快高新技术产业发展，遵循减量化、资源化、无害化的原则，坚持原料、产品、再生资源的闭路循环经济发展模式取代传统原料、产品、排污单线性经济发展模式，提高资源配置效率。各地要把环境保护与区域规划、产业结构调整、经济结构优化、削减污染物排放总量等工作结合起来，逐步建立起企业清洁生产和污染零排放的"小循环"、企业间共生关系和工业代谢相连接的生态工业园区的"中循环"，最终形成在整个社会经济各领域"大循环"的社会雏形。

（四）围绕生态城市建设与修复，特别要加强大气、水源的污染治理

目前全国城市的环境问题仍然相当突出，尤其需要加强大气、水源的污染治理。

1. 大气治理

我国城市大气污染防治工作已迫在眉睫，需要实行城市大气污染综合整治。首先，根据城市总体规划调整工业布局，在城区大力发展循环经济产业，控制污染较严重的耗能大户的发展规模，控制其污染物排放总量。对工业发展区工业企业的发展规模、工艺技术及能源需求进行综合规划。其次，继续完善配套法规的建设，来控制机动

车的排放污染，例如，制定更加严格的排放标准，控制新污染源的排放，加强对在用车排气污染监控和治理，落实汽油无铅化工作，推广使用清洁燃料汽车；制定税收政策，引导有利于污染控制的机动车生产和消费；制定有利于防治汽车排气污染的交通管理政策。再次，城市集中供热，通过在郊外设立几个大的、具有高效率除尘设备的热电厂代替锅炉、炉灶的举措消除煤烟；提高能源利用率；要严格控制致酸物质、有毒有害工业气体排放，防治酸雨、可吸入颗粒物、光化学烟雾和室内空气污染。第四，完善大气污染源的监控体系，建立城市烟尘控制区，按城市划分的功能区实行总量控制，并实施大气污染物排放许可证制度；加强新闻媒体的监督作用，开展空气污染周报或日报工作。

2．水源治理

提高水资源利用，建立节水型社会，已成为我国城市建设的当务之急。加强节水制度、节水经济、节水文化、节水科技的建设，会明显促进城市生态环境的改善。首先，要加快城市供水建设的步伐，通过南北调水和水库蓄水措施，解决城镇供水时间、空间不均的矛盾。其次，要建立以水权、水市场理论为基础的水资源管理体制，形成以经济手段为主的节水机制，从而使水资源利用效率得到提高。很多城市已经运用价格杠杆作用，实行超计划加价收费政策来达到节水目的。第三，对排污权进行严格管理，这是解决水污染问题的要点。抓紧建设一批污水处理项目，加强项目建设管理，确保工程质量，严格控制城市水污染。按照排污权的上市交易规则，采取一系列市场经济的做法，以此来提高水环境的承载能力。第四，广泛应用节水技术，推广节水设施，鼓励生活用水循环利用。

另外，我国垃圾处理手段方法仍然原始落后，急需建立城市垃圾收集及运输、填埋处理、堆肥处理、焚烧处理和垃圾循环利用的管理体系，实现垃圾的减量化、无害化、资源化。

积极应用循环经济的技术手段，改善空气质量、降低水污染、加快废物资源化处理已成为生态城市建设与修复的必要途径，也是实现循环型经济社会、资源节约型社会、环境友好型社会的基础。

（五）提倡三大能源的节约，优化土地资源配置

生态城市建设从降低工业能源、交通能源、建筑能源的消耗着手，缓解城市能源供应紧缺。城市发展必将促使土地资源紧张，这就要以高效充分利用城市土地资源和优化土地资源配置的方式来拓展城市空间。

1. 降低城市发展中工业能源、交通能源、建筑能源的消耗

生态城市建设以大力降低工业能源、交通能源、建筑能源的消耗为重点，大力开展节能工作。

各级地方政府要尽快落实节能降耗的目标和具体措施，实现节能监测监察，推动企事业单位和社会节能；对能耗偏重的重工业产业结构大调整，发展循环工业经济，为节能降耗打下坚实基础；积极进行技术改造，用科技创新推动工业能源的节约。

建设城市绿色交通系统。绿色交通系统是以减少交通拥挤、降低污染、促进社会公平、节省建设维护费用为目标而建立的税务交通运输系统，它体现了通达有序、安全舒适、低能耗低污染的理念和目标。这要求做好以下几方面工作：第一，大力发展公共交通。建立观念优先、设施优先、效率优先、管理优先和安全优先的高效公交优先网络系统。市内客运交通以大容量、快速度的大公交系统为主，以其他交通工具为辅，有效地解决车多路少、能源紧张、污染严重等问题。第二，轨道交通要电气化。发展城市轨道交通为主的电气化交通，增加绿色交通工具的使用。绿色交通工具是指在行驶中对环境不发生污染或只发生微量污染的载客工具，如地铁、天然气汽车、电动汽车、太阳能汽车、氢燃料汽车等。公共汽车、出租汽车应优先采用绿色能源。第三，推行"汽车共享"。引导个人机动车合理使用，推行"汽车共享"的消费形式。采取有效的需求管理政策和手段，对个人机动车的使用实施引导与调节，减少私人汽车使用，鼓励使用公共交通。提倡放弃个人拥有私家车的传统观念，鼓励与其他人一起共用汽车，减少个人购车负担，提高车辆利用率。"共享汽车"的理念可以减少汽车拥有量，缓解交通拥挤状况，实现环境保护。

目前中国很多城市正在积极推行"节能、节地、节材、节水和减污"型绿色住宅，对新型建筑提出了详尽的要求，其中在小区规划上，提出了单体设计的要求；在结构设计上，提出了采用隔热材料等要求；在建筑施工中，提出了使用高能效比产品的要求。我国要实现生态建筑节能高科技的应用，建筑群整体布局设计应考虑生态节能、环境效益，如建筑外墙采用呼吸式幕墙等高科技手段，达到自然通风采光建筑楼板、墙体；采用高效保温隔热玻璃及智能遮阳调光装置，控制能量平衡。同时要对已建成的高能耗建筑进行改造，以达到能耗标准，积极推广生态建筑，将各项节能技术及环保理念应用到生活。

2. 优化土地资源配置，提高城市土地单位面积的产出值

基于我国城市土地利用现状的分析，城市土地集约发展是我国城市化的必然选

择。城市发展必将促使土地的大规模集约利用，在发展过程中，着力以高效利用城市土地资源和优化土地资源配置来拓展城市空间。

城市土地集约利用的重点是对建成区现有土地的再开发和挖潜改造，走内涵式发展道路。土地集约利用的目标就是以合理布局、优化用地结构和可持续发展为依据，通过增加存量土地投入、改善经营管理等途径，不断提高土地使用效率和经济效益。首先，切实做好清理开发区、治理整顿土地市场秩序的检查验收工作，坚决压缩开发区数量和规划用地规模。其次，按照中央要求加强省级人民政府对土地资源管理的责任，特别是要严格耕地或自然保护区占用审批，严禁化整为零。再次，建立地方自身约束机制。各城市应制订长远的土地供应战略计划，提高土地规划意识，增强土地资源规划严肃性，并将土地供应计划的制订、批准和修改，纳入地方人民代表大会的监督范围。最后，城市土地的市场运作是实现城市土地合理配置和最大限度获得地产收益的最佳手段，能积极采取措施防止粗放型用地行为，提高城市土地单位面积的产出值。

（六）重视区域城乡合作，促进生态经济共赢

生态城市建设本身具有区域性的特点，区域的平衡协调是生态城市建设的基础。生态城市的建设特别要强调城市间、区域间的分工合作、协调发展。

1. 树立城市区域意识，重视区域城市合作

城市发展战略要有区域意识，转变就城市论城市的狭隘观念。城市间、区域间不断地进行着物质、能量、信息的交换，两者相互依存、互相促进。区域的自然环境条件和社会经济背景是城市经济发展的基础，城市经济发展也带动着区域经济的整体发展。城市越发展，这种交换就越频繁，相互作用就越强。城市区域发展要重视研究城市在区域经济活动的地位和特征，突破行政区划界限的束缚，真正按照城市的辐射和吸引范围进行多层次、多领域的协调统一的战略部署。中国目前已形成了的三大城市群，即以上海为中心，包括周边的苏州、无锡、南京、杭州、宁波等城市构成的长江三角洲城市经济群；以广州、深圳、珠海、佛山、东莞等城市群构成的珠江三角洲城市经济群；以北京、天津、唐山、沈阳、大连、济南、青岛等城市构成的环渤海城市经济群。三大城市群地区经济发展之所以引人注目，主要是因为它们各自对区域城市内的资源优势进行了全面整合，从而避免了无序的竞争，促使城市间的专业分工程度越来越高，产业结构互补，拉成产业链，形成了资源互补、和谐发展的局面。

2. 优化城市间空间布局，促进生态经济共赢

以区域的视野进行空间布局时城市间不再各自为政，而是把自身放在更长远的时间跨度、更广的城市范围，考虑自身在城市区域中的角色和定位，从而确立城市发展的方向和战略，优化城市空间布局。一方面，城市自身的空间布局规划要与周边城市相衔接，从而积极融入更大的区域范围内，实现多赢共荣的目标；另一方面，对城市内区域，要根据空间容量、生态容量，按照城乡一体化发展的要求在空间上进行分层次、组团式、板块化的布局与整合，在规划编制中引入区域均衡发展的理念，以缩小地区间差距，最终达到市区和郊区、城市和农村的均衡发展。

首先，优化城市间空间布局有利于区域整体发展的原则。城市间空间布局按照客观经济规律和自然规律，从有利于发挥区域优势、形成区域特色、保持经济功能区的相对完整性出发，合理确定区域空间布局的地域范围和类型，打破行政区划界限和城乡体制分割，促进要素自由流动，实现资源优化配置，共同提升区域经济整体竞争力。其次，优化城市间空间布局有利于区域协调发展的原则。通过对产业和人口集聚、基础设施网络、生态环境系统等的统筹，强化产业、城乡、生态的相互融合，促进区域经济社会与人口、资源、环境的协调发展。

区域空间布局规划要切实做好并真正发挥作用，必须有相应的途径及措施来保障。在空间布局过程中不仅要注重自身的繁荣，还要确保城市自身的活动不损害其他城市的利益，实现区域间、城乡间生态经济共赢，切实保证生态经济建设的成果。

（七）突出城市特点，树立城市生态风尚

每个城市都有自己特有的地理环境、历史文化和建设条件，要尊重、研究、发扬自身的特点，根据自己的特点因地制宜、扬长避短，抓住优势，体现个性，制定实际的、具有自己特色的生态城市建设方案，融"山水城市""园林城市""花园城市""田园城市""森林城市""卫生城市""健康城市""绿色城市"等于一体，既体现生态城市建设的优势，又给人们以醒目的形象。

1. 注重生态绿化建设，突显城市生态特点

城市生态绿化建设就是要根据城市所在地的环境地理特征，因地制宜，突显当地特色。在生态绿化建设中要按照当地的自然地理条件进行科学规划设计和建设，而不是为了建设去毁林取土取石、去填农田湿地。例如，杭州为保西湖之美，疏浚湖底淤泥，根治上游水体污染，保护环湖山体生态，使这颗明珠更为明亮。对于长期蛰伏于西湖一侧"摊大饼"式的杭州城，通过几届市委、市政府"再造人间天堂"

的努力，使之发生了根本变化，形成了"城在园中，楼在绿中，人在景中"的格局，从而荣获多项国家奖项和"联合国人居环境奖"。

实施城市生态绿化建设的思路是在建设中尽量保留原有的自然和人文景观，把城市建设对生态环境的干扰和破坏降到最低程度，完善城市绿地规划布局，有效协调城市居民与环境的关系。根据城市气候效应特征和居民生存环境质量要求，搞好城市绿化布局并进行城市绿化系统设计，提出城市功能区绿地面积分配、品种配置、种群或群落类型方案；根据生态功能区建设理论，建立环境生态调节区，使区域中自然生态系统的特征和过程被保留、维护或模仿。城市生态绿化应贯彻生态优先的原则，同时参与城建项目规划和建设过程。

生态绿化通过构建多样性景观对城市整体空间进行生态合理配置。城市绿化不应局限于满足绿化的外在美观形象，还要起到净化城市生态环境的重要功能；不仅要加强城市绿化生物多样性，构建合理的植物种群还要进行合理的植物配置，构造具有乡土特色和城市个性的绿色景观，同时慎重而节制地引进国外特色物种；积极推广城市立体三维绿化，大幅增加城市的三维绿量，促进城市生态平衡。

2. 保护历史民俗形态，突出城市个性特点

城市历史民俗文化蕴含丰富的历史意义、文化意义和社会意义，对于市民的素质和品格的培养、城市精神的造就都具有重要的影响，保护历史民俗形态是塑造城市个性特色，保证城市和谐发展的必由之路。

城市特色历史民俗文化从无形变为有形，并形成一定规模和影响，市民才能真切地看得到、记得深。将一切可以利用的城市硬件，如城市建筑、公园广场、道路栏杆、行道树等，都当作传承特色文化的具体载体，通过它们使城市特色文化充分展现出来，使城市的人文景观、建设工程，不再是简单的钢筋水泥砖块的堆砌，而是深厚地域文化的释放。

首先，一座城市的建筑物是反映城市特色的最直接要素。北京的四合院、上海的外滩、皖南的徽派建筑，无不是以其鲜明的建筑特色铸就其独有的文化特质。但是，富有地方特色的现代建筑并不是一味地仿古或是千篇一律，例如，有"万城之冠""美市之都"之称的巴黎，拥有形形色色的建筑、美不胜收的园林、雍容华贵的街道、琳琅满目的雕塑，这些文化特质形成了一种和谐美，因而被誉为世界"花都"。其次，城市主题公园广场建设突出文化主脉、熔铸地方文化特色。在城市建设中，大力利用栏杆、桥栏、石刻、碑文、景墙、雕塑、地砖等载体，把与城市有关的历史事件、历史传说、成语典故等融入城市建设，凸现浓厚的人文气息、寓教于乐，潜移默化，

使广大市民在休闲娱乐之时不知不觉了解城市文化，增长知识，陶冶情操，如西安的大雁塔北广场就是很好的例证。再次，街道是城市的生命线，与城市居民生活休戚相关，承载着城市对文化的吸纳、提升功能，富有地方生活情趣的街道让人流连忘返，如北京的菊儿胡同、上海新天地、杭州河坊街等。

21世纪是城市的世纪，也是关心环境的世纪。中国的生态城市建设极富挑战，如果我们逐步实现了思想转变、意识提高、观念更新、理论深化、标准统一，就有了扎实的思想基础和理论基础，再通过明确目标和完善体系，实施协调监控、推进市场、公众参与等有力措施，我国生态城市建设将会稳健有序发展。尽管生态城市建设任重而道远，但只要我们坚持不懈地努力，相信一个个有中国特色的繁荣和谐的生态城市将会在我国出现。

第四节 | 智慧城市的设想

"智慧城市"的提出，使人们看到了一个切实可行的办法来解决城市化进程中遇到的各种问题，同时智慧城市也将是未来各国城市发展的一个方向。物联网、云计算等新一代信息技术以及各种社交网络、购物网络、互联网金融等综合集成工具和方法的应用，给我们设计城市生活提供了无比先进的武器，实现了全面透彻的感知、宽带泛在的互联、智能融合的应用以及全方位、全体系、全过程创新。对于我国城市政府来讲，这不仅是政府服务和城市管理技术的创新，更是服务和管理理念及模式的创新。

在城市人口不断膨胀的情况下，对于提升城市居民的生活质量和便利程度，信息化扮演着不可小觑的重要角色。智慧城市的推广为居民带来了更便捷和更舒适的生活，为城市管理者的协调管理等多方面工作提供了辅助和协调的功能。科技的进步和人们知识水平的提高为智慧城市的建设扫清了障碍，为信息化及高速运转的城市发展创造了良好的智慧环境。在信息技术的高度发展下，智慧城市正以惊人的速度在我们身边成长着，城市居民在交通方式、生活模式、工作环境和各项基础设施方面都体验着前所未有的便利和快捷。

智慧城市对城市建设和城市居民生活质量等方面的帮助已经得到了国内外学者

的广泛认同，诸多的国内外学者也针对运用何种发展模式和途径来建设智慧城市展开多方面的研究，并希望通过一个合理的方式方法来建设利国利民的智慧城市，方便居民的同时也便于城市的管理和运转。为顺应现今城市的发展速度和方向，原本作为独立学科的城市规划与信息技术不断结合，试图通过新型的智慧城市模式促成城市建设模式的转型，以建设智慧城市的方式提升城市化的水平。

一、智慧城市的概念、内涵和特征

（一）智慧城市的概念

智慧城市的普及和发展速度令人惊叹，其在大型城市中的运用也得到了实践方面的验证。在其高速的发展背景下，社会各界及相关学者也从不同的视角对智慧城市的概念提出了不同的见解。由于智慧城市这一理念的提出时间尚短，相关概念在理论界还处于萌芽阶段，属于新兴概念，因此关于这一理念的确切含义众多学者也进行了广泛讨论，至今没有一个确切的统一定义。

作为"智慧地球"这一理念的提出者，IBM 公司认为，智慧城市就是运用信息和通信等技术手段感测、分析以及整合城市运行核心系统的各项关键信息，并根据所得信息对包括民生、环保、公共安全、城市服务、工商业活动在内的各种城市和居民的需求做出智能响应。究其实质，智慧城市就是运用先进的信息技术，实现城市的智慧式管理和运行，进而为城市居民创造更美好的生活，促进城市的和谐、可持续发展。

提及智慧城市，不得不提的就是数字城市这一概念。所谓数字城市就是指将城市生产生活过程的各类信息汇总，运用相应的数字、信息及网络等科学技术，将城市内的人口、资源、社会、经济及环境等要素数字化、网络化、智能化以及可视化的全部过程。数字城市建设关注信息技术硬件方面的建设，是建设智慧城市的必备基础。

国际电信联盟秘书长哈马德·图埃提出，通过智慧城市理念的推广和实施，每个国家的城市都将通过信息通信技术的应用和普及，使居民生活得更加便捷，城市建设得更加美好。

中国工程院副院长、国家信息化专家咨询委员会副主任邬贺铨指出，所谓智慧城市就是一个由物联网作为主要标志的网络城市。

两院院士、武汉大学教授李德仁则运用一个等式形象说明了他对于智慧城市的理解，即智慧城市＝数字城市＋物联网。

北京工商大学世界经济研究中心主任季铸提出，智慧城市是一种城市形态，通过人脑智慧、电脑网络、物理设备三位一体模式进行建设。智慧城市是包含人脑智慧、电脑网络和物理设备三个基本要素的一个综合系统，并会形成新的经济结构和社会形态。

国际欧亚科学院院士、致公党中央常务副主席王钦敏认为，智慧城市是在有效利用信息化技术的基础上，通过监测、分析、整合城市信息以及智能响应等方式，整合优化现有资源，综合各职能部门，以提供优质服务、营造绿色环境、促进和谐社会，为城市内的企业及居民创建一个良好的工作、生活及休闲的环境，保证城市的可持续发展。这其中包括公共安全系统、能源管理系统、环境保护系统、城市智能交通系统以及城市指挥中心等。

国脉互联则认为，智慧城市是在数字城市的基础上，将物联网作为另一重要基础设施，运用信息技术，增进人与物之间的互动能力，以提升城市的智能化程度，与此同时国脉互联也提出了"智慧城市愿景图"。

综合各机构及学者对于智慧城市的概念可以看出，作为一种新的城市理论，智慧城市的实质就在于对物联网等现代信息技术的综合应用，以此改善城市生产，优化生活环境。在这个不断发展的过程中，人类对智能变化的需求和对便捷优质的城市生活向往成为了最为强劲的推动力。

（二）智慧城市的内涵

智慧城市不仅可以在经济、社会及服务上给予我们直接的利益，更能让生活在城市中的人实时感受触手可及的便捷、实时协同的高效、和谐健康的绿色和可感可视的安全，这四个目标也是我们建设智慧城市的最高愿景。因此，从总体上说，建设智慧城市应当满足以下三个方面的内涵。

1. 健康可持续发展的经济

智慧城市在经济体系和产业结构上是智能的，在城市经济增长方面是高效的。智慧城市经济应该是可持续的、和谐的、促进整体体系发展的绿色经济，它遵循生态规律，能促进生态系统的稳定。广义的"智慧城市经济"是渗透在人类所有生产活动之中。狭义的"智慧城市经济"是指不仅生产能耗低、产品使用环保，甚至在产品报废之后的处理过程对环境也是无害的经济体系。科学技术贯穿了经济和生态两个领域，只有研发出绿色技术，才能保证整个环节对环境无污染。绿色技术包括清洁能源技术、生产和管理环节的智能化。清洁能源技术，即尽可能将能源的消耗降到最低，或者开发使用新能源。生产和管理环节的智能化，即指通过科学智能的管理体系，在生产过程中将物料的浪费降到最低，使各部门之间产生高效的配合，提高工作效率。低碳经济是智慧经济的一种体现。低碳经济体系通过对低碳技术和产业的开发来控制能源的低消耗率，从而达到温室气体低排放率的目的。

可持续发展是智慧经济的另一种表现。可持续发展的经济是一种以有效循环利用资源为主旨，以"3R"（Reduce、Reuse、Recycle）为准则，以资源的高效利用为核心要求，杜绝资源大量浪费的一种可持续发展的经济发展模式。可持续发展经济从根本上改变了以往高消耗、高浪费的传统经济增长模式。可持续经济是全面考虑城市环境的符合承受能力，尽可能利用现有资源，回收资源，不断提高效率，创造社会财富的良性增长的经济。可持续经济更多地使用风能、水能、太阳能等可再生的新生能源，提高资源利用率，建设和谐的绿色城市。

2. 更为舒适方便的生活

智慧城市是智能的、和谐的、便捷的，是人类未来理想的居住城市。智慧城市的和谐不仅仅是人类与自然界的和谐，还包含了人类与其他物体（包括人类和自然之间）的和谐。智慧城市通过高端的科技手段，将服务于人们的公共服务、卫生、医疗、交通、消费和休闲等各个领域。

智慧城市是生活舒适便捷的城市。这主要反映在以下方面：配套设施齐备，住房符合要求，居住舒适；公共交通网络发达，交通便捷；公共产品和公共服务如教育、医疗、卫生等质量良好，供给充足；生态健康，生态平衡。

同时，智慧城市是具有良好公共安全的城市。良好的公共安全是指城市具有抵御自然灾害（如地震、洪水、暴雨、瘟疫）、防御和处理人为灾害（如恐怖袭击、突发公共事件）的能力，从而确保城市居民生命和财产安全。公共安全是智慧城市建设的前提条件，是居民安居乐业的基础。

3. 科技化、智能化、信息化的城市管理

城市管理包括政府管理与居民自我生活管理。城市管理过程中要不断创新科技，运用智能化、信息化手段让城市生活更协调平衡，使城市具有可持续发展的能力。智慧城市最明显的表现即是广泛运用信息化手段，这也是"Smart City"所包含的意义。"Smart City"（智慧城）理念是近年来随着信息化技术不断应用而提出的。该概念是全球信息化高速发展的典型缩影，它意味着城市管理者可以通过信息基础设施和实体基础设施的高效建设，利用网络技术和 IT 技术实现智能化，为各行各业创造价值，为人们构筑完美生活。我们通常所说的数字城市、无线城市等都可以纳入该范畴。简单来说，Smart City 就是城市的信息化和一体化管理，是利用先进的信息技术随时随地感知、捕获、传递和处理信息并付诸实践，创造新的价值。

（三）智慧城市的核心特征

顾名思义，智慧城市的核心特征在于其"智慧"，而智慧的实现，有赖于建设广泛覆盖的信息网络，具备深度互联的信息体系，构建协同的信息共享机制，实现信息的智能处理，并拓展信息的开放应用。智慧城市的核心特征包括以下五个方面的内容。

1. 广泛覆盖的信息感知网络

广泛覆盖的信息感知网络是智慧城市的基础。任何一座城市拥有的信息资源都是海量的，为了更及时全面地获取城市信息，更准确地判断城市状况，智慧城市的中心系统需要拥有与城市的各类要素交流所需信息的能力。智慧城市的信息感知网络应覆盖城市的时间、空间、对象等各个维度，能够采集不同属性、不同形式、不同密度的信息。物联网技术的发展，为智慧城市的信息采集提供了更强大的能力。

当然，"广泛覆盖"并不意味着对城市的每一个角落进行全方位的信息采集，这既不可能也无必要，智慧城市的信息采集体系应以系统的适度需求为导向，过度追求全面覆盖既增加成本又影响效率。

2. 多种网络的深度互联

智慧城市的信息感知是以多种信息网络为基础的，如固定电话网、互联网、移动通信网、传感网、工业以太网等，"深度互联"要求多种网络形成有效连接，实现信息的互通访问和接入设备的互相调度操作，实现信息资源的一体化和立体化。梅特卡夫法则指出，网络的价值同网络节点数量的平方成正比。在智慧城市中，我们也会看到，将多个分隔独立的小网连接成互联互通的大网，可以大大增加信息的交互程度，使网络对所有成员的价值获得提升，从而使网络的总体价值显著提升，并形成更强的驱动力，吸引更多的要素加入网络，形成智能城市网络节点扩充与信息增值的正反馈。

3. 各种资源体系协同共享

在传统城市中，信息资源和实体资源被各种行业、部门、主体之间的边界和壁垒所分割，资源的组织方式是零散的，智慧城市"协同共享"的目的就是打破这些壁垒，形成具有统一性的城市资源体系，使城市不再出现"资源孤岛"和"应用孤岛"。在协同共享的智慧城市中，任何一个应用环节都可以在授权后启动相关联的应用，并对其应用环节进行操作，从而使各类资源根据系统的需要，各司其能，发挥其最大的价值。"协同共享"使各个子系统中蕴含的资源能按照共同的目标协调统一调配，从而使智慧城市的整体价值显著高于各个子系统简单相加的价值。

4. 海量信息的智能处理

智慧城市拥有体量巨大、结构复杂的信息体系，这是其决策和控制的基础，而要真正实现"智慧"，城市还需要表现出对所拥有的海量信息进行智能处理的能力，这要求系统根据不断触发的各种需求对数据进行分析，产生所需知识，自主进行判断和预测，从而实现智能决策，并向相应的执行设备给出控制指令，这一过程中还需要体现出自我学习的能力。智能处理在宏观上表现为对信息的提炼增值，即信息在系统内部经过处理转换后，其形态应该发生了转换，变得更全面、更具体、更易利用，使信息的价值提升。在技术上，以云计算为代表的新的信息技术应用模式，是智能处理的有力支撑。

5. 信息的开放应用

智能处理并不是信息使用过程的终结，智慧城市还应具有信息的开放式应用能力，能将处理后的各类信息通过网络发送给信息的需求者，或对控制终端进行直接操作，从而完成信息的完整增值利用。智慧城市的信息应用应该以开放为特性，不仅政府或城市管理部门能对信息进行统一掌控和分配，还应搭建开放式的信息应用平台，使个人、企业等个体能为系统贡献信息，使个体间能通过智慧城市的系统进行信息交互，这将充分利用系统现有能力，大大丰富智慧城市的信息资源，并且有利于促进新的商业模式的诞生。

二、智慧城市建设的理论基础

智慧城市是一个多学科交叉性的科学理论，涉及的学科主要有城市学、系统学、城市社会学、城市经济学、城市管理学、城市生态学等。智慧城市尤其是智慧城市的建设绝非是解决城市建设在理论与技术层面的相关问题那样简单，而是要在城市建设过程中不断克服来自科技、市场、政府等方面的影响，是一项复杂的系统工程。因此，对智慧城市的理论基础进行介绍显得极为重要。

（一）城市系统工程理论

古希腊的唯物主义哲学家德谟克利特曾提出"宇宙大系统"的概念，并最早使用"系统"一词；辩证法奠基人之一的赫拉克利特认为"世界是包括一些的整体"；后人把亚里士多德的名言归结为"整体大于部分的总和"，这些都是系统论的基本原则。系统工程（Systems Engineering）是为了合理开发、运营和革新某一大规模复杂系统所需要的整体思想、方法与技术的总称，它属于系统工程中工程技术的范畴。系统工程以问题导向为原则，按照整体协调的思想，将系统所涉及的自然科学、社会科学、管理学等领域的相关思想、方法论、基础理论等有机结合，采用定量与定性相结合的分析方法，结合现代信息技术手段，对系统进行要素构成、组织结构、功能配置、信息交换等方面的分析，最终实现系统整体规划、合理开发、科学管理、可持续发展的目的。

城市系统工程就是将系统工程的方法论运用到城市系统中，即应用系统工程方法对城市系统进行合理的开发、分析和优化，其理论基础除了包括系统工程的相关学科，还涉及与城市相关的学科，如城市经济学、城市生态学、城市规划学等。城市系统工程分析方法包括城市系统建模方法、优化方法、预测方法、模拟方法、评价方法和决策分析方法等。

智慧城市是一个复杂的系统工程，涉及城市网络、基础设施、环境等方方面面，系统各要素之间相互联系、相互促进、彼此影响，借助物联网将嵌在城市系统中各要素中的传感器连接起来，利用云计算等先进的技术对信息进行智能处理和分析，使城市系统能够持续高效运行。

（二）城市可持续发展理论

可持续发展（Sustainable Development）是1980年在国际自然资源保护联合会、联合国环境规划署和世界自然基金会共同出版的文件《世界自然保护策略：为了可持续发展的生存资源保护》中第一次出现的。可持续发展是一种关于发展的新的战略思想，是从更高层次、更加长远的战略地位整体看待人类生存、发展与自然环境之间的关系的战略思想。关于可持续发展的定义，不同国家地区、不同学者对其有不同的理解。1987年世界环境与发展委员会的报告《我们共同的未来》给出的定义"所谓可持续发展是既满足当代人的需要，又不损害后代人的满足其需要的能力"被国际社会普遍接受。

城市可持续发展是可持续发展思想在城市发展中的具体体现，它要求在城市发展过程中要合理解决自然资源与经济发展之间矛盾、实现经济健康发展的同时，尽可能减少对自然资源的消耗性索取和对生态环境的建设性破坏。城市可持续发展是一个多目标、多层次体系，是追求经济发展、社会进步、资源环境的持续支持以及培植持续发展能力相协调发展的多目标模式，实现人与人之间、人与城市和自然之间的高度融合和协调发展。

智慧城市是在城市化进程加速发展的大背景下出现的，为城市化发展和城市可持续发展提供了有利条件，智慧城市的建设是实现城市可持续发展，加速城市化进程的重要途径。

智慧城市能够充分发掘和利用各种信息资源，通过加强对高能耗、高物耗、高污染行业的监督管理，并改进监测、预警手段和控制方法，从而降低经济发展为环境造成的负面影响，最大限度实现经济与环境协调可持续发展；合理调配和使用水、电力、石油等资源，达到资源供给均衡，减少浪费，实现资源节约型、环境友好型和可持续发展社会的目标。

（三）城市生态学理论

城市生态学（Urban Ecology）的思想伴随着城市问题的出现就已经形成了，20世纪初期国外学者将自然生态学中的某些基本原理运用到城市问题的研究当中，开创了城市与人类生态学的开端。城市生态学是从生态学和系统学的视角重新审视人类城市，是以城市空间范围生命系统和环境系统之间的联系为研究对象的一门学科。由于城市居民是城市的主体，因此城市生态学同时也是研究城市居民活动与环境变化关系的学科。居民作为城市的主体在从事各种活动时将会对城市环境系统的变化产生影响，城市生态学就是在研究城市居民与环境系统相互关系的科学、其力求寻得城市居民和城市环境彼此和谐发展的良策，从而形成有益于居民生活与环境发展的生态系统。

居民在城市中的种种活动，如居民的空间分布及变动、生活垃圾的处理等必然与城市环境系统产生冲突，而依照生态学理论原理将城市进行智慧化处理，则能将城市建设成一个社会经济高效运转、自然资源合理利用、城市生态系统良性循环的人类美好栖息地。智慧城市将实现城市环境自动保护、生态系统自我修复，使社会更加和谐，城市更加宜居，因此智慧城市的建设与发展充分体现了城市生态学理论的理念与要求，将其理念应用到智慧城市的建设当中具有充分的合理性和先进的科学性。

（四）城市信息化测度理论

城市信息化测度是对某一时期城市信息化发展水平进行定性与定量研究，利用相关数据或信息按照一定的方法进行测算、评估，以展现此时期城市信息化的实际水平及未来的发展趋势，并对城市决策部门做出理论指导。国外关于信息化测度的研究始于 20 世纪中叶，其理论与实践研究都取得了很多成果，研究成果涵盖社会经济、基础设施、产业发展等各个方面。信息化测度方面的研究在国内还处于初级阶段，因此专门的城市信息化测评体系还比较少，更多的是对一个国家或者地区的信息水平进行评估，具有导向作用的城市信息化测评体系方面的研究较国外滞后，而且也不系统、不全面。

智慧城市评价指标体系是智慧城市发展的行动指南，指标体系的科学与否直接关系到城市智慧化建设的合理性，因此建立科学、统一的评价指标体系对于智慧城市领域的研究非常重要。然而没有合理、可操作的一级数据对城市智慧化程度进行定量的分析，很难对智慧城市的建设起到风向标的作用。对智慧城市发展水平进行定量分析，将使智慧城市的研究和发展从定性转向定量、从抽象转向具体。因此，开展智慧城市定量分析方面的研究势在必行。

三、智慧城市的建设原则

（一）坚持需求指引与供给创新有机结合的原则

在建设智慧城市过程中，要立足市民生活、企业生产和运营、政府管理和服务的实际需求，鼓励技术创新、模式创新、业态创新，促进互联网与各行业跨界融合，促进智能应用与产业发展良性互动，切实增强智慧城市建设带来的便捷、高效、创新的感受体验，让智慧城市建设成果惠及全体市民。

（二）坚持维护安全与促进发展有机结合的原则

在建设智慧城市过程中，要牢牢把握网络信息安全和信息技术发展应用的辩证关系，统一谋划、统一部署、统一推进、统一实施。加强信息安全，坚持依法管理，提升技术能力，强化信息保护，完善管理制度，形成与城市发展相协调的信息安全保障体系，努力建设更安全、更具竞争力的智慧城市。

（三）坚持解决问题与实践先行有机结合的原则

从城市实际情况出发，围绕以人为本、以服务为导向、以事件为中心等要求，通过信息化应用，优化调整城市管理和服务流程，创新现有管理体制和服务模式，提升城市管理水平和城市生活的便捷性，走出具有城市特色的智慧城市发展之路。

（四）坚持政府引导与社会参与有机结合的原则

政府要发挥在顶层设计、规范标准、统筹协调等方面的引导作用，创新政府建设管理和运行模式，注重统筹协作，聚焦信息资源管理和信息基础设施等公共领域重点项目建设，突出示范带动作用。以需求为导向，鼓励社会资本、社会组织参与智慧城市建设。

四、国内外智慧城市的建设实践

目前，在全球范围内，智慧城市仍处在试验的阶段，成功的案例不多，欧洲和亚洲是智慧城市开展较为积极的地区。全球在建的智慧城市已经近 200 个。欧盟已经发布了智慧城市计划，25 座欧洲领先城市将会大量采用新的绿色能源技术，另外还将试验发展智能电网、智慧城市交通以及相关的智慧医疗系统。由于智慧城市需要大量的资金投入，在亚洲，智慧城市活动主要在发达的韩国、日本、新加坡等国家以及中东开展。又由于智慧城市实施比较困难，大多都是在一些小城市或城市的局部建设。

（一）国外智慧城市建设现状

信息技术的高速发展带来了全球普遍的信息化浪潮，未来越来越需要依赖信息技术来推动智慧城市发展，世界各国和政府组织都不约而同地提出了依赖互联网和信息技术来改变城市未来发展蓝图的计划。美国率先提出了国家信息基础设施（NII）和全球信息基础设施（GII）计划。欧盟又着力推进"信息社会"计划，并确定了欧洲信息社会的十大应用领域，作为欧盟"信息社会"建设的主攻方向。在 2007 至 2013 年间，欧盟为信息和通信技术研发所投入的资金达 20 亿欧元。最近欧盟委员会更将信息和通信技术列为欧洲 2020 年的战略发展重点，制定了《物联网战略研究路线图》。国际智慧城市组织 ICF（Intelligent Community Forum）等相关机构相继成立，并开展"全球智慧城市奖"评选活动。

1. 马来西亚多媒体超级走廊

建设"多媒体超级走廊"（Multimedia Super Corridor）是马来西亚政府为迎接20世纪信息革命挑战，实现产业结构升级而做出的重大决策。其宗旨是使该地区成为软件产品和多媒体服务的中心，使马来西亚跨越式进入信息时代。该计划于1995年8月宣布，1996年8月开始实施，是世界上第一个集中发展多媒体信息科技的计划，备受世界瞩目。多媒体超级走廊实施至今已取得巨大的成就，成为全球建设多媒体专业园区，集中发展多媒体产业的成功典范。

"多媒体超级走廊"是从马来西亚首都吉隆坡南郊新吉隆坡国际机场延伸至市区边缘的国油双峰塔的走廊地带，可以认为是一个大型科技园区，长50公里，宽15公里，总面积750平方公里，比新加坡的国土面积还大。这一大型科技园区主要包括吉隆坡国际机场、吉隆坡市中心、新政府行政中心、电子信息城。

经过近10年的打造，一座崭新的多媒体走廊雄姿初现。耗资90亿林吉特（约35.4亿美元），新建了当时东南亚地区最大的国际机场——新吉隆坡国际机场，1998年6月底开放使用；耗资30亿林吉特（约12.3亿美元）新建的吉隆坡市中心国家石油公司双峰塔，号称世界第一的摩天大楼还建造了对超级走廊已经并将继续产生巨大影响的两个超级"智慧城市"：一个是"电子化的行政中心"布特拉加亚（Putrajaya），另一个是号称"东方硅谷"的电子信息城赛博加亚（Cyberjaya）。

新型城市"布特拉加亚"是电子化的新政府行政中心，距吉隆坡25公里，总投资78.74亿美元，占地4 400公顷，2005年全面建成，历时10年。1999年6月底，马哈蒂尔总理把他的办公室及行政总部迁到布特拉加亚的首期办公大楼和住宅。新"电子政府"依靠信息操作公共行政系统，把日常的行政与管理工作电脑化、数据化、网络化。马来西亚政府计划在政府部门和机关全部使用远距离视频会议、数字资料库、电子签名等多媒体信息设备，把文件工作电脑化，以实现"无纸办公室"的构想。"电子政府"的首脑机构还能通过网络与全国500个邦、州和县区的地方政府取得联系。

电子信息城赛博加亚位于吉隆坡40公里处，占地2 800公顷，为"多媒体超级走廊"核心工程，号称"东方硅谷"，发展方向为设备齐全的智能型城市，为所有企业提供理想的商业和居住条件。赛博加亚作为一个高科技城，城内建有多媒体大学、智能学校、远程医院和医疗中心、国际学校、购物中心、休闲别墅、公园、办公楼、居住区等。全部工程完工后，赛博加亚可容纳24万人，有500家国内外多媒体公司集中营运办公。赛博加亚的城市指挥中心（CCC），作为中央监控网络枢纽，监控、管理和执行城市关键性的服务，通过无缝集成系统，如先进交通管理、集成公用事业管理和交互社区服务系统等，提供交通、公用事业、社会设施、市政服务等方面的统一管理。

预计到 2020 年，马来西亚将与全球的信息高速公路连接，完成向知识型经济的转变，从而全面带动马来西亚经济的发展。

2. 新加坡"智慧国"

2006 年，新加坡实施"智慧国 2015 计划"，欲将新加坡建设成为以信息通信为驱动的国际大都市。为支持"智慧国 2015 计划"，新加坡实施了"下一代全国宽带网络"计划，旨在实现光纤到户，政府为此提供了高达 10 亿新元的资金。"智慧国 2015 计划"的最终目标是：使新加坡在利用信息通信技术为经济和社会创造价值高居全球首位。新加坡资讯通信发展管理局（IDA）表示："智慧国"的愿景可以用一句话来形容，就是"利用无处不在的信息通信技术，将新加坡打造成一个智慧的国家、一个全球化的城市"。在多年的发展过程中，新加坡在利用信息通信技术促进经济增长与社会进步方面都处于世界领先地位。在电子政府、智慧城市及互联互通方面，新加坡的成绩更是引人注目。

新加坡电子政府建设处于全球领先地位，其成功有赖于政府对信息通信产业的大力支持。政府业务的有效整合实现了无缝管理和一站式服务，使政府以整体形象面对公众，与公众达成良好沟通。新加坡电子政府公共服务架构（Public Service Infrastructure）已经可以提供超过 800 项政府服务，真正建成了高度整合的全天候电子政府服务窗口，使各政府机构、企业以及民众间达成无障碍沟通。

在"智慧国 2015"大蓝图中，完善的基础设施和高速的网络是信息通信技术服务国民的基础，新加坡正着力部署下一代全国信息通信基础设施，以建立超高速、普适性、智能化、可信赖的信息通信基础设施。为此，新加坡于 2009 年 8 月全面铺设了下一代全国性宽带网络。根据新加坡政府规划，光纤到户实施"路网分离"——由基建公司负责全盘规划与维护，避免重复投资；运营企业可以实现竞争的全面市场化，使民众以最低的资费获得高速网络接入。

在"智慧国 2015 计划"发展过程中，IDA 紧跟时代步伐，注重新技术和新理念的引入，目前，知识联网、绿色城市信息通信技术（ICT）解决方案、业务分析和云计算已经被纳入其中。新加坡充分认识到这些战略性技术在促进发展方面的重要地位，并已经做好了引领新一代变革的准备。其中，IDA 与企业和学术界组成的 ICT 工作组构建了知识网络的框架，以连通性为基础，以数据为核心的知识网络帮助新加坡有效利用有限资源，实现可持续发展。新加坡在智慧建设中，以城市服务整合和优化基础设施的铺设为起点，利用前瞻性的智能化技术把智慧城市目标和效应体现出来。

3. 瑞典斯德哥尔摩"智慧交通"系统

斯德哥尔摩是瑞典的经济中心，其工业总产值和商品零售总额均占全国的20%以上，拥有钢铁、机器制造、化工、造纸、印刷、食品等各类重要行业。全国各大企业的总部有45%设在这里。

服务业是斯德哥尔摩最大的产业，提供了全市大约85%的就业职位。斯德哥尔摩几乎没有重工业，这使它成为世界最干净的大都市之一。但多年以来，这里的交通堵塞问题不断加剧，每天都有超过50万辆汽车涌入城市，传统手段无法根治交通问题。斯德哥尔摩地区的人口正以每年2万人的速度增长，这意味着车流量将不断增加，城市道路承受的负荷越来越大。因此，瑞典国家公路管理局和斯德哥尔摩市政厅在几年前便开始另寻出路，希望找到一种既能缓解城市交通堵塞又能减少空气污染的两全之策。

斯德哥尔摩"智慧交通"是一种创新的高科技交通收费系统，它直接向高峰时间在市中心道路行驶的车辆驾驶者收费。当局希望这项计划能鼓励更多的人放弃开车，转而乘坐公共交通工具。该收费计划的另一个目的是改善斯德哥尔摩城区的环境，尤其是空气质量。在这项计划中，分布于斯德哥尔摩城区出入口的18个路边控制站将识别每天过往的车辆，并根据不同时段进行收费，高峰时间多收费，其他时段少收费。

这项计划的工作原理如下：①驾驶者在车上安装简单的应答器标签，该标签将与控制站的收发器进行通信，同时自动征收道路使用费。②在指定的拥堵时段，车辆通过路边控制站，收发器就会通过传感器识别该车辆。③经过控制站的车辆会被摄像，车牌号码将用于识别未安装标签的车辆，并作为强制执行收费的证据。④车辆信息将输入计算机系统，以便与车辆登记数据进行匹配，并直接向车主收费。⑤驾驶者可以通过当地的银行、互联网、社区便利商店来支付账单。

道路收费系统对缓解斯德哥尔摩的交通堵塞和提升市民生活的总体质量起到了立竿见影的作用。到试运行结束时，城区的车流量降低了近25%，每天乘坐轨道交通工具或公共汽车的人数增加了4万人，此外，斯德哥尔摩城区因车流量减少而降低的废气排放量为8～14个百分点，二氧化碳等温室气体排放量降低了40%。

4. 美国"智能电网"系统

美国的智能电网又称统一智能电网，是指将基于分散的智能电网结合成全国性的网络体系。这个体系主要包括以下几个功能：通过统一智能电网实现美国电力网格的智能化，解决分布式能源体系的需要，以长短途、高低压的智能网络连接客户电源；在保护环境和生态系统的前提下，营建新的输电电网，实现可再生能源的优化输配，提高电网的可靠性和清洁性；平衡跨州用电的需求，实现全国范围内的电力优化调度、监测和控制，从而实现美国整体的电力需求管理，实现美国跨区的可再生能源提供的平衡。这个体系的另一个核心就是解决太阳能、氢能、水电能和车辆电能的存储，它可以帮助用户出售多余电力，包括解决电池系统向电网回售富裕电能。实际上，这个体系就是以美国的可再生能源为基础，实现美国发电、输电、配电和用电体系的优化管理。

美国发展智能电网的四个组成部分分别是高温超导电网、电力储能技术、可再生能源与分布式系统集成（RD-SI）和实现传输可靠性及安全控制系统。美国智能电网发展战略的本质是开发并转型进入"下一代"的电网体系，其战略的核心是先期突破智能电网，之后营建可再生能源和分布式系统集成（RD-SI）与电力储能技术，最终集成发展高温超导电网。

智能电网通过提高能源效率和储能措施能够使潜在的温室气体排放量减少一半以上，例如，通过对分布式系统更好地管理减少传输损耗；通过实时设备监控对设备情况更好把握，发电企业能够使设备的重要部分保持高效率运作；通过需求反馈管理高峰负荷，从而代替常规的旋转备用；提高电力价格的透明度，帮助客户了解电力的真实成本。为消费者提供持续的电力使用直接反馈看似简单，但如果消费者根据价格和消费信息及时作出调整，到 2030 年预计每年可以减少 3100 万吨到 1.14 亿吨的二氧化碳排放量。

（二）国内智慧城市建设现状

智慧城市的基础是物联网。我国对智慧城市、物联网发展高度重视。2009 年，时任全国政协副主席、科技部部长万钢在上海世博会上的演讲《让科学技术引领城市未来发展》中指出："未来城市发展趋势的一个主要特点就是城市的运行将具备感知和自适应能力，为推动城市的可持续发展，应加强信息、智能等技术的应用推广，提高城市的综合管理水平，建立和完善基于感知网、智能化技术的网络体系，提高城市防灾减灾和应急处置能力。"在全球智慧风潮和国家政策的鼓励下，北京、上海、广东、南京等省市已把智慧城市列入重点研究课题，纷纷加入"智慧城市""感知中国"建设的赛跑，希望借助物联网布局在未来的经济竞争中脱颖而出。目前，我国已经有近 500 个城市提出建设智慧城市，各种智慧城市专项规划纷纷出台，智慧城市建设如火如荼。

1. 智慧北京

2012 年北京市制定《智慧北京行动纲要》，将"智慧北京"作为未来十年北京市信息化发展的主题，使北京市实现从"数字北京"向"智慧北京"的全面飞跃。纲要明确智慧城市的建设重点、措施计划等，提出到 2015 年全面实施"智慧北京"城市智能运行行动、信息基础设施提升行动、市民数字生活行动、企业网络运营行动、智慧共用平台建设行动、政府整合服务行动、发展环境创新行动、应用与产业对接行动的八大行动计划，明确"智慧北京"关键评价指标与工作任务分工，编制了《智慧北京关键指标责任表》与《智慧北京重点工作任务分工》等。"祥云工程"是北京市智慧城市建设过程中一个重大的云计算工程，该工程实现了重点行业、互联网、电子商务等重点方向上的应用，带动了北京市云应用的起步，对北京市城市建设实现向云时代转型，建设智慧城市具有重要意义。

在北京市"十三五"时期信息化发展规划中，北京市明确提出："要充分发挥信息化的支撑引领作用，以建设新型智慧北京为主线，以完善信息基础设施、构建信息惠民体系、推进城市智慧管理、培育融合创新生态为重点，全面推进大数据、物联网、云计算等新一代信息技术在民生服务、城市治理、产业升级等重点领域的深度融合和创新应用。"北京市的建设目标是：到 2020 年，信息化成为全市经济社会各领域融合创新、升级发展的新引擎和小康社会建设的助推器，北京成为互联网创新中心、信息化工业化融合创新中心、大数据综合试验区和智慧城市建设示范区。首先，建成新一代信息基础设施。全面建成光网城市，政企用户宽带接入能力达到千兆，百兆宽带成为主流。第四代移动通信（4G）实现全覆盖，用户突破 2000 万。物联网感知设施和云计算、大数据基础设施更加完善，有线电视数字化及高清交互普及率达到 90%。其次，形成智能化城市管理体系。城市生命线、公共安全、城市规划、市场监管等领域的智能感知和精准管控能力明显增强，网格化社会服务、城市管理、社会治安实现融合运行、城乡覆盖，基本形成基于大数据的监测预警和决策支撑体系。公共交通全面实现准点预报，环境监测和预警预报水平进一步提升。北京城市副中心成为高标准智慧城市示范区。再次，构建便捷化公共服务格局。体验式消费、线上线下融合服务等新模式广泛普及。公共数据开放单位超过 90%，行政审批网上办理率超过 95%，教育、健康医疗、公用事业等信息服务更加丰富，优质教育资源网络共享程度和居民电子健康档案覆盖面显著提升。最后，培育高端智能、绿色融合的产业生态。基于新一代信息技术的新产品、新模式和新业态以及跨界融合企业大量涌现，分享经济不断壮大。金融、商务、制造、文化、能源等领域互联网、物联网、大数据发展水平和企业网络化、智能化、绿色化生产管理水平大幅提升。

2. 智慧南京

从 2006 年南京市就开始积极探索特色智慧城市的发展道路，南京市在紧跟世界智慧城市发展的路径、理念、方法和实践进程的基础上，积极研究探索新时期城市功能定位，并先后完成了《国际大都市区域功能定位的初步研究与启示》《构建智慧城市引领未来发展》等重要课题研究。市委市政府积极推进智慧南京建设，并将智慧南京的建设任务分解到相关负责部门，积极寻求国内外战略合作，积极探索具有南京特色的城市发展道路，将"现代化国际性人文绿都"作为南京市城市建设的目标，并以信息技术为支撑手段，优化空间布局、着力推进城市发展转型升级、完善城市功能、改善人居环境、展现人文内涵、提升城市化水平和城市品质。

南京市"十二五"规划明确提出，到 2015 年南京市信息化指数达到 86，信息化水平进入全国领先行列，以基础设施、产业发展、电子政务、电子商务、电子服务为主要建设目标，完善智慧基础设施，构建智慧应用体系，建立"政务数据中心""市民卡""智慧旅游""智慧医疗""车辆智能卡""智能交通""智慧社区"等重点的应用示范工程和智慧产业基地，积极推进智慧产业发展，整体规划智慧城市的发展步骤和基本框架，逐步实现具有南京特色的智慧城市发展道路。

"十三五"智慧南京发展规划更是明确要求："全球信息化进入全面渗透、跨界融合、加速创新、引领发展的新阶段。智慧城市是一个巨大的系统工程，也是一个持续的创新过程，我国智慧城市正在不断向纵深发展，日益成为驱动城市现代化的先导力量，大数据、智能化和开放共享成为智慧城市的显著特征。通过智慧城市建设，有利于南京加速物联网、大数据等新技术推广应用，助推创新发展；有利于新型工业化、信息化、城镇化、农业现代化、绿色化'五化同步'，促进协调发展；有利于推动形成智能、低碳、环保的生产生活方式，加快绿色发展；有利于深化信息共享、网络互通，保障开放发展；有利于增加公共服务供给，提高居民生活水平，实现共享发展。智慧南京建设是提升服务群众水平的重要抓手。网络空间是一个社会信息汇聚交流的大平台，也是全面感知社情民意、辅助科学决策、走好群众路线的新渠道。加快建设智慧城市，可以充分整合城市各种系统、资源和服务，建立互联互通、便捷高效的管理模式，及时有效发现和解决群众关注的城市管理、交通保障等问题，满足市民在移动办公、智能家居、安全保障、便民服务等方面需求，增强群众获得感，提高人民满意度。智慧南京建设是提升城市竞争力的重要途径。加快智慧城市建设，能够有力推动互联网和实体经济深度融合，促进资源配置优化，促进智慧产业发展，为稳增长、调结构、促转型提供支撑。同时，随着城市规划、建设、管理、服务的智慧化走向深入，可以有效降低城市运营成本，提高城市精细化管理水平，增强城市综合竞争力，对于加快建设"强富美高"新南京，具有重要的带动和支撑作用。"该规划还提出："到 2020 年，基本构建起以便捷高效的信息感知和智能应用体系为重点，以宽带泛在的信息基础设施体系、智慧高端的信息技术创新体系、可控可靠的网络安全保障体系为支撑的智慧南京发展新模式。智慧南京作为推进城市治理能力现代化的重点抓手、驱动经济社会发展的先导力量和南京城市品质的新名片，在国内城市治理、引领发展多个领域发挥示范带动作用，成为国家大数据（南京）综合试验区和国家新型智慧城市示范城市。"

3. 智慧上海

上海市"十二五"规划对智慧城市的建设也有明确规划与实施路径，提出要创建面向未来的智慧城市。建设国际水平的信息基础设施，提升改造网络基础，推进"三网融合"，增强功能平台服务能力；推进城市智能化管理，实施"数字惠民""数字城管""电子政务"行动，重点建设"智能电网""数字健康""数字教育""数字气象"等工程的建设；提升产业信息水平，实施"融合强业""电子商务"行动，加快新一代信息技术产业化；优化信息化发展环境，健全信息安全保障体系，推进信息化有序发展。上海市信息基础设施建设逐步完善，信息通信环境不断优化，信息基础设施能级显著提升，在智慧城市方面的建设取得了一定的成绩，用户规模、光纤到户覆盖能力位居全国首位，基本实现百兆进户和千兆进楼的网络覆盖能力。

另外，浦东新区作为上海市的一个市辖区，在智慧城市发展方面有着较为先进的思路和创新思维，政府政务、城市公共安全、居民生活等多个领域的信息化取得了全面发展，具有一定的成效。浦东新区凭借智慧城市应用体系、产业发展等方面的成功规划与实施走在了全国智慧城市的前列，成为全国智慧城市建设与发展的杰出代表。

《上海市推进智慧城市建设"十三五"规划》提出："当今世界，互联网成为驱动产业创新变革的先导力量，围绕数字竞争力的全球战略布局全面升级，打造网络强国成为全球主要大国的共识。上海作为全国改革开放排头兵和创新发展先行者，亟需以智慧城市建设为抓手，服从服务国家战略，补齐短板，破解瓶颈，推动信息化与经济社会发展深度创新融合，促进产业转型升级，提升民生服务水平，增强社会治理能力，在践行新发展理念上先行一步。"①该计划还提出："到 2020 年，上海信息化整体水平继续保持国内领先，部分领域达到国际先进水平，以便捷化的智慧生活、高端化的智慧经济、精细化的智慧治理、协同化的智慧政务为重点，以新一代信息基础设施、信息资源开发利用、信息技术产业、网络安全保障为支撑的智慧城市体系框架进一步完善，初步建成以泛在化、融合化、智敏化为特征的智慧城市。"

4. 智慧无锡

2009 年 8 月，国务院总理温家宝提出将无锡建成"感知中国"中心。随后，无锡市在 2012 年政府工作报告中提出，启动实施"智慧城市"计划，推进感知交通、感知环保、感知电力等一批应用示范工程尽快形成产业规模。无锡市积极制动智慧城市建设行动纲要，大力开展智慧城市重点示范工程建设，从应用与市场需求着手，扩大物联网、移动互联网等新一代信息技术应用范围，让智慧化技术全面融合到市民的日常生活当中。

2015 年，无锡市在"第五届中国智慧城市发展水平评估活动"中名列第一，成为中国智慧城市发展中不断探索、不断前进的"无锡样本"，为我国智慧城市建设谱写了新的篇章。无锡市在交通、环保等领域的成功举措，使无锡市在智慧城市方面的发展位于全国前列，代表国内智慧城市的发展方向，并将继续成为我国智慧城市的积极领跑者。

5. 智慧常州

2012 年 7 月 11 日国家工信部正式复函，同意将常州列为全国第二个"智慧城市"试点，武进区同步开展"智慧社区"工作。常州市积极部署发展智慧城市战略，大力开展智慧城市顶层设计，组织制定发展规划与短期（三年）行动规划，大力推进智慧城市首批试点项目，积极寻求信息技术合作商，与三大运营商签署合作协议，为政府信息、文化创意渲染和企业信息化等提供解决方案和服务。常州市积极扶持、培育智慧企业的发展，规范信息化建设标准，并积极把握社会应用和产业发展两条主线，区别周围城市，寻求智慧产业差异化发展，努力践行信息计划惠民、应用服务民生，明确了智慧城市建设的方向。

---

① 上海市推进智慧城市建设"十三五"规划. http://www.shanghai.gov.cn/nw2/nw2314/nw2319/nw12344/u26aw50147.html.

五、建设智慧城市的建议

智慧城市的发展是一个长期且系统的工程，并带有极强的公益性质。为促进智慧城市的建设发展，特提出以下几点建议。

（一）以人为本，构建智慧服务体系

智慧城市的本质是惠民便民，实质是通过应用先进的技术和智能管控，为民众提供"智慧""智能"的服务。比如新加坡的"智慧国 2015 计划"，不仅注重信息基础设施建设和技术升级，更注重于城市的社会环境、生态环境、人文环境以及民众需求的整体发展，其智慧服务领域包括政务服务、交通医疗、绿色环境、智慧生活等。同样，韩国首尔的"花园城市"、斯德哥尔摩的"智慧交通"、维也纳的"生态宜居"、纽约"连接的城市"等，也都是把惠民便民放在智慧城市建设的首要位置。但纵观国内大多数城市"智慧城市"的建设，普遍存在一定的功利性，其重点更多侧重于技术的升级和信息产业的建设，偏离了"智慧城市"的内涵与本质。因此，我们在进行智慧城市建设时，不仅要在技术上界定"智慧城市"，更需聚焦民生服务与智慧服务，政府和相关企业应树立"以人为本"的理念，以城市居民的切身需求为导向，为市民提供便捷实惠的公共服务，满足人们在城市生活中的物质和精神需求，提升民众的生活幸福指数。同时，倒逼政府和企业改进服务作风，提高工作效率，使"智慧城市"融合创新型城市、学习型城市、人文绿都等特点，实现城市的可持续发展。

智慧服务体系主要措施包括以下几个方面：一是推进社会管理机制创新，实现社会智慧治理。以互联网、物联网等新技术运用为枢纽，推进在城管、公共组织、社区等基层区域智能升级，并依托大数据中心等服务平台，打造一个适应信息化时代社会治理要求的政府职能体系，推动公共服务标准化、服务流程再造和全新公共服务考评机制建设。同时，推动智慧基层治理创新，实现基层社会治理与新一代信息技术的有效衔接。二是优先推行信息惠民服务，进一步做好市民卡功能整合工作，利用"互联网＋"项目，推进服务事项在线化和移动化，开展行政权力和公共服务事项的在线受理、办理、查询等服务，并吸引社会力量基于智能门户平台开发各类服务应用。三是提升城市政务数据中心的支撑和服务能力，积极推进城市政务数据中心计算和存储能力的扩容，拓展政务外网的覆盖范围、提升传输带宽、丰富承载业务，提升为企业、市民以及"智慧医疗""智慧交通""智慧社区"等项目提供

内容更全面、信息更智慧的服务能力。四是加强数据汇集，推进大数据示范应用。在进一步完善居民应用、企业应用、政务资源和基础设施四大信息库的基础上，聚焦交通、医疗、环保、诚信体系建设等重点领域，建立跨部门、跨行业的大数据应用协同机制，开展政务公共服务数据的深度加工和挖掘，在城市治理、民生应用、政务服务以及其他涉及民生重点行业等相关领域推广应用。

（二）因地制宜，立足城市发展动力

每个城市都有独特的社会形态、经济基础、文化沉淀、人才智库及资源禀赋等特性，不同的城市特性决定了每个城市都有自己独特的发展动力，因此，在进行智慧城市设计时，每个城市都需立足自身特点，制定适应本地发展的规划，才能有效推进智慧城市建设。

在推进智慧城市建设过程中，应该基于城市自身的资源优势，制定适合自己的智慧城市建设路径。立足城市本身的科教资源禀赋和完善的人才机制保障，制定相应的技术创新驱动战略，把科教人才资源优势转化为产业优势和发展优势，为智慧城市建设提供不竭的创新动力；立足城市信息基础设施，制定信息产业驱动战略，通过信息产业联动发展，促进形成城市智慧产业集群链；着眼于特殊的人文资源基础，制定绿色经济等可持续发展战略，使智慧城市建设保持健康发展动力；同时，还可制定管理驱动战略，不断拓展政务服务中心、"智慧城市"管理中心、市民卡、智慧交通、智慧医疗等服务功能和服务领域，真正让民众生活"智慧"起来。

（三）科学规划，实施分步推进策略

智慧城市建设是一个系统性工程，具有复杂性和长期性，内容涉及一个地区的经济社会基础、人文环境构成和政策机制保障等因素。从国内外成功案例来看，先进且取得良好建设效果的智慧城市建设，都是以点带面，分步推进的。因此，在建设智慧城市的过程中，尤其是在智慧城市的顶层设计，应该对比智慧城市概念内涵找差距，搞好智慧城市的顶层设计。在建设过程中，要着眼于智慧城市建设现状和所处发展阶段，因时因地制宜，着重从规划设计、实施步骤和项目建设三方面推进：在规划设计方面，突出城市特色，在明确"智慧城市"愿景的基础上，综合考虑不同辖区、中心与城郊、新城与旧城的差异性，科学做好规划设计；在目标规划方面，既要体现前瞻性，又要具有可行性；在布局规划方面，既要体现全局性，又要考虑区域性；在内容规划方面，既要展现特色，还要突出重点；在实施步骤方面，智慧城市的具体实施策

略应具有梯次性、可实施性，根据目标规划和时间安排，制定分阶段实施纲要与推进策略，做到长期、中期和短期计划无缝对接，对每一个阶段的相关建设内容进行指标分解，定期考核、并弥补差距；在项目建设方面，优先推进事关全局的紧迫性项目和涉及民生领域的重点项目，并以此为突破点，以点带面，推动智慧城市的整体建设。

（四）完善配套保障措施

智慧城市的建设是一个复杂的系统工程，也必将是一个长期的发展过程，涉及城市的体制机制、发展理念、建设运营模式、核心资源开发、人才及管理架构、信息安全及标准规范等多个领域。因此，在"智慧城市"建设中必须完善配套保障措施：一是建立健全政策法规。要加紧制定符合智慧城市特点的技术标准和规范，打破信息孤岛，促进信息协同共享，依法制定配套的政策法规与信息安全保障机制，为智慧城市建设创造良好的政策环境。二是建立健全人才保障机制。要创新人才引进机制，设立优惠条件，大力引进专业型、复合型的信息专业研发人员和管理人员；要加强与高等院校、科研院所和培训机构合作，着力培养信息研发和网络管理等人才，搞好信息专业人员智库后备队伍建设；要根据智慧城市建设紧缺的信息技术人才，进行"订单式培训"，委托国内外专业培训机构进行培养。三是成立一个综合管理协调推进机构并建立联席办公会议制度。智慧城市建设涉及面非常广，需要各个政府部门的协同工作才能有效推进，只有成立一个由政府主要领导人牵头、多个部门一把手组成的议事协调机构和定期议事机制，才能有效解决建设过程中出现的问题，避免盲目建设、重复建设的困境，有效推进智慧城市建设。四是构建一体化的信息资源体系。智慧城市建设目标得以实现的前提是"整合"与"共享"城市各方面的信息资源，这就需要打破政府职能部门间的行政资源垄断，打造一个信息共享的"公共信息服务平台"，在实践中加快政府部门信息公开化进程。参照信息共享的行业标准制定地方标准及规范，建立明确统一的数据共享格式，确定共享信息资源的责任与义务。探索建立住房保障、教育、就业、医疗等公共信息资源管理制度，引导企业、公众、社会组织等参与开发公共信息资源。

智慧城市是大数据时代的一种新型城市治理方式，是目前应对城市化快速扩张过程中产生多种社会问题的有效城市发展模式，是推动区域经济发展、落实新型城镇化建设和保持城市经济持续健康发展的重要途径。在建设智慧城市的过程中，我们还有很长的路要走。

第五章

沈阳与幸福城市建设

　　无论是生态城市还是智慧城市，不管其出发点如何，都是为了让城市以及城市中的人生活得更幸福而建设的。近年来，不少机构开展了大规模的幸福城市评选，"幸福城市"越来越成为城市生活质量优、主观满意度高的代名词。

　　一般说来，"幸福城市"是能让市民体验到幸福感的城市。"幸福城市"能让市民对城市的经济、政治、人文、社会、生态、安全等多个方面有较高的认同感、归属感、安全感、满足感；同时，外界对城市有较高的向往度和美誉感。"幸福城市"一般具有四个特征。

　　首先，具有较好的经济发展基础。具体表现为以下几个方面：城市发展顺应城市发展规律，结合资源禀赋和区位优势，经济可持续发展状况良好；创新、创业、宜业、就业环境良好；注重民生，收入分配合理，基尼指数较低。其次，具有较高的市民生活质量。具体表现为以下几个方面：具有良好的生态环境；较好的公共服务设施、交通环境、整洁的城市卫生和良好的空气质量；健全的社会保障体系，老有所养、病有所医、住有所居，教育发达。第三，具有独特的地域文化精神。具体表现为以下几个方面：具有延续的城市文脉和较高的城市文化自觉；结合自身的历史传承、区域特色，具有鲜明的城市精神。第四，具有稳定和谐的社会环境。具体表现为以下几个方面：具有良好的法治环境，社会安全稳定；

市民文明素质较高，社会风尚诚信；管理文明，服务贴心，市民广泛参与城市管理。

第一节 ｜ 国内外幸福城市建设的勃兴

一、国外幸福城市建设的理论和实践

（一）国外"幸福城市"研究概述

"幸福城市"的理论是在对城市发展规律的探索过程中产生的。早在200年前，英国空想社会主义思想家罗伯特·欧文针对资本主义的社会畸形和城市发展对人的"异化"现象，提出"人类一切努力的目的在于获得幸福"的社会理想。100年前，英国城市学家埃比尼泽·霍华德目睹了片面发展使城市生活付出的沉重代价后，创作了《明日的田园城市》一书，在书中他首次提出应将"幸福"纳入城市规划，强调城市的本质是满足市民安居乐业需要的"幸福"家园城市。

第二次世界大战后，市民"幸福感"研究是对城市传统发展模式的深刻反思。20世纪50年代，人们逐渐认识到物质财富的积累并不能直接拉动幸福的同步提高，开始专注主观幸福感的考量问题。荷兰鲁特·韦恩霍文教授创立了幸福测量数据库（WDH）和幸福感测量指标体系，他提出"幸福度应该综合考察非经济增长的因素"。美国诺贝尔奖获得者萨谬尔森提出"幸福＝效用／欲望"的幸福公式。美国宾夕法尼亚大学马丁·塞利曼教授设计出"幸福方程式"，即"总幸福指数＝先天的遗传素质＋后天的环境＋你能主动控制的心理力量"。这一时期幸福感研究，一方面带来城市发展理念的重大转变；另一方面越发忽视经济社会发展对人的幸福的积极影响，从而陷入另一个极端。

西方国家对"幸福城市"的相关研究，是基于工业化、城镇化畸形发展造成的"城市病"和现代生态科技、信息技术对城市环境、运行、管理、服务带来的革命性影响引发的。通过"生态城市"（Eco-City）和"智慧城市"（Smart City）的引导，统筹空间、规模、产业、民生和管理等要素，实现城市功能更优、品位更高、环境更好、生活更幸福。1992年美国学者罗杰斯特提出"生态幸福城市"研究规划和2008年IBM公司提出"智慧城市"，引起国际社会的强烈反响。"幸福城市"

的主要理论包含两个方面：第一，通过改善城市自然生态，经济生态、社会生态和市民生态 4 个方面，实现环境宜居、经济高效、社会和谐、市民幸福的发展目标；第二，以智能技术为依托，发展城市公共交通、医疗服务、信息共享等民生智慧应用和城市智慧管理，实现市民生活便捷、舒适、高效、幸福。

（二）国外"幸福城市"建设基本实践

从单纯的关注经济增长，回归到关注市民幸福，人们的城市发展观发生了巨大的变化。20 世纪 70 年代，不丹王国率先提出"国民幸福指数"概念。此后，法国、英国、澳大利亚、日本、美国和北欧各国都把国民幸福作为制定政策的重要参考。近年，联合国委托哥伦比亚大学提出了涵盖教育、健康、环境、管理、时间、文化、社会活力、内心幸福、生活水平 9 大领域 33 项指标的"幸福指数标准"（Bhutan's GNH Index），对世界上 156 个国家进行幸福评价，于 2012 年发布首个《全球幸福指数报告》（World Happiness Report）引起国际社会的极大轰动。从各国实践看，形成了不同的推进模式，较典型的是"不丹模式"和"北欧模式"。

1. 幸福指标引领的"不丹模式"

不丹王国首创"国民幸福指数"，通过政府治理、经济增长、文化发展、环境保护 4 类指标考量国民幸福。2008 年不丹将"国民幸福总值"正式写入国家宪法，成为世界上第 1 个以国民幸福引领发展的国家。

（1）"幸福＞繁荣"的发展理念。不丹王国认为社会发展的目标在于"繁荣和幸福"，而"幸福＞繁荣"。"繁荣"限于物质财富的增长，而"幸福"更多是精神层面的满足，它由物质和非物质因素带来，而经济发展的"繁荣"仅是带来"幸福"的手段之一。为此，不丹政府将国家计划委员会更名为"国民幸福总值委员会"。

（2）支撑幸福的 4 大支柱。这 4 大支柱为可持续的公平的社会经济发展、环境资源保护、文化的保护和促进、优良的治理制度。在 4 大支柱之下，设计 9 个领域的 72 项指标。

（3）问卷考核的"幸福评价"机制。不丹每隔两年通过各城市发布全国性问卷调查，让市民对指标数据重新评价，获得当前国民幸福状况和民意诉求，进而找准下一个阶段努力的目标。

（4）持续有力的民生工程牵引。20 世纪中叶，不丹国民生活水平很低，文盲率居高不下，基础设施极度匮乏，公共产品供给严重短缺。通过 40 多年教育、医疗、通讯、健康和环境民生的持续发展，取得了举世瞩目的成就。2005 年 10 月，联合国环境署将"地球卫士奖"颁给不丹国王和不丹人民。

2. 注重民生福利的"北欧模式"

丹麦、芬兰、挪威、冰岛、瑞典 5 国是北欧典型的福利国家。自 2012 年以来，这 5 个国家连续被《全球幸福指数报告》评为全球最幸福的地区。分析其推进模式，至少体现如下几个特点。

（1）不断提高的人民生活水平。历史上北欧诸国并不发达，第二次世界大战后各国都致力于国家经济振兴发展和人民生活水平的提高。20 世纪 60 年代后，北欧成为世界经济最发达、人民生活水平提高最快的区域。2015 年，挪威、丹麦、冰岛、瑞典、芬兰人均 GDP 分别达 74 822 美元、52 114 美元、50 855 美元、49 866 美元、41 974 美元，其中挪威的人均 GDP 居全球第 4 位。

（2）日益完善的社会保障制度。具体表现为以下几个方面：一是确立全民社会保障模式。北欧诸国的社会保障涵盖教育、住房、医疗、健康、妇幼保健、养老、失业救济等各领域，覆盖社会成员的不同发展阶段和所有方面，其编制了从"摇篮"到"坟墓"的社会安全网。二是优先发展教育科学。北欧诸国税收的 40% 以上用于社会福利，其中 15% 以上用于科学研究和发展教育。三是社会化服务高度发达。北欧国家健全的社会服务体系遍及城乡，实现了包括家政服务、社区服务等方面的完全社会化。

（3）公众广泛参与带来的社会和谐稳定。北欧国家均采取渐进式的政治改革和稳健的社会治理，注重公众对社会建设的广泛参与和协商民主；注重风险评估，缓和社会矛盾，极少出现公共安全和群体事件发生，开创了社会治理独特的"斯堪的纳维亚模式"。

（4）可持续发展的环境政策。具体表现为以下几个方面：一是严格限制工业区域规模。北欧诸国地域狭小，高山湖泊纵横，工业发达，耕地稀少。各国从中央到地方均制定了详尽的土地使用政策，严格控制工业企业分布区域，使工业对环境和社会的不良影响降到最低，农业的相对完整性得以保持。二是倡导可持续发展理念。1987 年，挪威率先提出可持续发展理念，至今已经成为生态城市建设的重要理论基础。

（5）健全的政府绩效评价体系。北欧诸国的政府绩效管理和评价体系都没有明确提出幸福指数，但在实际考核评价中，始终强调民生和公共服务效能。如丹麦制定了一整套完善的公共财政审计制度，确保中央和地方财政主要用于保障民生和公共服务；瑞典在政府绩效考核中，注重社会福利、环境、劳资关系、公民权益保障等方面的工作成效，广泛接受公众监督。

二、国内幸福城市建设的理论和经验

（一）国内"幸福城市"建设理论研究

国内"幸福城市"体系研究是伴随着"幸福城市"建设的实践起步的，就目前研究状况看，呈现两个基本研究方向。

1. "幸福城市"建设的总结性研究

长沙市是全国省会城市中最早提出建设"幸福城市"的。2008年长沙市十三届人大一次会议提出将长沙市建设为"创业之都、宜居城市、幸福家园"的目标。市政府研究室在总结实践经验的基础上对三个目标展开研究，并整理成《幸福家园建设研究》等3部专著，比较完整地展现了长沙市"幸福城市"体系建设的探索创新。

昆明市社科院根据昆明城市发展目标和建设实践，撰写了《昆明建设幸福城市研究》，从建设实力之城、构筑富民之城、打造乐业之城、创建宜居之城、筑造文化之城、构建诚信之城、塑造创新之城、筑建法治之城8个方面回答了昆明"幸福城市"体系建设相关实践问题。

深圳市结合"民生幸福城市"建设，出版了《打造民生幸福城市：深圳社会发展报告2009—2014》，分列12个专题，系统反映了深圳"民生幸福城市"建设实践的理性思考。

2. "幸福城市"评选的指标体系研究

目前，国内"幸福城市"相关评价机构通过不同角度研究了"幸福城市"的指标评价体系并展开评选活动。这些指标体系包括"学术研究机构指标体系""权威媒体指标体系"和"专门评选机构指标体系"三大类。其中，连续开展评选活动、影响力较大的评价机构主要有央视财经频道与国家统计局、中国邮政集团联合开展的"中国经济生活大调查"活动，新华社《瞭望东方周刊》与中国市长协会《中国城市发展报告》共同举办的"中国城市幸福感调查推选"活动。2007年，沈阳市曾获由新华社《瞭望东方周刊》评选的年度"中国最具幸福感城市"第2名。

（二）国内"幸福城市"建设的实践探索

我国比较系统的"幸福城市"建设实践始于江苏省江阴市。党的十八大以来，全国各地"幸福城市"建设方兴未艾，100多个城市相继提出建设"幸福城市"。其中，厦门市、南京市、深圳市、长沙市、武汉市和杭州市的城市建设指向明确、特色突出、体系完整，具有典型性和示范性。

1. "共同缔造型"的厦门市

厦门市的"幸福城市"的建设涵盖经济、政治、文化、社会、生态文明"五位一体"的各方面，体现时代之美、发展之美、环境之美、人文之美、社会之美的"美丽厦门"的发展目标，形成"核心在共同，基础在社区，关键在激发群众参与、凝聚群众共识、塑造群众精神，根本在让群众满意、让群众幸福"的幸福城市共同缔造建设思路。2007 年以来，多次上榜央视财经频道年度"中国十大幸福城市"、新华社《瞭望东方周刊》年度"中国十大最具幸福感城市"、中国城市研究院年度"最具幸福感城市"和中国公共经济研究会年度"中国幸福城市"。"美丽厦门共同缔造"经验受到民政部的充分肯定，其战略规划主要表现为 4 个方面。

（1）两个百年目标，引领美丽厦门。厦门市委、市政府在集中全市智慧、深入调研的基础上，制定了《美丽厦门战略规划》，提出："到 2021 年建党 100 周年时，将厦门建成美丽中国的典范城市，人均 GDP 在 2012 年基础上翻一番，达到或接近台湾同期水平，城乡居民收入、单位 GDP 能耗、空气质量优良率、市民平均预期寿命等指标全国领先。到 2049 年中华人民共和国成立 100 周年时，在全国率先成为集中展示国家富强、民族振兴、人民幸福的'中国梦'的样板城市，人均 GDP、城乡居民收入和单位 GDP 能耗等指标达到发达国家同期水平。"

（2）十大行动计划，支撑美丽厦门。厦门市科学规划支撑行动载体，以产业升级行动、机制创新行动、收入倍增行动、健康生活行动、平安和谐行动、智慧名城行动、生态优美行动、文化提升行动、同胞融合行动、党建保障行动十大计划，推动幸福厦门建设。在建设幸福城市进程中，厦门市根据自身特点还提出了五个城市定位和三大发展战略，即建设国际知名的花园城市、美丽中国的典范城市、两岸交流的窗口城市、闽南地区的中心城市、温馨包容的幸福城市；实施区域协作的大海湾战略、跨岛发展的大山海战略、家园营造的大花园战略。

（3）共同缔造行动，成就美丽厦门。厦门市坚持共同缔造的建设理念，在《美丽厦门战略规划》中明确了"美丽厦门共同缔造"的基本内涵、工作步骤、工作内容，坚持以群众参与为核心，以培育精神为根本，以奖励优秀为动力，以项目活动为载体，以分类统筹为手段，着力决策共谋、发展共建、建设共管、效果共评、成果共享，完善群众参与决策机制，通过市民对城市建设管理的深度参与凝聚缔造活力。

（4）创新社区治理，推进美丽厦门。一是以社区治理为突破口。厦门市深入研究国内外社区治理的成功经验和先进做法，不断充实和提升厦门的共同缔造实验，形成具有国际视野、中国特色、厦门特点和普遍意义的社区治理厦门模式，推动美丽厦门治理体系和治理能力的现代化。二是典型引路,逐步展开。厦门市将思明、海沧两区作为"美丽厦门共同缔造"全面试点区,分别选择老城区、新城区、"村改居"、纯农村等不同类型的典型性社区,梳理确定并启动了第一阶段310多个项目,从房前屋后和居民身边的小事实事做起,逐步推开试点。2014年市政府将思明区的曾厝垵、前埔南社区和海沧区的兴旺社区、海虹社区、西山村等取得的试点成果向全市推开。

2. "系统推进型"的南京市

经过多年的实践探索,南京市形成了完整的"幸福城市"推进体系,推动了"幸福南京"建设,并取得明显成效。2009年至2018年,南京市7次上榜央视财经频道年度"中国十大幸福城市",其幸福城市建设主要表现为5个体系。

(1)目标体系牵引。南京市着眼于统筹城乡发展,以拓展"三名城三都市一乡村"功能为支撑,以建设现代化国际性人文绿都为战略目标,提出打造中国人才与科技创新名城、软件与新兴产业名城、航运(空)与综合枢纽名城,建设独具魅力的"人文都市""绿色都市""幸福都市"和"美丽乡村",把"幸福都市"建设纳入城市发展目标,通过实施城市总体发展战略,加快"幸福都市"建设。

(2)组织体系保障。具体表现为以下几个方面:一是成立领导小组。由南京市委、市政府主要领导任"幸福城市"建设领导小组组长,领导小组办公室设在市发改委,下设11个推进小组。二是健全考核工作体系。市委社会建设工作委员会(简称"市委社建工委")牵头负责综合指标和主观指标监测考核,市发改委负责民生工作指标监测考核,高等院校等社会机构负责民意测评,市统计局负责相关指标数据统计和分析。三是建立社会协同参与机制。创建"幸福都市"认知行动载体,加强与各类媒体深度合作。市委社建工委与媒体合作搭建"幸福都市圆桌会"平台,定期组织市民代表、相关政府部门代表、专家学者对话交流,为"幸福城市"建设建言献策。

(3)指标体系推进。南京市编制了"幸福都市考核评价指标体系",由工作目标体系(客观指标)和群众满意度指标体系(主观指标)两大部分组成。客观指标共计44项,权重占60%,其中综合指标权重与"十大民生工程体系"工作指标权重各占30%,反映"幸福都市"建设的着力点和主要内容;主观指标共计21项,权重占40%,反映群众满意度,力求多方位、多层面反映群众的幸福感受。

(4)民生体系支撑。在广泛征求社情民意的基础上,确定了终身教育、就业创业服务、社会保障、基本医疗卫生、住房保障、养老服务、公共安全、公共交通、公共文化、人口和家庭公共服务等"十大民生工程体系",通过分解目标任务,与考核评价指标对接，做到工作有抓手、考核有尺度。

3. "民生引领型"的深圳市

自 2010 年深圳市委确立建设"民生幸福城市"目标以来，深圳市通过再造特区新优势，实现特区新发展，变"经济大市"为"民生幸福城市"，使城市更加"宜居""利居""乐居"先后荣获联合国"世界人居奖"、国家环境保护模范城市、国际花园城市等桂冠，其幸福城市建设主要表现为 3 个方面。

（1）民生目标引领发展。一是创新设计"两步走"战略。在全国首创城市民生事业分步实施战略，2015 年实现社会建设国内一流，民生幸福城市初步建成；2020 年实现社会建设接近世界先进水平，民生幸福城市基本建成。二是创新设计民生福利"标尺"。在全国首创"民生净福利指标体系"，选取了分配与公平、安全水平、社会保障水平、人的全面发展水平、公共服务水平这 5 个方面的 21 项具体指标。

（2）民生措施扎实有力。一是确保民生项目落实。实行年初公布民生项目，年末部署考核。2011—2015 年民生项目逐年增加，分别为 32 件、63 件、111 件、116件和 118 件。二是确保民生项目投入。5 年全市财政在 9 类重点民生领域投入 5000亿元，年均增长 22.6%，远超同期 GDP 的增速。2016 年启动 12 项重大民生工程、477 个项目，总投资 1395 亿元，比 2015 年计划投资目标增长 51%。三是确保民生项目考核。用指标体系的实施效果作为考察各级领导班子工作业绩的"标尺"和领导干部提拔使用的重要依据，并将结果向社会公开。

（3）以"生态城市""智慧城市"建设助力"民生幸福"。一是注重环境民生建设。深圳市坚持生态与环境保护优先原则，制定低碳城市建设规划纲要，到 2015 年国家低碳生态示范市各项指标全部实现。二是拓展民生智慧应用。作为国家 863"智慧城市"试点城市，深圳市在全国副省级城较早颁布《智慧城市发展规划纲要》，明确民生智慧应用的目标任务和推进重点，在全国率先完成智慧产业链整合，已举办多届智慧城市建设高峰论坛。

4. "媒体助推型"的长沙市

长沙市在"幸福城市"建设过程中，注重发挥媒体宣传、导向和监督作用。连续多次上榜"中国经济生活大调查"评选的"中国十大幸福城市"。长沙市幸福城市建设主要表现为以下 3 个方面。

（1）加强媒体合作，强势打造"幸福城市"。一是"五城"建设，重点突出。2007 年，长沙市提出了"创业之都、宜居城市、幸福家园"的建设目标。2014 年进一步提出打造"宜居宜业、精致精美、人见人爱"的品质长沙,突出建设"清洁城市""畅通城市""绿色城市""靓丽城市""文明城市"。二是加强媒体合作,营造社会氛围。长沙市注重与权威媒体建立长效互动机制,对建设"幸福长沙"的内涵、目标、定位、重点民生项目等进行系列解读和跟踪报道,为"幸福长沙"建设营造了良好的社会氛围。

(2)对接舆情民意,精准实施重大民生工程。长沙市紧跟《人民日报》"关注人民幸福切身感受"的舆情导向,找准与国家政策导向高度契合的切入点和市民普遍关注的民生问题结合点,制定了《长沙建设人民满意城市2009—2011年工作纲要》,实施了"就业创业三年行动""道路畅通""社保提标""教育均衡"和"医疗强基"等一系列重点民生工程,每年聚焦一两个民生重大问题。

(3)发挥舆情监督功能,实行开放式评价考核。一是成立专门考核机构。"幸福长沙"建设工作目标考核,由市委组织部绩效考核办统一负责,实行年中评估,年终总评的考核方式。二是委托第三方客观评估。市绩效考核办委托大学、城市调查局等单位开展相关评估和民意调查。考核内容、方式、结果通过政务网站、电视、报刊等主流媒体向社会反馈,接受社会监督。

5. "规划牵引型"的武汉市

武汉市自2010年确立创建"人民幸福城市"以来,从制定《建设人民幸福城市规划》着手,注重发挥高校、科研单位的智库作用,扎实推进"幸福城市"建设。2018年荣登央视财经频道"全国十大幸福城市"榜首。武汉市幸福城市建设主要表现为以下3个方面。

(1)规划目标引领。武汉市着眼于建设"人民幸福城市",提出经过5年努力,完成"富足之城、保障之城、宜居之城、公平之城、文明之城"的"五城"发展目标,引领"幸福武汉"建设。

(2)规划统筹推进。一是定制"幸福武汉"的"标尺"。武汉市从实际出发,剔除了通常"幸福城市"评价指标体系中不易评价的指标,与市政府相关规划采用的指标相衔接,遴选出42项指标,编制了"幸福武汉"建设的评价指数。二是实施"五大体系工程"。围绕建设"五城",规划了"五大体系工程"30项重点民生项目。同时将"五大体系工程"与市"十二五"规划和相关专项规划及当期《市政府工作报告》等部署的相关工作衔接,分解任务,落实责任,分步实施。

(3)依"规"评价考核。武汉市将"五城"建设目标考核纳入全市绩效考核,由市绩效考核办(市委组织部)统一负责,社会"第三方"机构(武汉大学、社会经济调查局等单位）依据评价指数对"五城"建设年度目标任务进行阶段评估和年终测评。

6. "品质提升型"的杭州市

"生活品质之城"是杭州市委、市政府正式提出的城市品牌。不断提升"生活品质"，实现人民"共建共享"是杭州市"幸福城市"建设实践的根本指向。2007年至2018年，连续上榜新华社《瞭望东方周刊》"中国十大最具幸福感城市"。杭州市幸福城市建设主要表现为以下3个方面。

（1）七个转向，创新品质评价。杭州市在"幸福城市"建设中提出以"生活品质评价"为核心的七个转向，即由以城市建设为本转向以人的生活为本；由注重经济发展指标转向人文社会发展指标；由注重人的生存性指标转向人的发展性指标；由注重客观理性分析转向主观感性评价；由注重单项性指标转向集束性指标；由注重共性指标转向个性指标；由注重反映量的指标转向反映质的指标。

（2）环境建设，引导品质提升。为持续创建"生活品质之城"，杭州市制定了城市自然景观维护、环境保护和生态系统可持续发展战略，提出以"构筑大都市，建设新天堂"为目标，实施"蓝天、碧水、绿色、清静"的城市环境改善战略，塑造"住在杭州"的幸福人居品牌。

（3）问计于民，实现品质共享。杭州市坚持"问情于民，问计于民，问需于民，问绩于民"的"幸福城市"建设原则，从顶层设计、目标定位、标准建设、机制完善、监督管理等方面引入市民评价机制，以人为本的推进"幸福城市"建设，实现人民"生活品质之城"的"共享共建"。

三、国内外幸福城市建设经验对沈阳的启示

（一）"幸福城市"建设，需要选准目标定位

每个城市都有自己独特的地域环境、文化特色和历史传承。生活在同一城市中的市民也必然会在特定城市影响下形成某种相似统一的幸福主观感受。因此"幸福城市"建设中首先要选准城市定位。无论是国外的"不丹幸福模式"，还是国内"国际知名的花园城市、美丽中国的典范城市、两岸交流的窗口城市、闽南地区的中心城市、温馨包容的幸福城市"的厦门市，或是"宜居宜业、精致精美、人见人爱"的长沙市，或是建设"生活品质之城"的杭州市，或是"民生幸福城市"的深圳市，或是构筑"三名城三都市"的南京市，无一不是通过考察城市独特的历史、人文因素，

进而明确目标定位，让城市对"幸福"的表达更加个性化、具体化，塑造出独特的城市幸福符号，对外树立形象，对内凝聚民心。

（二）"幸福城市"建设，需要在统筹上下功夫

幸福城市是一项宏大的系统工程，需要系统思维，在统筹上下功夫。国内城市推进"幸福城市"建设的实践均表明统筹规划的重要性。如果把"幸福城市"比做人体的话，民生是"幸福城市"的骨骼，功能是"幸福城市"的血脉，特色是"幸福城市"的气质，创新是"幸福城市"的活力，环境是"幸福城市"的外貌。"幸福城市"建设必须从城市民生、城市功能、城市特色、城市创新和城市环境等多个要素结构和相互关系入手，统筹优化要素功能，做到"骨骼强""血脉畅""气质优""活力足""外貌美"，以实现"城市更美好，人民更幸福"的目标。

（三）"幸福城市"建设，需要发展路径"新"起来

每个城市，由于发展基础、发展环境不同，"幸福城市"建设的路径不尽相同。"幸福城市"建设又是一个动态过程，必然反映出特定时期城市发展的新特征。对沈阳而言，一是学习各市做法，顺应城市发展新趋势，重视现代生态科技和信息技术对城市环境、运行、管理、民生带来的革命性影响，以创建"生态城市"和"智慧城市"，助力"幸福沈阳"建设。二是要牢牢把握实现老工业基地振兴发展的总任务，用好创新改革试验区这个国家级战略平台，以大视野、大格局、大气魄推进"幸福沈阳"建设。

（四）"幸福城市"建设，需要体系推进

国内外"幸福城市"的建设实践都表明，体系推进十分重要。厦门、南京、深圳、武汉、杭州、长沙在"幸福城市"建设进程中都建立了形式各异、功能相似的组织领导体系、工作推进体系、民生支撑体系、智力保障体系、指标评价体系和目标考核体系，使"幸福城市"建设有组织推力、有项目载体、有智力保障、有指标体系、有考核机制，形成较完善的运行系统，"幸福城市"建设的各项工作分步实施，系统推进，有条不紊。

（五）"幸福城市"建设，需要全社会同心同向

"幸福城市"建设是一项全方位的惠民工程，也是提升人民幸福指数的集体行动，它牵涉面广，涉及利益多元，需要尊重民意、用好民智，全社会同心同向。厦门市

以"共同缔造型"，最大限度地凝聚美丽厦门的社会力量，南京市、武汉市在创建"幸福城市"中广泛地吸纳市民参与，长沙市注重发挥媒体宣传、导向和监督作用，这些城市的"幸福城市"建设为沈阳推进"幸福城市"提供了宝贵的经验。

第二节 ｜ 沈阳市民幸福感的分析研究

一、"幸福沈阳"评价指标体系

在沈阳市委、市政府的领导下，"十二五"时期沈阳实现了经济实力的迅速发展，综合实力的显著增强，对外影响力不断攀升，达到了社会日趋和谐稳定、群众生活水平和质量明显提高的发展目标。沈阳已经具备了进一步建设"幸福城市"的条件，也有了将经济发展惠及民生的具体要求。为此，在正确分析研判当前发展形势的基础上，结合"十三五"规划，需要建构一个科学而全面的"幸福沈阳"城市建设指标体系。

（一）"幸福沈阳"城市建设指标体系的设计原则

以城市为对象，建构一个衡量幸福与否的指标体系，既要尽可能全面、完整地涵盖城市发展的各个方面，又要简洁、适度，方便统计和测量；既要考虑理论的科学性，又要考虑可操作性。因此我们在建构"幸福沈阳"城市建设指标体系的过程中，要坚持以下几个原则。

1. 科学全面性原则

建设"幸福沈阳"，涉及经济、政治、社会、文化、生态等各个方面，内容十分丰富，必须按其科学内涵，立足于建设国家中心城市的具体要求，进行科学全面的分析评价。

本指标包含客观指标和主观指标两个部分。客观指标包括就业和收入、教育和文化、医疗和健康、权益和保障、消费和支出、管理与服务、社会安全、改革与创新、智慧城市、宜居环境10项内容，充分反映政府在保障和改善民生、增进广大民众"幸福感"方面所开展的工作；而主观指标包括个人发展、生活质量、社会环境、政府服务、宜居环境 5 项内容，充分反映人民群众对目前生活的满意度，按照个体、社会、政府、环境的秩序，反映人民群众在精神层面逐渐加深的心理诉求。幸福感具有主观性，因此编制"幸福沈阳"城市建设指标体系，既要设置就业收入、教育文化等反映物质建设的指标，也要设置社会安全、权益保障等精神层面的指标，还要设置群众对城市发展的满意度，以达到主观指标引导客观指标、客观指标引导实际工作的效果。

2. 实用可操作性原则

"幸福沈阳"城市建设指标体系是一个完整的系统，在设计指标时，我们深入考察了各指标之间的关系，坚持各指标之间必须协调一致，不能自相矛盾，严格按照统计综合评价指标体系的一般规范要求，务求指标能够切实操作。纳入该体系的各项指标因素概念明确、内容简洁、表述清晰；指标之间又具有相对的独立性，尽量避免了高度相关指标的堆积或重复；便于现实中的统计和易于获取，具有较高的可操作性；指标具有典型性和代表性，能够准确反映实际情况；为增强可评价性，我们排除了临时指标，选择成果指标。在设计客观指标时，我们坚持选择权威、准确的数据，而在设计主观指标时，我们努力消除社会赞许效应，尽量排除人为干扰和暗示，力争获得科学而准确的测量结果。

3. 发展导向性原则

我们在制定"幸福沈阳"城市评价指标体系的过程中，紧紧围绕中央和省市政府的战略管理和决策需要，从实际出发，突出民生幸福的重点，以反映居民物质文化生活水平和生活质量的现状和发展变化为主线，将沈阳市民的幸福水平置于整个沈阳城市发展的总体框架下加以考察和测量。因此我们努力选取具有变化的敏感性指标，力争符合动态发展的原则，为沈阳市在"十三五"时期的发展提供具有导向性、评价性和修正性的考核标准。同时在具体指标的选择过程中，我们还借鉴国际通行的统计标准和规范并与之衔接，尽可能做到所选择的指标在时间和空间上、计算方法上、口径上一致，具有横向（含国外、国内、省内、市内区域）可比性和纵向历史（幸福沈阳城市建设各个阶段）可比性。

4. 以人为本的原则

建设"幸福沈阳"的生态宜居城市，其核心词汇是"幸福"和"宜居"，人是城市的主体，是幸福与否的感受者，也是宜居与否的判断者，建设"幸福沈阳"宜居城市的目的就是让人在城市环境中能够幸福、安全、舒适的居住和生活。因此，在选取具体的宜居城市评价指标时，我们坚持以人的需求和根本利益作为出发点和归宿，充分体现市民居住、生活、工作的相关要素，反映居民对居住环境的需求。

5. 可量化的原则

由于"幸福沈阳"城市建设本身所固有的复杂性，导致指标体系中客观数据和主观数据同时存在的情况。部分主观性指标在量化过程中很难完全反映主体的实际感受，同时有些定量指标的精确计算包括数据的获取都非常困难。因此在设计指标体系的过程中，我们广泛参考了国内外普遍认同、有代表性的指标及其计算方法，筛选出那些便于量化计算、操作的指标，同时选取在公开资料中方便获得或在实践中具有代表值的指标，努力做到全部量化。

6. 动态性原则

"幸福沈阳"城市建设是一个不断发展、不断完善、动态变化的过程。设计评价指标体系时，我们要努力保持在一定时期内指标的相对稳定性，同时还要兼顾沈阳在一个时间周期内的动态发展，通过近几年的持续对比，找到在每个指标的进展情况，从而科学、合理地反映沈阳的幸福状况以及发展趋势，并对将来形成预测。

（二）"幸福沈阳"城市建设指标体系的具体构成

1. 指标的设置依据

第一，以各省市幸福指标体系为参照。很长时间以来，国内就存在着建设幸福省市、幸福城乡的要求，也在很多方面积累了有益于沈阳城市建设的经验。因此，在设计"幸福沈阳"城市建设评价指标的过程中，我们学习和研究了多个城市的建设经验，如"以民生倒逼经济"的江阴市、以"国际化"为突破口带动宜居的青岛市、以"智慧城市"为切入点的武汉市、以社会保障体系为切入点的深圳市、以历史文化名城为依托的南京市等，通过学习幸福城市的共性特征，参照其他省市考核幸福感的具体内容，制定了"幸福沈阳"城市建设的指标体系。

第二，以沈阳市情实际为依据。目前为止，我们国内还没有一个通用的、得到广泛认可的、放之四海而皆准的幸福城市指标体系。沈阳市是东北地区中心城市，国家老工业基地，近年来发展变化很大，虽然有很多工作走在全国前列，但是也有非常沉重的历史包袱。当前，沈阳正处于爬坡过坎的关键时期，面对新常态下的新形势、新变化，我们必须紧紧抓住新一轮东北振兴和开展全面创新改革试验的重大历史机遇，确保"十三五"规划稳健实施，努力实现"让城市更美好、人民更幸福"的工作目标。这既是沈阳市的实际情况，也是我们设计"幸福沈阳"城市建设指标体系的最终依据。

第三，以科学的方法为指导。由于幸福感是一种主客观相互作用的非常复杂的心理感受，设计"幸福沈阳"城市建设指标体系，就需要在保证指标体系的全面性、科学性的基础上，兼顾合理性和适用性。运用科学的设计技术与手段，争取有效减少指标设计中的偏差与不足。"幸福沈阳"城市建设指标体系的设计研究主要运用了文献分析、专家咨询和社会调查三种方法。运用文献分析国内主要幸福城市指标体系的优劣，参照专家的知识和经验，对研究对象进行逐条推敲综合分析研究；运用调查法检验幸福城市指标体系，通过实践检验综合修改意见，并不断完善。同时，"幸福沈阳"城市建设是一个动态发展的过程，我们还将根据实践检验和经济社会的实际发展，不断调整、修正和完善指标的具体内容和对应权重。

2. 指标的权重设置

客观指标包含两级，即每个一级指标之内包含若干二级指标。一级指标 10 项，权重总值 100 分。按照与幸福感的相关度设置分值，宜居环境、管理与服务、权益和保障 3 项指标各赋值 15 分，医疗和健康、改革和创新、智慧城市、社会安全 4 项指标各赋值 10 分，就业和收入、教育和文化、消费和支出 3 项指标各赋值 5 分。因不同的群体对幸福有不同的理解和不同的感受，一级指标的权重系数受到人口结构的影响，如中青年人希望加大"教育和文化"权重，老年人则更希望加大"医疗健康"权重。在人口老龄化的实际情况下，医疗和健康的权重设置要大于教育和文化。二级指标的权重也按照与幸福感的相关度赋值。有些二级指标虽然便于政府部门统计和考核政府部门的工作业绩，但是却不直接影响老百姓的幸福感受，权重赋值就相应较低。另外一些群众比较关心的二级指标，则赋值较高。但是，并不能一概而论，比如"人均 GDP"指标的权重赋值，因广大群众对这一指标的直接感受不是完全一致，所以赋值较低。政府一般倾向于提高客观指标的权重，群众则更多考虑个人主观感受。

主观指标也包含两级，一级指标包括个人发展、生活质量、社会环境、政府服务、宜居环境 5 项内容，各自包含数量不等的二级指标共 34 项。因为主观指标直接以"满意度"为考核对象，所以对于具体指标不设权重。

3. 指标的评价方法

第一，客观指标体系评价方法。初步拟定对于客观指标体系的评价结果，同时公布水平指数、发展指数、综合指数 3 个指数。水平指数需要根据各指标的当年实际完成情况来计算，主要反映各个下辖行政区有关工作的现状；发展指数需要根据各指标比上年的增进情况计算，主要反映各个下辖行政区过去一年有关工作的成效；

综合指数需要将水平指数和发展指数合成之后得出，初步拟定水平指数按照 40%，发展指数按照 60% 进行加权平均后得出综合指数。

第二，主观指标体系评价方法。采用调查问卷的形式，按照五分法进行评价，即每道题目设置"很满意（100 分）、比较满意（80 分）、一般（60 分）、不太满意（40 分）、很不满意（0 分）" 5 个选项（同时还设置了一个"不清楚"的选项，不列入计算得分），并通过调查获得每个选项的得分。以每个选项得票率为权重，通过加权平均得到每个题目的得分。

第三，总体指数的评价方法。"幸福沈阳"城市建设总指数为主观指标和客观指标最终值分数求和的平均数，权重为客观指标各占 70%，主观指标占 30%。这一设定与很多城市将主观指标权重大于客观指标权重的衡量标准有差异，主要是因为主观指标体系的测量带有很大的主观性和随意性，容易受到很多偶然因素的影响和人为因素的诱导。虽然幸福是人的主观感受，但是幸福城市必须是生活居住的居民能自主、切实感受到的幸福，必须有客观物质条件作为基础，才不至于使评价体系脱离实际。

二、沈阳市民幸福感满意度调查

主观幸福感是指人们根据内在的标准对自己生活质量的整体性评估，是人们对生活的满意度及其各个方面的全面评价，并由此而产生积极性情感占优势的心理状态。人们主观幸福感受健康、收入、教育、社会环境、居住、与他人比较等众多因素的影响，并且主观幸福感是随着时间和情境变化而变化的。建设幸福沈阳是实现中国梦、推进沈阳振兴发展的必由之路；是立足当前，着眼长远，全面提高沈阳市福祉的重大战略选择；是主动引领新常态、实现发展动力根本转换的重大战略决策。

建设幸福城市政府责无旁贷，所以，提高沈阳市市民主观幸福感，首先需要政府从供给侧进行改革。政府是公共产品和公共服务的供给方，百姓是需求方。沈阳大学幸福城市研究中心通过开展沈阳市市民主观幸福感调查，准确把握民情，为政府从供给侧改革，提供参考。

2016 年 3 月，沈阳大学幸福城市研究中心就沈阳部分市民幸福满意度展开问卷调查。调查结果显示，25 项指标中有 15 项指标得分大于或等于平均分，占 60%，表明我市市民对自己生活基本满意。按照我市"十三五"规划提出的全面建成小康社会、保持全市人民幸福感不断提升的总体要求和政府工作报告中提出的"坚持共享发展，建设幸福沈阳"的工作目标，沈阳大学幸福城市研究中心对我市居民幸福满意度展开问卷调查，其目的是客观地描述沈阳市民幸福感的基本状况，厘清影响市民幸福感的主要因素，明确市民对城市生活评价，为加快推进"幸福沈阳"城市建设提供实证依据。

（一）调查方式和调查内容

1. 调查方式

沈阳大学幸福城市研究中心设计并发放《沈阳市市民幸福满意度调查问卷》3200 份，回收问卷 3017 份，回收率为 94.28%，其中有效问卷 2708 份，回收问卷有效率为 89.76%。同时，召开沈阳市市民座谈会 4 次，了解市民生活的主观感受和最关心的城市发展问题。在有效问卷中，在性别比例方面，男性市民占 45.2%，女性市民占总 54.8%；在年龄分布方面，小于 35 岁的市民占 32.5%，36~45 岁的市民占 54.2%，46~60 岁市民占 12%，61 岁以上市民占 1.3%；在居住时间方面，2.6% 的市民在我市居住一年以下，20.5% 的市民居住 2~5 年，26.3% 的市民居住时间为 6~10 年，50.6% 的市民居住时间在 10 年以上；在居住地方面，81% 是市内五区居民，19% 是郊区县（市）居民；在职业方面，国家机关、党群组织、事业单位行政人员占 3.9%，专业技术人员占 15.3%，企业员工占 30.9%，商业、服务业等第三产业从业人员占 15.4%，农业生产人员占 2.1%，军人占 0.7%，学生 2.1%，其他人员占 29.6%。

据沈阳市统计局数据显示，在最近一次的人口普查中，男性人口占 50.52%，女性人口占 49.48%；全市人口中，0~14 岁人口占 9.77%；15~59 岁人口占 74.93%；60 岁及以上人口占 15.30%。回收的有效问卷基本能够覆盖沈阳市民的不同性别和年龄，能够反映沈阳市民的基本情况，数据较有说服力。

2. 调查内容

沈阳大学幸福城市研究中心设计的《沈阳市市民幸福满意度调查问卷》，参考了马斯洛需求层次理论。1943 年，美国著名的心理学家亚伯拉罕·马斯洛（Abraham Maslow，1908—1970）首次提出了需求层次理论，认为人的需求是一个具有多样性的复杂系统，众多需求依次从低级向高级递进，具体可分为 5 个层次，即生理需求、安全需求、社交需求、尊重需求和自我实现需求。马斯洛认为，上述 5 个层次的需求，在一个比较低的层次需求基本满足后，追求更高层次的需求往往是人行为的动力，而且人不是只有一个层次需求百分之百满足后，才会有上一个层次的需求，往往是同时存在多种需要。同时，人类的 5 种需要递进顺序也可能是跨越的，一个人有崇高的理想，可能放弃生理需求和安全需求，即需要次序的颠倒。根据马斯洛需求理论，多数人的需求结构，同社会发展水平直接相关，所以我们设计的《沈阳市市民幸福满意度调查问卷》调查涉及 6 个维度，共 25 项指标。6 个维度包括基本生活、城市保障、城市文明、城市安全、城市民主和城市环境 6 个方面。基本生活满意度方面，调查了市民对自己工作状况、收入状况、健康状况、教育状况和住房状况 5 项内容；城市保障满意度方面，侧重考察市民对社会保障水平、医疗服务水平、生产或创业环境 3 项内容；城市文明满意度方面，调查了市民对文体休闲状况、城市归属感、社会文明状况 3 项内容；城市安全满意度方面，考察了市民对社会治安状况、食品药品安全 2 项内容；城市民主建设满意度方面，调查了市民对诉求表达渠道、政府工作效率、工作态度、政务公开程度以及政府廉政建设 5 项内容；城市环境满意度方面，调查了市民对交通出行状况、消费环境、饮用水质量、空气质量、卫生状况、绿化建设、社区服务设施 7 项内容。

问卷的满意度采用问卷通用的计分方式，很不满意计 1 分，不太满意计 2 分，一般满意计 3 分，比较满意计 4 分，很满意计 5 分。

问卷和座谈均涉及如何推进"幸福沈阳"城市建设问题。其中，问卷最后请沈阳市市民填写"您认为建设幸福沈阳应重点从哪些方面着手"。

（二）调查结论统计分析

沈阳大学幸福城市研究中心，将 3 017 份调查问卷录入计算机，进行统计分析，结论如下所述。

1. 各项指标的平均分值

25 项指标的平均分为 3.14 分，有 15 项指标的得分大于或等于平均分，占 60%，说明沈阳市市民对自己生活状况基本满意（见表 6.1）。从各项指标的具体分数来看，对工作状况、收入状况、健康状况、教育状况、住房状况、文体休闲状况、城市归属感、社会文明状况、消费环境、社会治安状况、政府服务态度、政务公开、政府廉政建设、绿化建设、社区服务设施的满意度均高于或等于平均分，其中市民对自己的健康状况满意度最高（3.65 分）（见图 6.1）。低于平均分的指标包括社会保障水平、医疗服务水平、交通出行状况、生产或创业环境、食品药品安全、诉求表达渠道、政府工作效率、饮用水质量、空气质量、卫生状况 10 项内容，其中，对空气质量满意度最低（2.33 分），如图 6.2 所示。

表 6.1　市民幸福满意度调查问卷 25 项指标平均值

维度	指标	分数	平均值
基本生活满意度	对自己工作状况满意度	3.45	3.37（3.374）
	对自己收入状况满意度	3.14	
	对自己健康状况满意度	3.65	
	对自己教育状况满意度	3.26	
	对住房状况满意度	3.37	
城市保障满意度	对社会保障水平满意度	3.04	3.06（3.056）
	对医疗服务水平满意度	3.02	
	对生产或创业环境满意度	3.11	
城市文明满意度	对文体休闲状况满意度	3.23	3.27（3.267）
	对城市归属感满意度	3.43	
	对社会文明状况满意度	3.14	
城市民主满意度	对诉求表达渠道满意度	2.97	3.11（3.110）
	对政府工作效率满意度	3.08	
	对政府服务态度满意度	3.16	
	对政务公开满意度	3.18	
	对政府廉政建设满意度	3.16	
城市安全满意度	对社会治安状况满意度	3.35	3.11（3.105）
	对食品药品安全满意度	2.86	
城市环境满意度	对交通出行状况满意度	3.11	2.97（2.974）
	对消费环境满意度	3.25	
	对饮用水质量满意度	2.94	
	对空气质量满意度	2.33	
	对卫生状况满意度	2.82	
	对绿化建设满意度	3.15	
	对社区服务设施满意度	3.22	

注：平均值保留小数点后 2 位，城市安全满意度分数和城市民主满意度分数相同，平均值保留小数点后 3 位

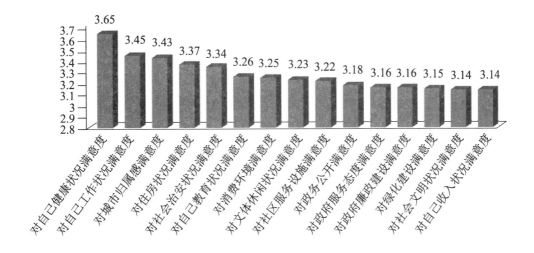

图 6.1 高于平均分的 15 项指标

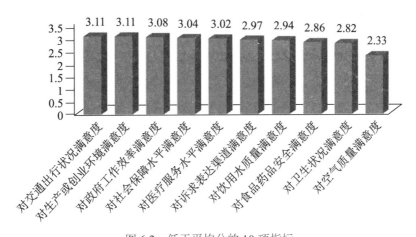

图 6.2 低于平均分的 10 项指标

2. 6 个维度的比较

6 个维度平均值比较的具体情况如表 6.2、图 6.3 所示。该调查涉及基本生活、城市保障、城市文明、城市民主、城市安全和城市环境 6 个方面。得分最高的是基本生活，为 3.374 分，说明市民对自己的基本生活状况满意度最高；其次是城市文明，为 3.267 分，说明市民对城市文明比较满意；城市民主和城市安全的得分都在 3.110 分左右；得分最低的是城市环境，为 2.974 分，表明市民对城市环境最不满意。

表 6.2　6 个维度平均值比较

数值＼维度	基本生活	城市保障	城市文明	城市民主	城市安全	城市环境
平均数	3 374	3 056	3 266 7	3 110	3 105 2	2 973 9
N　有效	2 708	2 708	2 708	2 708	2 708	2 708
遗漏	0	0	0	0	0	0

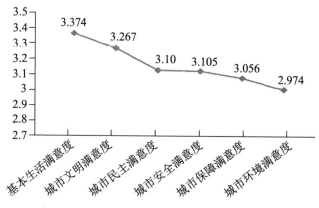

图 6.3　6 个维度平均值比较

3. 市民对基本生活的满意度

市民幸福满意度调查问卷中基本生活满意度情况如表 6.3 所示。

表 6.3　市民基本生活满意度

基本生活维度各个指标	很不满意	不太满意	一般	比较满意	很满意	平均值
对自己工作状况满意度	5.5	8.3	39.0	30.0	17.2	3.45
对自己收入状况满意度	8.0	16.9	39.7	24.0	11.4	3.14
对自己健康状况满意度	3.5	8.5	31.1	33.6	23.3	3.65
对自己教育状况满意度	6.1	15.3	39.4	25.3	13.9	3.26
对住房状况满意度	6.7	10.6	37.9	28.6	16.2	3.37

在基本生活满意度的 5 项指标中，得分全部大于或等于平均分，得分最高的指标是对自己健康状况的满意度，为 3.65 分，得分最低的指标为对自己收入状况的满意度，为 3.14 分。说明沈阳市民对自己的基本生活，包括健康、工作、收入、教育、住房都比较满意。

对自己的工作状况，表示一般以上满意度以上的市民占 86.2%；对自己的收入状况，表示一般以上满意度的市民占 75.1%，其中 24% 的市民表示比较满意，11.4% 的市民表示很满意；对自己的健康状况，88% 的市民表示一般以上满意度；

对自己的教育状况，78.6% 的市民表示一般以上满意度；对住房状况，82.7% 的市民表达一般以上满意度。居民对自己的健康状况满意程度最高，一方面体现了我市近年城镇职工医疗保险覆盖面不断扩大，新农合大病保险全面，这有效提高了市民的健康水平，沈阳城乡居民人均期望寿命达 80.01 岁；另一方面也与地域特点、沈阳人性格特点有关。沈阳地处东北、四季分明，沈阳人身材偏高，体型高大健壮，性格粗放豪迈、较为外向。这些特点可能使得沈阳市民在评价自己身体健康状况时持有一种更为积极的态度。在工作、收入、教育和住房状况方面，表达出政府近年在民生方面所做出的努力获得了绝大多数市民的认可。

　　4．市民对城市保障的满意度

　　市民幸福满意度调查问卷中城市保障满意度情况如表 6.4 所示。

表 6.4　城市保障满意度

城市保障维度各个指标	很不满意	不太满意	一般	比较满意	很满意	平均值
对社会保障水平满意度	9.0	19.0	42.0	18.6	11.3	3.04
对医疗服务水平满意度	10.4	19.9	38.5	19.5	11.7	3.02
生产或创业环境满意度	6.9	15.6	48.1	18.8	10.6	3.11

　　在城市保障满意度的 3 项指标中，社会保障水平的满意度得分为 3.04 分，医疗服务水平的满意度得分为 3.02 分，生产或创业环境满意度的得分为 3.11 分，均在整体平均值以下。虽然在 6 个维度的调查中，城市保障方面的平均分稍低，为 3.056 分，但是具体分析，仍有较大部分的市民对此持积极态度。从 3 个指标的得分情况看，市民对生产或创业环境持乐观积极态度，对社会发展能够给个人提供的空间和机遇表示满意。对社会保障水平和医疗服务水平两个方面，多数市民表示一般（42% 和38.5%），只有很少比重的市民表示很满意，这一方面说明市民倾向于认可已经获得的社会保障水平和医疗服务水平，另一方面也表明市民还有更高的要求和预期，这为"幸福沈阳"建设提出了努力的方向。

　　5．市民对城市文明的满意度

　　市民幸福满意度调查问卷中城市文明满意度如表 6.5 所示。

表 6.5　城市文明满意度

城市文明维度各个指标	很不满意	不太满意	一般	比较满意	很满意	平均值
对文体休闲状况满意度	6.3	11.7	46.8	23.2	12.1	3.23
对城市归属感满意度	4.7	8.1	41.6	31.2	14.4	3.43
对社会文明状况满意度	7.5	16.2	42.6	22.8	10.9	3.14

在城市文明满意度的 3 项指标中，文体休闲状况的满意度得分为 3.23 分，城市归属感的满意度得分为 3.43 分，社会文明状况的满意度得分为 3.14 分。文体休闲状况、城市归属感和社会文明状况的得分在平均分以上。

在文体休闲状况方面，表示一般以上满意度的市民占 82.1%；对城市归属感，表示一般以上满意度的市民占 87.2%；对社会文明状况，表示一般以上满意度的市民占 76.3%。

在 6 个维度中，市民对城市文明的满意度排在第 2 位，得分为 3.267 分，说明市民对城市的文明程度比较满意。从城市文明满意度 3 个指标的分值分布看，沈阳市民的城市归属感很高，仅次于对自身健康状况的评价，这说明沈阳市民虽然对经济发展和社会保障等涉及民生的许多方面有意见，但是仍然倾向于关心和热爱这个城市，这是沈阳独特的魅力所在，广大市民热爱沈阳必将成为"幸福沈阳"建设最重要的推动力量。

6. 市民对城市安全的满意度

市民对城市安全的满意度如表 6.6 所示。

表 6.6　城市安全满意度

城市安全维度各个指标	很不满意	不太满意	一般	比较满意	很满意	平均值
对社会治安状况满意度	5.3	12.2	37.8	31.1	13.6	3.35
对食品药品安全满意度	13.7	22.2	38.4	16.0	9.6	2.86

在城市安全的两项指标中，社会治安状况满意度的平均分为 3.35 分，高于指标平均分，而食品药品安全满意度的平均分只有 2.86 分，低于指标平均分。对社会治安状况满意度，表示一般以上满意度的市民占总数的 82.5%；对食品药品安全满意度，表示一般以上满意度占总数 64%。市民对城市安全的满意度得分为 3.105 分，在 6 个维度中偏低。但是，我们可以发现沈阳市民对我市社会治安状况非常满意，绝大多数市民表示出对社会治安状况的信心，体现出广大市民对近年来"平安沈阳"建设的充分肯定。

7. 市民对城市民主的满意度

市民对城市民生的满意度，如表 6.7 所示。市民对城市民主的满意度平均分为 3.11，略低于 6 个维度的平均分，排名居中，大部分市民对城市民主持客观态度，表现出相信政府工作的心理倾向。从具体数据看，市民对政府服务态度的满意度为 3.16 分，对政府政务公开满意度为 3.18 分，对政府廉政建设的满意度为 3.16 分，3 项指标均高于平均分，这说明市民对政府整体上是信任和满意的。

表 6.7　城市民主满意度

城市民主维度	很不满意	不太满意	一般	比较满意	很满意	平均值
对诉求表达渠道满意度	10.6	19.6	42.0	17.4	10.3	2.97
对政府工作效率满意度	9.7	16.9	41.3	19.8	12.3	3.08
对政府服务态度满意度	8.8	14.5	42.3	21.3	13.2	3.16
对政务公开满意度	7.8	14.4	42.7	21.5	13.5	3.18
对政府廉政建设满意度	8.4	14.7	42.3	21.5	13.1	3.16

政府工作效率的满意度得分为 3.08 分，诉求表达渠道的满意度得分较低，为 2.97 分。这一方面反映出市民渴望政府进一步改进工作，另一方面也客观反映出沈阳作为老工业基地在转型发展的过程中积累的诸多问题，市民渴望更为通畅的诉求表达渠道。

8. 市民对城市环境的满意度

市民对城市环境的满意度如表 6.8 所示。

表 6.8　城市宜居环境满意度

城市宜居环境维度各个指标	很不满意	不太满意	一般	比较满意	很满意	平均值
对交通出行状况满意度	10.1	17.7	35.9	23.7	12.6	3.11
对消费环境满意度	5.7	12.1	44.5	26.5	11.1	3.25
对饮用水质量满意度	12.0	21.4	37.1	19.3	10.3	2.94
对空气质量满意度	31.1	28.0	24.5	9.6	6.8	2.33
对城市卫生状况满意度	13.9	24.7	36.5	15.6	9.3	2.82
对城市绿化建设满意度	8.4	16.6	39.3	23.3	12.4	3.15
对社区服务设施满意度	7.8	15.1	39.0	23.6	14.4	3.22

在城市宜居环境的 7 项指标中，交通出行状况满意度得分为 3.11 分，消费环境满意度得分为 3.25 分，饮用水质量满意度得分为 2.94 分，空气质量满意度得分为 2.33 分，城市卫生状况满意度得分为 2.82 分，绿化建设满意度得分为 3.15 分，社区服务设施满意度得分为 3.22 分。只有消费环境、绿化建设和社区服务设施满意度得分高于平均分，其余各项指标均低于平均分，其中空气质量满意度得分最低。这一方面说明我们在消费环境、绿化建设和社区服务设施方面取得了较为显著的成绩，市民感到满意；另一方面也说明在交通出行状况、饮用水质量、空气质量、城市卫生状

况方面尚不能让市民满意。

在空气质量方面，31.1%的市民表示很不满意、28%的市民表示不太满意，占总数59.1%；在卫生状况方面，13.9%的市民表示很不满意、24.7%的市民表示不太满意，占总数的38.6%。

在6个维度的满意度得分中，城市环境的满意度得分最低，只有2.97分。但是具体来看，市民对消费环境的满意度在25项指标中却居于前列（82.1%），对绿化建设和社区服务设施方面的满意度也达到了平均水平（75%和77%），只是饮用水质量、卫生状况以及空气质量方面的满意度得分拉低了城市环境满意度得分，而其中又以空气质量满意度得分最低。

9. "幸福沈阳"建设中市民最关心的问题

在推进"幸福沈阳"的进程中，发展经济发展、增加居民收入、健全社会保障体系、加强教育，促进教育公平、增加就业机会、促进社会稳定与和谐、繁荣发展文化事业、提高城市管理水平、改善生态环境、提高居民文明程度无疑都是不可或缺的重要组成部分。对于问卷中"您认为建设'幸福沈阳'应重点从哪些方面着手"这一问题的调查如图6.4所示，调查数据显示改善生态环境是得票最多的选项；提高城市管理水平排在第2位；健全社会保障体系得票位居第3位；其后的排序为加强教育、提高居民文明程度、增加居民收入、促进社会稳定和谐、增加就业机会、发展经济和繁荣文化事业。而发展经济和繁荣文化事业得票最少，反映出人们基本需求满足后，越来越关注环境空气、交通路网、公共安全、生活成本这些更能直接影响幸福体验的问题。

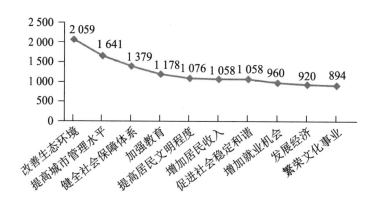

图6.4   "幸福沈阳"建设中市民最关心的问题得票数

在与部分市民座谈中，群众反映最关注的城市发展问题是提高空气质量、改善生态环境、缓解交通拥堵，这基本与问卷调查相吻合。其中，市民对空气质量问题意见最大。

2010—2015 年，沈阳市空气质量受大环境的影响，这 6 年间沈阳全年环境空气质量优良天数在减少。其中，2014 年最低，全年环境空气质量优良天数不足 200 天。具体情况如表 6.9 所示。

表 6.9　2010—2015 年沈阳全年环境空气质量优良天数

年份	空气质量优良天数
2010 年	329 天
2011 年	331 天
2012 年	329 天
2013 年	215 天
2014 年	191 天
2015 年	207 天

资料来源：沈阳市统计局 2010—2015 年沈阳市国民经济和社会发展统计公报

在"幸福沈阳"建设中，沈阳市政府非常重视环境问题，2015 年 4 月出台了《中共沈阳市委、沈阳市人民政府关于全面加强环境保护的意见》和《沈阳市蓝天行动实施方案（2015—2017 年）》文件，沈阳市市长与各区县等部门签订"2015 年度'蓝天行动'目标责任状"，2015 年沈阳市空气质量优良天数为 207 天比 2014 年提高 16 天，轻度污染、中度污染同比分别减少 14 天和 8 天。"2015 年度'蓝天行动'目标责任状"要求沈阳市 2017 年环境空气质量优良天数达到 240 天。

三、影响沈阳市民幸福感的主要因素及分析

研究表明，较低的生活成本、不断提高的生活质量、日益完善的公共服务和宜居宜业环境、祥和平安的社会秩序、对政府的信任和市民较高的城市归属感，是"幸福沈阳"建设的独特优势。另外，生态环境、城市管理水平、社会保障体系等问题是"幸福沈阳"建设的短板，也是市民反映比较强烈的问题，应是"幸福沈阳"建设的突破口。

值得注意的是，调查显示，发展经济并不是影响主观幸福感的唯一因素，甚至不是主要因素。因此，在"幸福沈阳"建设中推进经济发展的同时，还需寻找提升市民幸福感的新增长点。市民幸福与否更主要的在于城市要素结构功能协调度、生活便利度、公共安全度、社会文明度、环境优美度、资源承载度。重视经济与社会事业的协调发展，提高城市发展质量和促进人的全面发展，是"幸福城市"追求的

目标。

建设"幸福沈阳"，应当结合自身优势，反映沈阳的发展基础、地域环境、文化特质和历史传承，要选准定位，明确指向，突出市民生活在沈阳这座城市的"踏实""便利""温暖""自豪"，使沈阳对"幸福"的表达更富个性化，力求做到对内凝聚民心、对外树立形象，打造我市的幸福符号。同时，城市建设应扬长补短，聚焦民生，有效提升市民获得感。

"幸福城市"不是"全优城市""全能城市"。推进"幸福沈阳"建设应有效化解传统发展模式形成的诸多"城市病"，有效化解我市新一轮振兴"转型期"可能带来的"转型之痛"，从城市发展的要素、结构、功能入手，以建设创新城市、智慧城市、生态城市、宜居城市为载体，强化民生工作取向，聚焦市民幸福感的提升，落实我市"十三五"规划和政府工作报告部署的各项民生重点任务，确保各项惠民措施真正落地生根，使我市改革发展更有力度、更有温度，让城市功能更优、品位更高、环境更好，增强全体市民幸福获得感。

第三节 | 建设"幸福沈阳"的基础

一、建设"幸福沈阳"的基本情况

"十二五"期间，面对复杂严峻的国内外经济环境，在市委、市政府的领导下，紧紧依靠全市人民，科学把握发展趋势，积极应对困难挑战，以人民需求为导向，不断加大投入，民生各领域基础设施日趋完备，基本公共服务能力、服务水平、服务质量显著提升，社会保障体系逐步完善，居民收入稳步提高，健康水平进一步改善，文化强市有序推进，宜居环境成效显著，为建设"幸福沈阳"奠定了坚实的基础。

（一）城市综合实力显著增强

2015 年，地区生产总值达 7 280.5 亿元，人均 GDP 为 87 833 元，是 2010年的 1.48 倍，年均增长 8.1%；固定资产投资完成 5 326 亿元，是 2010 年的 1.51 倍，年均增长 8.6%；一般公共预算收入完成 606.2 亿元，是 2010 年的 1.3 倍，年均增长 5.4%。重点领域和关键环节改革实现新突破，城市综合影响力进一步扩大，成为东北地区唯一的国家全面创新改革试验区、国家级文化和科技融合示范基地、国家现代服务业综合试点城市、全国养老服务业综合改革试点城市；荣获全国文明城市、全国十大创新能力优秀城市、全国全民健身先进市、全国和谐社区建设示范城市等桂冠。

（二）城乡居民收入稳步提高

2015 年，城市居民人均可支配收入实现 36 664 元，是 2010 年的 1.65 倍，年均增长 10.6%，农村居民人均可支配收入实现 13 498 元，是 2010 年的 1.72 倍，年均增长 11.4%，城乡居民收入差距进一步缩小。收入来源日趋多元化，退休职工基本养老金实现"十一连涨"，城乡居民人均储蓄余额逐年递增。与 15 个副省级城市相比较，居民消费价格指数（CPI）始终保持较低水平，住宅商品房平均销售价格较低，人民生活更加踏实。财政民生投资占公共预算支出比重稳步提高，改革发展成果更多更好地惠及全市人民。

（三）扶贫攻坚取得积极成效

脱贫工作进入精细化新阶段，全面实施城乡互联、结对共建、到户扶贫、产业扶贫等工程，对辽中、新民、法库、康平 27 个重点贫困乡镇的 302 个贫困村启动开发式扶贫。累计投入扶贫开发专项资金 1.7 亿元，定点、驻村单位投入帮扶资金 1.08 亿元，对 27 个重点贫困乡镇扶贫开发项目 1 070 个，新增特色产业面积 1.45 万公顷、庭院养殖 17.8 万头（只），贫困地区"造血"机能不断增强。21 万农民饮水安全工程全部完成，农村人口安全饮水普及率达到 90%。2015 年底，全市贫困人口由 5 年前的 26.5 万人减少到 9.5 万人，扶贫开发工作位列全省第一。

（四）就业创业获得长足进步

启动"万人创业工程"，2015 年底实现城镇实名制就业新增人数 22.84 万人，在 15 个副省级城市中排名第 5 位。设立大学生及青年创业就业发展基金，累计 35.7 万名高校毕业生在沈就业。完善就业创业服务平台建设，全国首创"1+13"的人力资源连锁市场新模式。在全省率先实施市区就业形势监测，建立失业预警监测机制，城镇登记失业率 3.18%。开展"就业援助月""春风行动"等系列专项援助活动，累计开发公益性岗位 2.9 万个，培训失业人员 9.5 万人。建立促进农村富余劳动力转移就业帮扶机制，转移农村劳动力 5.47 万人。

（五）社会保障水平不断提高

社会保险实现"全覆盖"，养老、医疗、失业、工伤、生育保险参保人数分别达到 357.9 万人、494.92 万人、139.5 万人、188.8 万人和 290.89 万人。"五险合一"取得新突破，完成"同人同城同库"信息化管理。连续 5 年提高城镇居民基本医疗保险政府补助标准，职工医保参保率和新农合参合率分别达到 95%、99%。失业保险参保个人缴费记录建账率达到 100%。稳步推进机关事业单位养老保险制度改革，33 万机关事业单位人员全部参保。城区棚户区改造力度不断加大，基本消除集中连片棚户。2015 年完成保障性住房 1.4 万套（户）、棚户区改造 4.1 万套（户）、农村危房改造 659 户。

（六）教育事业实现快速发展

紧密围绕教育强市的奋斗目标，积极抢占各级各类教育发展的制高点，实现长足发展。在全省率先颁布《沈阳市学前教育条例》，适龄儿童三年毛入学率达到 96.8%。义务教育巩固率达到 99%，随迁子女接受义务教育达到 100%。建成省级示范性高中 27 所，省级特色高中 10 所，国家中等职业教育改革发展示范校 8 所。国家装备制造业职业教育试验区任务全面完成，市属高校内涵发展成效显著，转型发展服务地方能力显著增强。社区教育网络体系基本建立，学习型组织覆盖率超过 20%。宽带教育和多媒体教育覆盖中小学每一个班级，教育信息化水平国内领先。全面落实义务教育阶段"两免一补"政策，对家庭困难学生 100% 资助。2015 年在全省率先全域通过国家义务教育均衡县验收。

（七）医疗卫生保障能力显著提升

人民健康水平显著提高，人均期望寿命达到 80.01 岁，主要健康指标达到国内先进水平。全面深化医药卫生体制改革，提前一年在全省率先完成"十二五"县级公立医院改革目标。医疗卫生服务体系建设步伐加快，基层医疗卫生机构的软硬件建设明显改善，服务能力显著提高，看病难、看病贵的问题得到有效缓解。全面推进基本公共卫生服务均等化，重大传染病得到有效控制，突发公共卫生事件报告和处置"五率"达到 100%。卫生计生综合监督体系全面加强，医疗服务市场进一步规范。人口计生工作成效明显，"全面两孩"政策扎实有序实施。

（八）社会福利事业日趋完善

建立了以居家为基础、社区为依托、机构为补充的社会化养老服务体系，医养结合社会化养老服务模式试点，全市养老机构达 162 家，养老床位 3.8 万张，每千名老年人拥有床位 24 张，10 个区域性居家养老服务中心和 154 个农村幸福院投入使用。开展国家养老服务业综合改革试点，建立养老护理人员持证上岗制度。社会救助提标扩面，构建了以基本生活救助为基础、专项救助为配套、特殊困难群体救助为拓展、临时应急救助为补充、政府主导与社会力量参与相结合的"五位一体"社会救助体系。建立了留守儿童关爱保护体系，有效推进流浪乞讨人员和未成年人救助保护工作。残疾人生存、发展状况显著改善。

（九）文化软实力显著增强

践行社会主义核心价值观，公民道德建设工程扎实开展。覆盖城乡的公共文化设施网络已经形成，"十五分钟"文化服务圈基本建立。文化精品工程推陈出新，一批优秀剧目荣获国家级大奖；文博、新闻出版、广播影视、历史文化名城保护工程稳步开展。科技发展、高新技术产业和科技民生发展突飞猛进，新增国家级工程技术研究中心和重点实验室 28 家，发明专利稳居副省级城市前列。公共体育设施覆盖全市城乡，"足球之都"建设成效显著。全民健身"十百千万"工程蓬勃开展，注重健康、热爱体育、崇尚运动的氛围正在形成，被国家体育总局和辽宁省授予"全民健身先进市"称号。成功举办第十二届全国运动会、首次荣获"全国文明城市"桂冠和国家创建社会信用体系建设示范城市，全面提升了城市的知名度和影响力。

（十）宜居之都建设步伐加快

国家生态城市建设、样板城市创建取得阶段性成果，"青山、碧水、蓝天"、绿化工程有序推进。辽河、蒲河、棋盘山、卧龙湖生态保护治理重点项目全面完成，辽河、浑河干流水质明显改善；大气监控预警体系建设全面启动，大气污染治理能力得到提升；城市污水处理率达到 95%，生活垃圾处理率达到 100%。农村环境连片整治和宜居乡村建设工作有序推进，全市涉农区县全部建成国家生态区县。城市交通累计完成公路建设 9 056 公里，一批重大交通项目全面竣工，以高速公路和干线公路为主骨架，县、乡、村公路为脉络的公路网络基本形成。公交优先发展战略进一步落实，成功获批国家"公交都市"示范城市。地铁建设稳步推进，城际交通快速发展，立体交通体系不断完善。以第 1 名的成绩进入全国首批"地下综合管廊"试点城市行列。

（十一）智慧民生领域突飞猛进

国家级互联网骨干直联点建成运行，移动通信网络基本实现城市全覆盖，公共场所无线网络覆盖逐步推进，三网融合不断深入。2015 年底，光纤网络覆盖率达到 99.3%，4G 无线网络覆盖率达到 99%。"我的沈阳"智能门户"行车易、停车易"和"乘车易"上线运行，教育城域网实现全面覆盖，基础医疗卫生机构全面实现网络互通和数据传输，"沈阳新社区"政务微信服务平台投入运行，智能交通指挥系统上线运行。全市统一的地理空间框架和共享服务平台，平安城市视频监控联网基本覆盖全市重点区域。数字化城市管理平台、药品经营和生产的监管系统，实现实时监控。智慧政务扎实推进，政府协同办公平台建成并迅速推广，形成了"一网、一云、三中心、四平台"的电子政务体系。

（十二）社会治理能力提档进位

建立了重大决策听证、论证制度和以推进行政执法责任制为核心的层级监督体系，形成了全方位、多层次的政务公开制度。和谐社区建设工程加快，完成 138 个城镇社区公共用房和 144 个农村社区公共用房建设改造项目，启动建设 2 个区域性社区服务中心。构建社会治安大防控体系，实施流动人口服务管理"牵手计划"，完善基层社会管理服务平台。开展信访积案攻坚行动，社会矛盾妥善化解，实现了群众来信、来访、电话投诉受理率 100%，按期回复率 100%，上级交办信访积案化解率 70%。严厉打击违法犯罪，应急处置能力进一步加强，切实保障人民生命和财产安全，最大限度地减少和消除突发事件造成的社会危害和影响。通过首个国家级安全城区现场评定，"平安沈阳"建设取得明显成效，人民群众安全感显著提升。

二、沈阳在副省级城市中的发展情况

以 2010—2014 年作为城市经济和社会发展序列轴，根据《中国统计年鉴》（2015 年）、15 个城市的统计年鉴和社会发展报告以及实地调研南京、武汉等城市获得的资料，参照新华社《瞭望东方周刊》与中国市长协会《中国城市发展报告》联合主办的"中国最具幸福感城市"评选采用的"中国城市幸福感评价体系",按照收入物价消费、交通运输通信、医疗卫生、社会福利、生态环境、民主建设、文化教育8个板块,选取住宅商品房平均销售价格、在岗职工年平均工资水平、社会商品零售总额、人均城乡居民储蓄年末余额、居民消费价格指数、固定电话用户数、邮政局(所)数、旅客运输量、货物运输量、执业助理医师和医生数、医院卫生院数、医院床位数、各种社会福利收养性单位床位数、建成区绿化覆盖率、环境噪声等效声级、道路交通等效声级、全年环境空气质量优良天数、人大代表数、高校在校生数、剧场影剧院数、人均国内生产总值、地方财政预算内支出、地方财政预算内收入、货物进出口总额等25个项目对15个副省级城市进行比较分析,并进行分项排序和综合排名。比较结果如下所述。

(一)收入、物价与消费水平方面

1. 沈阳市住宅商品房平均销售价格偏低

2010—2014年,沈阳市住宅商品房平均销售价格排名在第2位或第3位(见表6.10)。2014年,15个副省级城市住宅商品房平均销售价格如表6.11所示,其中均值为每平方米10 259元,房价最低的3位分别为东三省的哈尔滨市、长春市和沈阳市(见表6.11)。

表6.10 沈阳市住宅商品房每平方米平均销售价格及排名

年份	住宅商品房每平方米平均销售价格 / 元	排名
2010 年	5 109	3
2011 年	5 612	2
2012 年	5 989	3
2013 年	6 074	3
2014 年	5 865	3

表6.11 2014年15个副省级城市住宅商品房每平方米平均销售价格及差额

从低到高排序	城市	住宅商品房每平方米平均销售价格 / 元	与平均水平差额 / 元
1	哈尔滨	5 751	-4 508
2	长春	5 847	-4 412
3	沈阳	5 865	-4 394
4	西安	6 105	-4 154

（续表）

从低到高排序	城市	住宅商品房每平方米平均销售价格／元	与平均水平差额／元
5	成都	6 536	-3 723
6	济南	7 158	-3 101
7	武汉	7 399	-2 860
8	青岛	7 855	-2 404
9	大连	8 921	-1 338
10	宁波	10 890	631
11	南京	10 964	705
12	杭州	14 035	3 776
13	广州	14 739	4 480
14	厦门	17 778	7 519
15	深圳	24 040	1 3781

影响住宅商品房价格主要因素是供求关系。沈阳市住宅商品房平均销售价格偏低的原因有两点。一是沈阳市住宅商品房总体供给量大。尽管近几年沈阳市土地成交逐年递减，但原有供给量较大，截至 2015 年 11 月，沈阳市商品住宅市场存量 2 948.76 万平方米，商品住宅（不含政策性用房）可售面积消化周期为 24 个月，库存消化周期过长，总体供过于求。二是居民平均消费水平不高。沈阳市在 15 个副省级城市中整体居民平均消费水平不高是不争的事实。

沈阳市住宅商品房平均销售价格不高，对购买者有吸引力，说明沈阳市与其他副省级城市相比更宜居，有利于提升市民的幸福指数。

2. 沈阳市近年在岗职工年平均工资位次大幅下降

"十二五"后半期，经济步入新常态，投资水平下降，沈阳市经济增长速度放缓，企业经济效益下降，政府收入减少，影响了在岗职工平均工资水平。沈阳市城市居民人均可支配收入、农村居民人均可支配收入等 5 项指标低于"十二五"规划目标。2010—2012 年，沈阳市在岗职工年平均工资在 15 个副省级城市中排第 7 位或第 8 位。2013—2014 年，沈阳市在岗职工年平均工资在 15 个副省级城市排名大幅下滑，降至第 13 位。2014 年，15 个副省级城市在岗职工的年工资平均水平为 64 014 元，沈阳市低于平均水平 7 424 元，相当于平均水平的 88.4%（见表 6.12）。

表 6.12 沈阳市在岗职工年平均工资水平及排名

年份	在岗职工年平均工资 / 元	排名
2010 年	41 900	7
2011 年	45 756	8
2012 年	49 898	8
2013 年	52 389	13
2014 年	56 590	13

沈阳市在岗职工年平均工资增速也远低于平均速度。2010—2014 年 15 个副省级城市在岗职工年平均工资增长 52.64%，同期沈阳市平均水平增长 35.06%，低于平均水平 17.58 个百分点。

3. 沈阳市社会商品零售总额排名位居中游

2010—2014 年，沈阳市社会商品零售总额在 15 个副省级城市中排名没有变化，一直位居中游，排在第 7 位（见表 6.13）。尽管沈阳市 5 年来社会商品零售总额的位次没有变化，但与前一位的差额在拉大。沈阳市社会商品零售总额 2010 年为 2065.9 亿元，与第 6 名相差 80.2 亿元；2013 年，与第 6 名相差 346.9 亿元；2014 年，与第 6 名相差 597.1 亿元。

表 6.13 2010—2014 年沈阳市社会商品零售总额及排名

年份	社会商品零售总额 / 亿元	排名
2010 年	2065.9	7
2011 年	2426.9	7
2012 年	2802.2	7
2013 年	3186.1	7
2014 年	3570.1	7

4. 沈阳市人均城乡居民储蓄年末余额位次稳中有升

2010—2014 年，沈阳市人均城乡居民储蓄年末余额排名位于 15 个副省级城市中游水平，且略有提升（见表 6.14）。人均城乡居民储蓄年末余额递增，一方面说明城乡居民总体富裕程度在提高；另一方面说明总体储蓄动机增强，消费意愿下降。

表 6.14 2010—2014 年沈阳市人均城乡居民储蓄年末余额及排名

年份	人均城乡居民储蓄年末余额 / 亿元	排名
2010 年	3 338.23	9

（续表）

年份	人均城乡居民储蓄年末余额 / 亿元	排名
2011 年	3 729.47	8
2012 年	4 318.84	8
2013 年	4 765.48	8
2014 年	5 147.63	7

5. 沈阳市居民消费价格指数处于中下游水平

2010 年，在 15 个副省级城市中沈阳市居民消费价格指数（CPI）排第 4 位，2012 年排第 11 位，2013、2014 年排名上升到第 9 位（见表 6.15）。

表 6.15　沈阳市居民消费价格指数及排名

年份	居民消费价格指数	排名
2010 年	102.9	4
2011 年	105.4	7
2012 年	103	11
2013 年	102.5	9
2014 年	102.2	9

从全国水平看，2014 年居民消费价格指数为 102，其中城市居民消费价格指数为 102.1，农村居民消费价格指数为 101.8；同期沈阳市居民消费价格指数为 102.2。在 15 个副省级城市中，沈阳市物价稳定，总体水平不高，市民感到幸福。

（二）通信和交通运输方面

1. 沈阳市固定电话用户数排名相对稳定

2014 年，沈阳市城乡固定电话用户 250.5 万户，下降 6.8%，移动电话用户 1043.9 万户，新增 28 万户。同期，沈阳市固定电话普及率 30.2 部 / 百人，移动电话普及率 126 部 / 百人，在 15 个副省级城市中固定电话用户数排在第 9 名，排名相对稳定。

2. 沈阳市邮政局（所）数排名靠后

2010—2014 年，沈阳市邮政局（所）数排名位于 15 个副省级城市的后 5 名。2010 年，沈阳市邮政局（所）数为 209 个，在 15 个副省级城市中排第 11 位。2014 年，沈阳市邮政局（所）数为 226 个，在 15 个副省级城市中排第 11 位。

3. 沈阳市旅客运输量排名大幅攀升，货物运输量排名靠后

2010—2014 年沈阳市旅客运输量总体趋势下降，2013 年降幅最大，比上年下降25.5%。但 5 年来，排名大幅攀升。在 15 个副省级城市中，2010 年沈阳市旅客运输量排在第 8 位，2014 年排名上升到第 4 位，货物运输量排名一直在第 11 位或第 12 位。

（三）医疗卫生方面

"十二五"期间，沈阳市医疗卫生事业蓬勃发展，2010—2014 年，医院卫生院数量在 15 个副省级城市中名列前茅，稳居前 5 名，每万人拥有床位数排名进入前七。市民在医疗卫生方面具有一定比较优势。

1. 沈阳市每万人拥有执业助理医师和医生数量处于中下游水平

2010—2014 年，沈阳市每万人拥有执业助理医师数在 15 个副省级城市中排名在中下游，每万人拥有医生数量排名在 15 个副省级城市中处于中下游水平。

2. 沈阳市医院、卫生院数量名列前茅

2010—2014 年沈阳市医院、卫生院数量在 15 个副省级城市中排名前五，从2012 年开始，沈阳市医院、卫生院数量逐年增加。2014 年，在 15 个副省级城市中医院、卫生院数量超过 300 家的城市只有 6 个，沈阳市排在第 4 位（见表 6.16）。

表6.16　2010—2014 年沈阳市医院、卫生院数量及排名

年份	医院、卫生院数量	排名
2010 年	299	5
2011 年	298	5
2012 年	304	4
2013 年	314	4
2014 年	340	4

3. 沈阳市每万人拥有床位数排名稳居中游

2010—2014 年，沈阳市每万人床位数在 15 个副省级城市中排名除 2012 年排第6 位外，其余几年均排第 7 位。

（四）社会保障和社会福利方面

1. 沈阳市社会保障和社会福利发展较快

在社会保障和社会福利方面，沈阳市城镇基本养老保险人数从 293.1 万人提升至 2014 年的 355.8 万人。2014 年全年发放最低生活保障金 5.1 亿元，较 2010 年的 3.8

亿元增长 134%，全市养老机构从 2010 年的 163 个增长到 2014 年的 171 个。

2. 沈阳市各种社会福利收养性单位床位数上升明显

沈阳市各种社会福利收养性单位床位数从 2010 年的 18 897 张，增长到 2014 年的 38 000 张，增长 201%，在 15 个副省级城市中的排名从 2010 年第 11 位上升为 2014 年第 8 位（见图 6.5）。

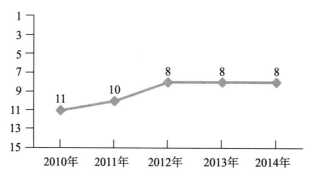

图 6.5　2010—2014 年沈阳市各种社会福利收养性单位人均床位数排名

（五）宜居环境方面

"十二五"以来，沈阳市围绕建设"国家中心城市""生态宜居之都"两条主线，将改善生态作为重点建设部署。

1. 沈阳市建成区绿化覆盖率排名中游

"十二五"以来，沈阳市开展超坡地还林、荒山造林和封山育林，推进三四环沿线生态绿带建设。2014 年全年植树造林面积 8665 公顷，体现了沈阳市宜居环境的改善，但 2010—2014 年总体上沈阳市建成区绿化覆盖率在 15 个城市中排名下降，如图 6.6 所示，这说明全国总体上建成区绿化覆盖面积增长迅速。

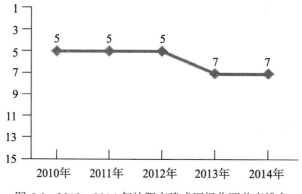

图 6.6　2010—2014 年沈阳市建成区绿化覆盖率排名

2. 沈阳市环境噪声等效声级排名中游

2010—2014 年，沈阳市环境噪声总指标呈现逐年上升趋势，2012 年为 54.2 分贝，2013 年为 54.3 分贝。2014 年沈阳市声环境平均值为 55.8 分贝，声环境质量为三级（一般）。2010—2014 年在 15 个副省级城市中沈阳市环境噪声等效声级排名下降，从 2010 年第 2 位跌至 2014 年第 9 位（见图 6.7）。

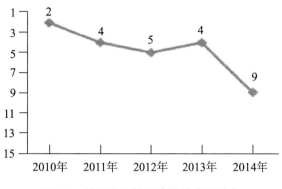

图 6.7 沈阳市环境噪声等效声级排名

3. 沈阳市道路交通等效声级排名不理想

2012—2014 年，沈阳市道路交通噪声等效声级在 15 个城市中连续 3 年位于最后 1 名（见图 6.8）。造成沈阳市城市区域噪声最"吵"的是社会生活噪声源，网格占比高达 72.5%，远远超过交通噪声源（13.3%）和工业噪声源（7.5%），建筑施工噪声源排在最末，占 6.7%。今后社会生活噪声是环境噪声治理的重点。

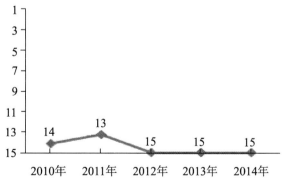

图 6.8 沈阳市道路交通等效声级排名

4. 沈阳市全年环境空气质量优良天数排名比较低

沈阳市 2014 年全年环境空气质量优良天数排名在 15 个副省级城市中居于第 11 名，如表 6.17 所示。

表6.17 2014年全年环境空气质量优良天数排名

排名	城市	全年环境空气质量优良天数
1	厦门	348
2	宁波	302
3	广州	282
4	大连	282
5	青岛	262
6	哈尔滨	242
7	长春	239
8	杭州	228
9	成都	223
10	西安	211
11	沈阳	191
12	南京	190
13	武汉	182
14	济南	96
	深圳	未公布

（六）民主法治方面

1. 沈阳市民主环境建设和"平安沈阳"建设效果显著

截至2014年底，沈阳市拥有律师3 007人，律师事务所245个，较2010年分别增长139.47%和128.9%。刑事诉讼辩护及代理、民事诉讼代理和行政诉讼代理数量较2010年分别增长160%、220.87%和177.6%，极大保障了人民民主权利。

"平安沈阳"建设取得进展，2014年发生刑事案件42 203件，2010年发生刑事案例54 496件，相比下降77.7%，命案破案率达100%。

2. 沈阳市人大代表数量排名名列前茅

截至2014年，沈阳市共有各级人大代表106名，他们认真行使代表权力，努力为人民群众代言，了解社情民意，积极参政议政，为"幸福沈阳"的民主政治建设做出重要贡献。2010—2014年沈阳市每万人拥有人大代表数在15个副省级城市的排名稳居前五（见图6.9）。

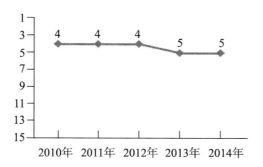

图 6.9 2010—2014 年沈阳市每万人拥有人大代表数排名

（七）文化事业方面

1. 沈阳市每万人拥有高校在校生数处于中等偏下水平

2014 年末，沈阳市普通高等院校 47 所（含独立学院 5 所），在校生 40 万人，本、专科毕业生 9.7 万人。2014 年，沈阳市普通高等院校数量及招生数、在校生人数都比 2010 年显著提高。但是，沈阳市每万人拥有高校在校生在 15 个副省级城市中排名第 9 位或第 10 位，属于中等偏下水平（见图 6.10）。

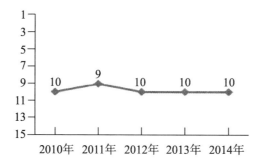

图 6.10 2010—2014 年沈阳市每万人拥有高校在校生排名

2. 沈阳市剧场、影院数量排名降低

公共影剧院数量在一定程度上反映城市文化的活跃程度和市民的文化娱乐活动水平。值得注意的是，"十二五"以来，尽管沈阳市加大了文化体制改革的力度，作为盈利性文化产业的电影放映单位发展较快，但是从横向对 15 个副省级城市的发展比较看，沈阳市剧场、影院数量的排名从 2010 年第 3 位跌至 2014 年第 9 位（见图 6.11）。

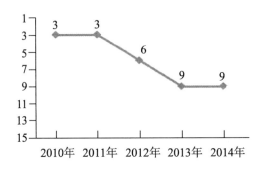

图 6.11　2010—2014 年沈阳市剧场、影剧院数排名

（八）城市发展质量与速度方面

1. 沈阳市人均国内生产总值排名处于第二集团末端

2014 年，沈阳市人均国内生产总值排名处于第二集团（见表 6.18）。2010—2014 年，沈阳市人均国内生产总值排名在第 9 位或第 10 位。

2. 沈阳市地方财政预算内支出处于中下游水平，但民生支出比重非常高

15 个副省级城市中，2014 年财政支出超过 2 000 亿的只有深圳市，超过 1 000 亿的有 6 个，沈阳市排在第 10 位。15 个副省级城市中，沈阳市不是最富裕的，但沈阳市政府是最重视民生的政府，2014 年，沈阳市财政民生支出在 15 个城市中排在第 2 位。15 个副省级城市中，财政民生支出超过 80% 的只有西安市和沈阳市。"最富裕"的深圳市，财政民生支出占一般公共预算支出的 68.1%。

3. 沈阳市地方财政预算内收入位居第二集团

2010—2014 年，15 个副省级城市中，除 2010 年沈阳市地方财政预算内收入排名第 13 位外，其余 4 年沈阳市都排在前 10 名，其中，2014 年 15 个副省级城市一般公共预算收入及排名。

表 6.18　2014 年 15 个副省级城市一般公共预算收入及排名

排名	城市	一般公共预算收入 / 亿元	分类
1	深圳	2 082.44	第一集团：超过 1 000 亿元
2	广州	1 243.1	
3	武汉	1 101.02	
4	杭州	1 027.32	
5	成都	1 025.17	

（续表）

排名	城市	一般公共预算收入 / 亿元	分类
6	南京	903.49	第二集团：700 亿元—1 000 亿元
7	青岛	895.25	
8	宁波	860.61	
9	沈阳	785.5	
10	大连	780.86	
11	西安	583.79	第三集团：300 亿元—700 亿元
12	厦门	543.8	
13	济南	543.13	
14	哈尔滨	423.52	
15	长春	397.32	

　　经济新常态以来，沈阳市财政收入下行压力巨大。2015 年，与沈阳市同属第二集团的南京市、青岛市和宁波市，一般公共预算收入均超过 1 000 亿元，进入千亿元城市行列，而沈阳市一般公共预算收入 805 亿，实际完成 606.2 亿元，比 2014 年减收 179.3，同比下降 22.8%。2016 年，沈阳市一般公共预算收入安排 624.4 亿元，比 2014 年下降 20 个百分点。

　　4. 沈阳市货物进出口总额排名居后

　　2011—2014 年，沈阳市货物进出口总额在 15 个副省级城市排名都居于第 13 位（见表 6.19）。

表 6.19　2010—2014 年沈阳市货物进出口总额及排名

年份	货物进出口总额 / 百万美元	排名
2010 年	7 856.04	8
2011 年	10 620.25	13
2012 年	12 748.27	13
2013 年	14 328.7	13
2014 年	15 800.29	13

三、沈阳在副省级城市中的发展综合分析

沈阳市客观综合指数排名处于中下游水平主要表现在以下几个版块。

收入物价消费版块。沈阳市房价较低、排名靠前并且较稳定；在岗职工年平均工资与其他城市相比水平较低，由 2010 年第 7 位降至第 13 位；居民消费价格指数从 2010 年第 4 位上升至 2012 年第 11 位，2014 年降至第 9 位。

交通运输通信版块。虽然沈阳市货物运输量年均增幅高于平均水平，始终处于后列，但旅客运输量总体下降，其排名大幅提升，由 2010 年第 8 位上升至 2014 年第 4 位。

医疗卫生版块。沈阳市医院、卫生院数目排名较靠前，但每万人拥有执业助理医师和医生数排名较靠后。

社会福利版块。沈阳市各种社会福利收养性单位人均床位数稳步提升。

人居环境版块。沈阳市城区绿化覆盖率较为稳定，始终处于中游水平；但环境噪声等效声级排名降幅较大，从 2010 年第 2 位降至 2014 年第 9 位，道路交通等效声级始终处于后列。

民主政治版块。沈阳市每万人拥有大代表数始终处于 15 个副省级城市前列。

文化教育领域版块。沈阳市教育事业发展进步较大，但每万人拥有高校在校生数仍居后列；剧场、影院总量从一个侧面反映城市大众文化供给水平，沈阳市剧场、影院数量排名从 2010 年第 3 位降至 2014 年第 9 位。

城市发展质量与速度版块。沈阳市人均国内生产总值、地方财政预算内支出较为稳定；值得注意的是，货物进出口总额排名从 2010 年第 8 位降至 2014 年第 13 位。

2010 年—2014 年，沈阳市客观综合指标总排名第 8 位（见表 6.20），仅就 2014 年数据统计，综合排名第 11 位（见表 6.21）。其中，沈阳市住宅商品房平均销售价格、旅客运输量、医院卫生院数、人大代表数 4 项排在 15 个城市的前 5 名；在岗职工年平均工资、邮政局（所）数、货物运输量、执业助理医师和医生数、道路交通等效声级、货物进出口总额 6 项排在 15 个城市的后 5 名；其余 14 项数据指标排名居中。

表 6.20　2014 年 15 个副省级城市客观综合指标排名情况

城市	收入物价消费维度排名	交通运输通信维度排名	医疗维度排名	社会福利维度排名	环境维度排名	民主建设维度排名	文化教育维度排名	城市发展质量与速度排名	综合排名
杭州	3	6	3	1	9	6	4	4	1
广州	4	1	3	9	6	10	3	2	2
武汉	6	4	6	7	13	4	1	4	3
南京	7	8	9	5	1	8	2	7	4
深圳	2	3	2	14	7	14	8	1	5
宁波	5	7	9	2	15	7	8	3	6
西安	7	2	14	15	5	2	4	12	7
大连	7	8	9	3	1	9	15	9	8
成都	1	4	1	13	11	15	12	8	9
厦门	13	15	7	11	3	1	12	10	10
沈阳	10	10	8	8	13	5	10	11	11
济南	11	14	5	6	9	12	7	13	12
青岛	15	12	13	4	4	13	14	6	13
长春	14	13	15	10	8	3	11	14	14
哈尔滨	12	11	12	12	12	11	6	15	15

注：有并列排名情况

表 6.21　2010—2014 年 15 个副省级城市综合总排名情况

地区	排名					5 年总分	5 年综合排名
	2010 年	2011 年	2012 年	2013 年	2014 年		
广州	1	1	1	1	2	596	1
杭州	3	2	2	2	1	669	2
武汉	2	3	5	3	3	746	3
南京	4	4	3	5	4	820	4
深圳	8	5	4	4	5	827	5
大连	5	6	8	6	8	866	6
宁波	7	9	6	8	6	918	7
沈阳	6	6	7	11	11	935	8
成都	9	8	10	6	9	1001	9
厦门	10	10	8	10	10	1058	10
西安	11	12	12	9	7	1066	11
青岛	12	11	11	13	13	1075	12
济南	13	13	13	12	12	1192	13
哈尔滨	14	14	15	13	15	1235	14
长春	15	15	14	15	14	1304	15

四、建设幸福沈阳的机遇和挑战

沈阳作为国家特大型城市和东北地区经济、文化、科技、创新中心，当前正紧紧抓住国家新一轮东北振兴战略，加快推进全面创新改革，加快推进全面建成小康社会和国家区域中心城市建设，这些构成"幸福沈阳"建设的历史方位。

（一）发展机遇

1. 全面建成小康社会，为建设"幸福沈阳"提供良好宏观环境

党和国家提出，到 2020 年全面建成小康社会的庄严承诺，形成 4 个全面的战略布局和五位一体的总体布局，协同推进人民幸福、国家强盛、中国美丽，对民生社会事业建设做出制度安排和政策措施。在增强发展平衡性、包容性、可持续性的基础上，全面小康社会为建设"幸福沈阳"提供了良好的宏观环境和广阔的发展空间。

2. 东北地区老工业基地振兴计划的实施，为建设"幸福沈阳"提供难得的发展机遇

国家《推进东北地区等老工业基地振兴三年滚动实施方案》全面启动，开展先行先试、制度创新和加快重大民生工程建设重大配套项目，进一步聚焦民生领域供给侧改革和需求侧管理，为建设"幸福沈阳"注入新活力。

3. 建设国家中心城市战略，为建设"幸福沈阳"提供有力的功能支撑

建设国家中心城市需要统筹城市发展要素、结构、引擎，优化城市功能布局、增强城市综合实力、完善门户功能、提高交通中心地位、强化信息中心功能、拓展生活性服务中心能力、提升城市文化品位、加强生态环境建设，这些为建设"幸福沈阳"提供了强有力的功能支撑。

4. 顺应城市发展发展规律和全市人民的共同期盼，为建设"幸福沈阳"提供强大的动力

按照人人参与、人人尽力、人人享有的要求，从解决人民最关心、最直接、最现实的利益问题着手，坚守底线、突出重点、完善制度、引导预期，提高人民生活水平和质量，顺应城市发展规律和人民对美好生活的向往，必将激发全市人民的创造性，为建设"幸福沈阳"提供不竭的动力。

（二）面临挑战

1. 转型之痛的挑战

目前，我市正处于滚石上山、转型升级的关键时期。面对复杂的宏观形势，经

济运行中下行压力仍然很大、整体困难程度超出预想。经济增速换挡、结构调整阵痛、动能转换困难相互交织，面临稳增长、调结构、防风险、惠民生等多重转型之痛的挑战。

2. 社会管理的挑战

一方面，市民和政府之间的关系带有很深的传统体制的痕迹，对政府保障形成了无所不在的怀旧情结；另一方面，市民分享改革成果和参与公共事务的期望值有所提升。由此带来不同利益主体诉求增加，影响社会稳定因素增多，这些对政府民生制度设计和社会管理带来较大压力。

3. 城市病的挑战

城市规模过大，基础设施相对不足，交通拥堵、环境污染、城市内涝、老龄化、雾霾严重等问题，在沈阳这样一个北方重工业城市表现得更加明显，引起了人们对幸福和健康的担忧，这些"成长的烦恼"成为制约"幸福沈阳"建设的短板。

4. 统筹能力不足的挑战

按照城乡居民基本权益平等化、城乡公共服务均等化、城乡居民收入均衡化、城乡要素配置合理化、城乡发展融合化的"五化"要求，沈阳市社会事业发展尚不平衡，城乡投入差距较大。与全面建成小康社会任务相比，现阶段公共服务还处于保基本水平，社会服务事业发展滞后。

第四节 | 建设"幸福沈阳"的整体规划

一、建设"幸福沈阳"的指导思想

高举中国特色社会主义伟大旗帜，牢固树立和贯彻创新、协调、绿色、开放、共享的发展理念，坚持以人为本、执政为民的工作取向，紧紧抓住新一轮东北振兴战略和全面创新改革实验的重大机遇，紧密围绕建设国家中心城市总目标和全面振兴发展的总任务，着力建设平安之城、智慧之城、健康之城、包容之城，扎实推进全面小康社会建设，实现以平安保障幸福，以智慧成就幸福，以健康展现幸福，以包容呵护幸福，促进社会公平正义、增进人民福祉，让全市人民共建共享发展成果。

二、建设"幸福沈阳"的基本原则和目标

（一）建设"幸福沈阳"的基本原则

1. 共同缔造

在"幸福沈阳"的城市进程中，着力塑造多元主体共同的社会心理和城市精神，形成促进"幸福沈阳"建设的共同意志；动员全社会力量，科学统筹社会资源，建立政府主导、社会参与的"共建模式"，形成蓝图共谋、建设共管、成效共评的强大合力；实现城乡统筹推进、经济社会协调发展、物质文明与精神文明相得益彰，让全市人民共享发展成果。

2. 系统创新

"幸福沈阳"建设是一项系统工程，必须实施系统创新，带动促进组织创新、管理创新、模式创新，全面激发民生活力和动力，实现民生社会事业从依靠投资驱动向创新驱动转变；创新推进机制，建立务实、高效、协调、联动的工作运行体系；创新服务手段，将"互联网+"嵌入"幸福沈阳"建设新引擎，提高民生服务效能。

3. 突出重点

"幸福沈阳"建设涉及面广、影响大，应着眼于我市现有财力和发展阶段的实际，从最有牵动力和影响力的方向着手，坚持普惠性、保基本、均等化、可持续，突出重点，兜住底线，有效引导社会和市民，形成合理预期，预防"福利陷阱"。

4. 多规衔接

进一步完善民生社会事业规划体系建设，加强统筹管理和衔接协调，以市"十三五"规划为统领，以各专项规划为支撑，形成指向明确、定位清晰、功能互补、口径一致的规划体系和指标体系，有序推进"幸福沈阳"建设。

（二）建设"幸福沈阳"的目标

建设"幸福沈阳"的总体目标：到2020年，城乡居民人均可支配收入比2010年翻一番，社会保障水平位居全国副省级城市前列，基本建成公共服务均等化、全覆盖的社会服务体系，使人民生活质量和文明素质显著提高，人居环境质量明显改善，建成全面小康社会，把沈阳建设成为平安之城、智慧之城、健康之城、包容之城，让全体市民切实感受到生活在沈阳这座城市的踏实、便利、自豪和温暖，实现"城市更美好、人民更幸福"的目标。

1. 建设平安之城

坚持人民利益至上，树立城市全域安全观，健全信息化、立体化的社会治安防控体系和公共安全体系，有效调处和化解社会矛盾，完善诚信体系建设，促进政府治理与社会调节、居民自治良性互动，加强突发事件应急反应能力建设，为人民安居乐业、社会安定有序、城市和谐发展编织全方位、立体化的公共安全网，创建符合时代发展、城市发展、人民期待的新型安全城市，有效提高市民安全感，让人民生活得更踏实。

2. 建设智慧之城

按照惠民、兴业、善政的要求，实施"互联网+"发展战略，以释放数据红利为核心，以信息惠民为宗旨，以产业振兴为基础，以城市智库为依托，以政府善治为保障，加快信息基础设施和重点领域智慧应用建设，构建民生服务应用体系、城市智慧产业体系、城市治理应用体系和城市智库体系，实现以人为本、数据驱动、精准治理，争创国家智慧城市示范市，使智慧城市建设综合实效进入国家智慧城市前10名，让人民生活得更便利。

3. 建设健康之城

树立"大健康"观念，保障人民群众基本健康权益，增强全民健康的公平性和普惠性，为人民提供全方位、全生命周期的健康服务，推动医疗卫生、体育健身、环境保护、食药安全、心理干预等综合治理，普及健康生活，推动健康事业与健康产业有机衔接，全民健身和全民健康深度融合，宜居生态环境与宜养社会保障协调推进。促进健康身心、健康环境、健康社会的和谐发展，建设健康城市，让人民生活得更自豪。

4. 建设包容之城

更加注重机会公平和社会正义，着力保障改善民生，集中解决好人民最关心、最直接、最现实的利益问题，全力实施脱贫攻坚，促进就业创业，不断提高人民生活质量，实现基本公共服务均等化、优质化，健全社会保障体系，提升教育质量，加快社区建设，不断增强沈阳文化影响力，建设开放、多元的包容城市，实现全体人民共同迈入全面小康社会，让人民生活得更温暖。

三、建设"幸福沈阳"的工程体系

鉴于当前国内"幸福城市"建设尚处于探索阶段，还没有一个通用的、标准化的"幸福城市"评价指标体系和成熟的组织运作模式的实际情况，推进"幸福沈阳"体系建设应紧紧围绕沈阳市全面建成小康社会和建设国家中心城市的目标，紧密结合新一轮振兴发展实际，扬长补短，突出特色，体系推进，分步实施。

扎实有序推进重大民生工作是建设"幸福沈阳"的载体，承载着市民对"幸福沈阳"的新期待。按照我市"十三五"规划提出的全面建成小康社会、保持全市人民幸福感不断提升的总体要求和工作部署，"幸福沈阳"的工程体系建设突出以下4方面重点任务。

（一）构筑全域安全屏障，建设平安之城

1. 提升政府治理能力和水平

创新政府治理理念，推进城市精细化、全周期、合作性管理。加强对城市空间立体性、平面协调性、风貌整体性、文脉延续性的规划管控。强化法治意识和服务意识，改进治理方式，充分运用现代科技改进社会治理手段，加强源头治理、动态管理、应急处置和标本兼治。健全政府信息发布制度，加强基层政府服务能力建设。建立人口基础信息库，加强人口管理、实名登记、信用体系、危机预警干预等制度建设，完善政府社会治理考核问责机制。提高维护社会大局稳定、促进社会公平正义、保障人民安居乐业的能力和水平，以最大限度激发社会活力、减少不和谐因素为根本，提高社会共同治理意识，发挥社会各界的积极性、主动性和创造性，汇聚全市人民的力量和智慧，建设"幸福沈阳"。

2. 创新社会治安防控体系

完善社会治安综合治理体制机制，以信息化为支撑加快建设社会治安立体防控体系，建设基础综合服务管理平台。大力推进基础信息化、警务实战化、执法规范化、队伍正规化建设。完善"动静结合、内外联动、层层设防、整体锁控"的大防控格局，构建群防群治、联防联治的社会治安防控网，加快推进网上综合防控体系建设。实施社会治安重点部位、重点领域、重点地区联动管控和排查整治。推进人防信息化和指挥体系建设，完成区、县人防指挥所建设，建成四级防控警报体系。强化道路交通安全、道路交通安全、危险物品管理，加强打击违法犯罪、禁毒、防范处理邪教、反恐等基础能力建设，使刑事案件发案总量、突出治安问题明显减少，社会治安防控体系完善，科技防范能力显著增强，提高全市人民的安全感，为建设"幸福沈阳"创造平安稳定的社会环境、公平正义的法治环境和优质高效的服务环境。

3．健全权益保障和矛盾化解机制

完善社会矛盾纠纷排查"大调解"体系，健全利益表达、协调机制，引导市民依法行使权利、表达诉求、解决纠纷。完善行政复议、仲裁、诉讼等法定诉求表达机制，发挥人大代表、政协委员、人民团体、社会组织等的诉求表达功能。建立医疗纠纷、劳资纠纷、交通事故等重点行业领域调解服务中心，顺畅群众诉求表达渠道。全面推行阳光信访，落实及时就地化解责任，完善涉法涉诉信访依法终结制度，实现信访总量和集体上访数量明显减少，不发生严重危害社会稳定的重大群体性事件，信访工作实现网上受理、办理、督办、考评、预警"一网通"。落实重大决策社会稳定风险评估制度，完善调解、仲裁、行政裁决、行政复议、诉讼等有机衔接、相互协调的多元化纠纷解决机制。健全利益保护机制，保障群众权利得到公平对待、有效维护。推动户籍制度改革，完善流动人口《居住证》制度，健全流动人口和特殊人群服务管理。健全社会心理服务体系，加强对特殊人群的心理疏导和矫治。

4．加快完善诚信体系建设

推进与沈阳经济社会发展水平相适应的社会信用体系建设，形成比较完善的信用法规制度和标准体系，全面推进政务诚信、商务诚信、社会诚信和司法公信等重点领域信用建设。依法推进信用信息在采集、共享、使用、公开等环节的分类管理，加强涉及个人隐私和商业秘密的信用信息保护。推进信用信息公开共享，建立信息披露和诚信档案制度，加快完善各类市场主体和社会成员信用记录。建立公共和社会信用服务机构互为补充、信用信息基础服务和增值服务相辅相成的多层次信用服务组织体系。重点突出信用联合惩戒机制、依托政务外网建设信用信息共享交换平台、行政许可和行政处罚信息"七天双公示"制度、"信用沈阳"网站实现与"信用中国"网站对接、法人信用承诺制度和"五证合一、一照一码"制度等6项工程建设，到2020年建成国家社会信用体系建设示范城市。

5．增强社会自我调节功能

引导市民用社会公德、职业道德、家庭美德、个人品德等道德规范修身律己，自觉履行法定义务、社会责任和家庭责任，自觉遵守和维护社会秩序。加强行业规范、社会组织章程、村规民约、社区公约等社会规范建设，充分发挥社会规范在协调社会关系、约束社会行为等方面的积极作用。

6．全面提高安全生产水平

建立责任全覆盖、管理全方位、监管全过程的安全生产综合治理体系，构建安全生产长效机制。通过重点领域专项治理、严格企业安全管理、强化政府安全监督管理，全面提升城市安全生产保障能力和水平，到 2020 年实现企业安全管理水平和保障能力显著提高，隐患排查治理和风险预控体系日趋完善，城市应对重特大事故等风险防控能力明显加强，安全生产监管监察能力明显提高，安全生产监管体制机制实现创新发展，完善覆盖全市基本单元的安全生产网格化监管体系，适应经济社会发展的安全生产长效工作机制，使我市安全生产监管和保障体系建设走在全国城市前列。

强化道路交通安全管理。始终把"保安全、保畅通、防事故"作为道路交通安全管理目标，狠抓"三超一疲劳"、酒驾、毒驾、货车野蛮驾驶等突出交通违法行为的整治，最大限度地预防重特大交通事故的发生。大力推进"停车易、行车易"建设，加大智能交通基础设施建设范围，全面提升沈阳市智能交通管理水平。

7. 加强食品药品安全管理

进一步创新食品药品监管体制机制，完善统一权威的食品药品安全监管机构，建立严格的覆盖全过程的监管制度。促进信息技术与食品药品安全监管深度融合，推进食品药品可追溯体系建设。构建服务市场、社会共有、数据共享的公共检测技术平台，加强食品药品检验检测技术体系建设。推进食品药品安全隐患排查治理常态化、规范化、科学化，形成落实责任、长期排查、定期报告、限期整改、跟踪督查的隐患排查整改机制和体系建设。积极创建全国食品安全城市，让全市人民吃得放心。

8. 强化信息安全保障能力

实施大数据安全保障工程，实行分类分级管理，加强数据资源在采集、存储、应用和开放等环节的安全保护，加强各类公共数据资源在公开共享等环节的安全评估与保护，建立互联网企业数据资源资产化和利用授信机制。加强个人数据保护，严厉打击非法泄露和出卖个人数据行为。建立网络安全审查制度和标准体系，加强精细化网络空间管理，清理违法和不良信息，依法惩治网络违法犯罪行为。建立关键信息基础设施保护制度，加强关键信息基础设施核心技术装备威胁感知和持续防御能力建设。完善重要信息系统等级保护制度，健全重点行业、重点地区、重要信息系统条块融合的联动安全保障机制，建立"智慧沈阳"信息系统安全监测与预警平台和核心信息资源的异地容灾备份系统。健全网络与信息安全信息通报机制，强化安全意识和安全责任，定期对网络安全责任人进行安全培训，加强信息安全专业技术队伍建设。

9. 深化平安工程创建

继续深入开展平安企业、平安金融、平安医院、平安校园、平安乡村、平安社区等系列平安创建活动，突出社会治安、校园、消防、生产等安全管理重点领域，全力保障人民群众生命财产安全。建立人防、物防、技防相结合的综合网络防控预警系统，加强公共消防设施建设，深入开展火灾隐患排查和整治，全面提高城乡预防、抗御火灾能力。加强对吸毒、刑释解教人员以及流浪儿童、服刑人员的未成年子女、农村留守儿童的管理、监督和教育，完善社区矫正教育服务。社区内流动人口登记率和房屋租赁登记备案率分别超过 90%，实现城乡社区的"无缝隙"管理。

10. 加强突发事件应急能力建设

坚持以防为主、防抗救相结合的方针，全面提高抵御自然灾害综合防范能力。健全防灾减灾救灾体制，加强风险防控，弥补薄弱环节，推进完成沈阳市重大突发事件情景构建工作。完善灾害调查评价、监测预警、防治应急体系，健全救灾物资储备体系，广泛开展防灾减灾宣传教育和演练。建成与公共安全风险相匹配、覆盖应急管理全过程和全社会共同参与的突发事件应急体系。增强突发事件预警发布和应急响应能力，提升基层应急管理水平。加强城市反恐、网络与信息突发安全事件应急能力建设，强化危险化学品处置、紧急医疗救援等领域核心能力和应急资源协同保障能力建设。建立应急征收征用补偿制度，完善应急志愿者管理，实施公众自救互救能力提升工程。

（二）提供便捷公共服务，打造智慧之城

1. 加强智慧城市基础设施和智库建设

（1）争创全国电信普惠试点服务城市。建设光网城市，加快落实"宽带中国"示范城市各项任务目标，争创全国电信普惠试点服务城市。全面加快通信基础设施建设，推进光纤改造工程，扩大城市及乡村光纤入户范围，推进提速降费，在 2020 年前实现城乡光纤全覆盖。建设无线城市，完善 4G 网络覆盖建设，力争实现四环内无死角，并将全国首批 5G 信号商用试点应用城市。全面提升交通、行政、旅游景点、医院、学校、商圈、主要街路等重点区域的免费 WiFi 网络覆盖，让市民享受便捷的网络服务，发挥大数据应用实效。鼓励不涉密、不涉隐私的数据资源开放运营，非涉密政务数据开放比例达到 80%，统筹建设市级大数据中心、数据共享交换与开放平台，建立数据社会化开发利用的体制机制。

（2）完善城市智库建设。建立和完善适应我市经济社会发展要求的智库制度环境和政策体系，推进党政部门智库、社科院党校智库、高校智库、科研院（所）智库、企业智库、社会智库建设，形成具有视野开阔、开放协同、定位清晰、特色鲜明、

运行有序、管理规范的智库发展新格局。构建以一个决策咨询委员会为统筹、一个智库联盟为协调、六类智库建设为主体、四种服务平台（需求库、信息库、专家库、成果库）为支撑的"1+1+6+4"新型城市智库体系。实现智库成果影响力明显提升、智库人才队伍不断壮大、智库服务平台完备健全、智库创新环境明显改善。

2．推进"互联网+公共服务"

构建智慧医疗体系，加快推进区域人口健康信息平台建设，建立居民电子病历和健康档案，实现各级医疗机构电子病历、检查结果数据互联互通，为居民提供全生命周期医疗健康管理服务。完善智慧社区体系，推进社区事务一口式办理平台建设，实现社区服务事项的全人群覆盖、全口径集成和全区域通办。推广智慧教育体系，推进全市数字校园和"三通两平台"建设，打造"沈阳公益学堂"品牌。构建智能交通体系，建立综合交通智能指挥中心和交通行业统一数据平台，提升交通指挥和应急处理能力，为市民提供快速、直接、精准的乘车信息查询服务。提升智慧旅游水平，加快推进沈阳经济区居游公共服务平台，试点开展智慧旅行社、智慧旅游景区、智慧旅游餐饮、智慧旅游饭店、智慧旅游商场建设工作，逐步实现旅游消费在线化、旅游经营平台化和旅游管理智能化。加快推进智慧文化、智慧人社、智慧体育等项目建设，构建便民服务新体系。

3．推进"互联网+兴业"

依托沈阳市智慧产业基础，以大数据产业为核心，重点发展基础智慧产业、智慧产品制造业、智慧服务业和提升型智慧产业。促进大数据产业链招商和应用创业，探索大数据在工业、生产性服务业、农业、电商等领域率先进行开发利用。推动基础智慧产业，实施智慧应用汇聚行业数据，推动数据运营，形成数据资源、数据技术、数据应用一体化的大数据产业链。推进智慧产品制造业发展，大力发展工业大数据，推广运用大数据分析的智能产品、智能生产、智能运营和智能服务，构建沈阳工业大数据应用生态体系。大力发展智慧服务业，在B2B领域，依托产业优势发展工业品垂直电商平台及大宗农产品电子商务平台；在B2C领域，积极开拓农村电子商务和社区电子商务，探索农产品与社区服务站对接模式。积极融入"一带一路"、中韩自贸区等国家战略，发展以制造业为主的跨境电子商务，打造东北地区电商服务发展中心。推进提升型智慧产业发展，重点支持农产品安全溯源、鲜活农产品物流配送等信息系统建设，提高农业信息化管理水平。积极构建低成本、便利化、全要素、开放式的众创空间，打造就业通平台，探索"互联网+就业创业"服务模式，实现创新与创业、创业与就业、线上与线下相结合的新体系。

4．推进"互联网＋政务服务"

贯彻落实《关于加快推进"互联网＋政务服务"工作的指导意见》，凡与企业、居民密切相关的服务事项，全面推行网上受理、网上办理、网上反馈。实行政务服务事项编码管理，优化网上服务流程，缩短服务事项网上办理时限，推动服务事项跨地区远程办理、跨层级联动办理、跨部门协同办理，全面公开服务信息，规范和完善办事指南，形成整体联动、部门协同、一网办理的"互联网＋政务服务"体系，让企业和群众办事更方便、更快捷、更有效率。加快建设智慧城市统一平台，全面推动信用、交通、医疗、就业、社保、地理、文化、教育、环保、金融、安监、质量、统计、气象等信息数据的整合共享与有序开放。打造市民与政府互动的沟通平台，开展智慧城市优秀项目和创意评选活动，听民意、惠民生、解民忧。突出环境资源监测"蓝天工程"、智慧市场监管系统、网上并联行政审批平台、社会信用体系建设，综合执法事件处置信息化响应、食品药品监管平台等工程建设，提高政府管理能力的现代化。

（三）增进人民健康水平，塑造健康之城

1．实施健康促进工程

以全民健康为核心，推动健康政策融入全局、健康服务贯穿全过程、健康福祉惠及全体市民。以强化基层为重点，坚持预防为主，中西医并重，加强重大疾病防治，预防和控制重点传染病的发生和流行；继续推进"医防合作"机制建设，强化高血压、糖尿病等慢性病管理，争创全省慢病综合防控示范市；强化免疫规划信息化建设，扎实开展全国精神卫生综合管理试点工作，做好严重精神障碍患者报告、登记和随访管理，有效提高患者检出率和规范管理水平。加强重点人群健康管理工作，提高妇幼健康服务水平，建立健全农村留守儿童和妇女服务体系，稳步推进流动人口基本公共卫生服务均等化。

深化医药卫生体制改革。从健康优先的高度，贯彻落实分级诊疗制度、现代医院管理制度、全民医保制度、药品供应保障制度、综合监管制度等五项基本医疗卫生制度改革，让沈阳城乡居民享有公平可及、系统连续的医疗卫生服务。把提升全民健康素养作为第一目标，夯实健康细胞工程。

完善健康服务网络。全面实施《沈阳区域卫生规划》和《医疗机构设置规划》，优化整合全市医疗卫生资源，切实加大分级诊疗和沈阳特色医联体的建设力度，促进优质医疗资源下沉。推进全科医生（家庭医生）能力提高及电子健康档案等工作。

推进智慧卫生建设，加快区域人口健康信息系统一体化进程，促进医疗卫生服务的网络化、定制化、精准化，为全市人民提供从负一岁到终老的全生命周期健康管理服务。

2. 深入开展爱国卫生运动

加快推进国家卫生城市和国家健康城市创建工作。积极发挥爱国卫生运动在疾病防控中的统筹协调作用，着力治理影响人民群众健康的危害因素，深入开展城乡环境卫生整洁行动。切实保障饮用水安全，建立从水源地保护、自来水生产到安全供水的全程监管体系。加强重点公共卫生问题防控干预，深入开展农村地区改厕工作，科学预防控制病媒生物，建立健全病媒生物监测网络。加强健康教育和健康促进，全面提高人民群众文明卫生素质，广泛普及健康生活方式，促进城市与人的健康协调发展。

3. 发挥体育的独特优势

开展全民健身。推进"天天运动、人人健康"的"全民健身365"建设，提高市民健康水平。实现基层体育组织覆盖率、社区体育健身设施覆盖率、城乡公共体育健身设施覆盖率均达到100%。推进公共体育设施免费或低收费开放，继续推进具备条件的学校体育场地开放率达到100%，实现社会体育指导员总数达到40 000人。各区县（市），市直机关、市总工会举办四年一届的综合性运动会，各区县（市）形成高水平、高等级的"一区一品"赛事。完善国民体质监测制度，建设群众体育科学健身服务平台，创建科学健身示范区。鼓励中小学生参加技能培训，学会一项以上终身受益的体育健身项目。推动"足球之都"建设，加强足球青训体系建设，使35%的学校发展成为足球特色学校，50%的学生参与足球活动，建成校园足球四级联赛，实现足球人口占比10%以上。全市经常参加体育锻炼的人口比例2020年达到55%，市民主要体质指标居全国前列。

发挥竞技体育的引导作用。继续保持辽宁省领先和全国前列地位。推进竞技体育职业化、市场化、俱乐部化，支持竞技体育走向产业融合发展之路。深化体教结合，创建乒乓球、橄榄球、手球、篮球、足球、排球、射箭等项目的体育特色学校和学校运动队。实现竞技项目布局29个以上，打造16个市级重点项目后备人才基地，创建10个省体育后备人才基地，争创3个或4个国家高水平体育后备人才基地，实现5~8个竞技体育项目社会化和市场化运营。精心培育马拉松赛、歌德杯世界青少年足球赛、IVV（国际市民体育联盟）冬季奥林匹克运动会等重大国际国内自主品牌赛事，全面提升沈阳竞技体育的影响力。

推进体育设施建设。逐年改扩建足球场 600 块，其中标准足球场 62 块。浑河沿岸 50 里区域建设笼式足球场 100 个，实现每万人拥有 2 个足球场地。建设体育极限公园，区县（市）新建或改造建设游泳馆，加快建设一批便民利民的中小型体育场馆、市民健身活动中心、户外多功能球场等设施，建设一批具有民族、民俗、民间特色，贴近群众生活的休闲广场等公共体育设施，实现"一村一场（健身球场）""一街一中心"，满足不同年龄、不同类别和特点的人群的体育需求，确保各层次人群都能开展健身活动，提高身体素质。

4. 加快发展健康产业

充分发掘健康产业的巨大潜能，推动健康事业和健康产业有机衔接、相互融合，促进健康产业的理念创新、模式创新、管理创新，打造新产业、新业态。推动健康科技创新，打造具有核心竞争力的医药产业集团，发展壮大体育产业集团。促进健康服务业与群众需求的紧密对接，推动云计算、大数据、物联网等信息技术与健康服务的深度融合，推进医疗服务与体育、文化、教育、旅游、传媒、金融、养老等产业的融合发展。发展滑冰、滑雪、雪地徒步、赛艇、皮划艇、帆板等冰雪项目、水上项目、运动休闲和生态体育旅游产业。

5. 健全养老服务体系

突出补短板、兜底线，强化老龄人口健康管理。继续完善以居家为基础、社区为依托、机构为补充的多层次养老服务体系。统筹规划建设公益性养老服务设施，实现全市每千名老年人拥有床位数 2020 年达到 35 张，建设 80~100 个区域性居家养老服务中心，发展一定规模的医养结合、康复养老等重点项目。建立针对经济困难高龄、失能老年人的补贴制度。推动医疗卫生和养老服务相结合，按照专业化、规模化、高端化建设发展的要求，引入社会资本建设健康养老、中医养生、医养结合等项目，形成功能齐全、优势互补、中西医并重的老龄医疗健康服务网络。全面放开养老服务市场，通过购买服务、股权合作等方式支持各类市场主体增加养老服务和产品供给。加强老龄科学研究，完善与老龄化相适应的福利慈善体系，加强老年人权益保护，弘扬敬老、养老、助老社会风尚。

6. 推进宜居健康环境建设

推动资源集约节约利用。深入推进节能减排，强化节能、环保、污染减排等指标的约束效力，严格实施能源消耗强度控制和能源消耗总量控制的"双控"新机制。实行严格的水资源管理制度，积极推广高效节水灌溉技术，合理保护和利用水资源，建设节水型社会。坚持严格的节约用地制度，合理控制城市建设用地投资强度。推动低碳循环发展，推动建设清洁低碳、安全高效的现代能源体系。实施循环发展引领计划，大力推进法库经济开发区国家级循环化改造示范试点和沈本环保循环经济产业园建设。

大力提升环境质量。实施"蓝天行动"，全面开展雾霾治理行动，实现高污染燃料消耗量逐年降低，推广绿色能源和新能源，2020 年，煤炭占能源消费总量比重降到 60% 以下，实现空气质量优良天数达到 260 天。提高清洁能源、新能源运营车辆和城市作业车辆比重。实施"碧水"行动，实现水环境质量达标。严格落实水功能区限制纳污制度，严禁污水直排，打造清洁生态水环境。完善污水处理厂配套管网建设。改造工业园区污水处理设施，改善流域水生态环境质量。加强道路交通、建筑施工、三产和工业噪声污染防治管理。

加强生态保护与修复。实施"生态保护行动"，严格按照主体功能区划分并实施分类管理，加强自然保护区、风景名胜区、湿地公园、饮用水源保护区的生态建设、生态修复、环境管理，构建生态廊道和生物多样性保护网络，全面提升自然生态系统稳定性和生态服务功能。加强河流生态建设和治理，推进蒲河生态廊道、浑河城市段生态景观提升及水体整治和生态保护工程；加大卧龙湖、仙子湖、棋盘山水库的保护力度，加强退耕还湖还湿的建设。

保护生态绿地系统。实施"绿色行动"，重点加强对三北防护林、生态保护区、生态功能区、大型河流的保育和恢复，加强沈西北边界防护林、荒山荒地绿化、生态公益林培育等建设，建立功能完备、层次清晰、布局合理的绿地防护体系。以构建生态园林城市为目标，重点实施城市绿楔、三环高速、四环快速路沿线绿化建设，完善城市绿地系统。疏通南北通风廊道，加强城市重要廊道两侧的防护绿地建设，完善铁路、公路、高压管廊和石油管线两侧绿化建设。

健全生态文明制度。落实区域环境准入制度，严格生态保护红线管理。建立生态保护红线管理绩效考核和生态补偿制度。健全自然资源资产产权制度，健全国有自然资源资产管理体制，完善开发空间环保准入制度，划定重污染行业和项目准入区域，分期分批制定市级以上功能园区项目负面清单。健全资源有偿使用和生态补偿机制，全面推进排污权有偿使用与交易，制定全域生态补偿政策，逐步提高生态补偿标准。

7. 加快建设海绵城市

按照国家海绵城市建设标准，结合老城区重点更新改造区域、重点新城新区建设，逐步解决城市地面硬质化问题，转变单一排水模式，通过渗、滞、蓄、净、用、排等手段，最大限度地实现雨水的蓄存、渗透和净化，涵养地下水。扩大海绵城市试点范围，推进"海绵型社区"、雨水公园、透水路面、浅凹绿化建设工程，到2020年实现24小时降雨量小于25毫米的部分不予外排，城市建成区20%以上面积达到示范区目标要求。进一步完善防汛应急预案，加强浑河南岸防洪能力建设，加强雨水管网、排水沟渠的清淤维护工作，提升城市应对内涝积水危害和防洪能力。

8. 大力推进宜居乡村建设

全面开展"农村环境整治""设施完善提质""宜居示范创建"三大系统工程建设，改善农村基础设施和生态环境。以农村生活垃圾、污水、畜禽养殖粪便污染治理为重点，实施"四治"（治理垃圾、污水、粪便、秸秆）、"三改"（改造道路、绿化、厕所）、"两化"（美化、亮化）工程建设，完成农村贫困人口的危房改造，加快推进农村人口安全饮水工程建设和168条村屯河道标准化建设。开展宜居示范创建，建成40个宜居示范乡镇和550个宜居示范村。加大传统村落民居、民族特色村镇、历史文化名村名镇保护力度，培育文明乡风、优良家风、新乡贤文化，建设农民生活和谐幸福、农村生态环境良好、村庄基础设施完善、乡风民俗淳朴文明的美丽宜居乡村。

9. 构筑便捷综合交通运输网络

以打造"畅通、便捷、绿色、安全"为目标，全面提升城市的通行效率。加快沈辽路、北一路等城市快速路和行人过街天桥建设，打通城市断头路。推进沈阳桃仙国际机场二跑道、京沈客运专线及沈康高速三环连接线等重大工程建设，构建全方位辐射的对外交通格局。巩固国家"公交都市"示范城市建设成果，公共交通出行分担率2020年达到46%。完善轨道交通系统，加快推进地铁4、9、10号线和2号线北延长线建设，适时启动地铁3、6、7、8、11号线和1、2、4号延长线以及4号线支线工程，打造贯通城市的快速交通网络。积极开展绿色交通和城市慢行建设，促进网络预约等定制交通发展。新建跨河桥梁和隧道，提升浑河两岸通行能力。完善城市公共停车系统，提高服务管理水平。推动地下空间开发利用，构建地下公共步行网络、停车网络和服务网络。

（四）提高社会保障能力，创建包容之城

1. 努力提高居民收入

深化收入分配制度改革，优化国民收入分配格局，逐步提高居民收入在国民收入分配中的比重、劳动报酬在初次分配中的比重，实现居民收入增长与经济发展同

步，劳动者报酬增长与劳动生产率提高同步。持续增加城乡居民收入，到 2020 年，确保城乡居民人均可支配收入比 2010 年翻一番。完善市场评价要素贡献并按贡献分配的机制，健全科学的工资水平决定机制、正常增长机制、支付保障机制。多渠道增加城乡居民财产性收入，注重发挥收入分配政策激励作用，扩展知识、技术和管理要素参与分配途径。加强对国有企业薪酬分配的分类监管，逐步推行企业工资集体协商制度，确保职工工资合理增长。完善最低工资增长机制，增加低收入群体收入，提高中等收入群体占全部人口的比重，规范调节高收入群体收入，逐步缩小居民收入差距。深度挖掘农民增收空间，增加农民生产经营性收入、农民工资性收入和农民转移性收入。积极落实国家和省有关规定和部署，健全适应机关事业单位特点的工资制度。

2. 全力实施脱贫攻坚

推进精准扶贫、精准脱贫。创新扶贫工作机制和模式，采取超常规措施，加大扶贫攻坚力度，坚决打赢脱贫攻坚战。按照扶贫对象精准、项目安排精准、资金使用精准、措施到位精准、因村派人精准、脱贫成效精准的要求，因人因地施策，提高扶贫实效。通过开展特色产业扶贫、转移就业扶贫、易地搬迁扶贫、生态补偿扶贫、教育抚智扶贫、科技引领扶贫、医疗救助扶贫、社保兜底扶贫，到 2020 年，确保达到国家扶贫标准的贫困人口全部实现脱贫。实现完全或部分丧失劳动能力的贫困人口脱贫，精准医疗救助因病致贫返贫人口。健全针对困难群体的动态社会保障兜底机制，加强贫困人口动态统计监测，建立扶贫政策落实情况跟踪审计和扶贫成效第三方评估机制。

支持贫困地区加快发展。增强贫困地区、贫困人口的内生发展能力，加大以工代赈投入力度，支持贫困地区中小型公益性基础设施建设，加快改善贫困村生产生活条件。建立"互联网＋农业扶贫"长效机制，建立土地确权和经营权流转信息应用平台，形成农业生产数据采集、管理与农作物精细管理的现代农业模式和稳定的市场供给模式，实现农民长久增收与脱贫。提高贫困地区基础教育质量和医疗服务水平，推进贫困地区基本公共服务均等化。实施文化扶贫项目，推动贫困地区公共文化体育设施达到国家标准。完善资源开发收益分享机制，使贫困地区更多分享开发收益。整合各类扶贫资源，拓宽资金来源渠道，完善鼓励回馈社会、扶贫济困的税收政策。实施贫困地区人才支持计划、本土人才培养计划、扶贫志愿者行动计划和社会工作专业人才服务贫困地区计划，着力打造扶贫公益品牌。

3. 积极促进就业创业

坚持就业优先战略。实施更加积极的就业政策，加快发展服务业，多渠道开发就业岗位，不断扩大就业容量。进一步落实各项扶持高校毕业生就业政策措施，加强对灵活就业、新就业形态的支持，促进劳动者自主就业。推行终身职业技能培训制度，实施新生代农民工职业技能提升计划，开展贫困家庭子女、未升学初高中毕业生、农民工、失业人员和转岗职工、退役军人免费接受职业培训行动，推行工学结合、校企合作的技术工人培养模式，推行企业新型学徒制。加强就业援助，帮助就业困难者就业，到2020年全市实现新增城镇就业40万人，城镇登记失业率控制在4%以内。

高效推动众创发展。深入实施创新驱动发展战略，推动理论创新、科技创新、文化创新、产业创新、市场创新、管理创新，加快形成以创新为引领和支撑的经济和社会事业发展新模式。建立健全政策扶持、创业服务、创业培训三位一体的工作机制，进一步降低创业的门槛，落实小微企业创业创新空间、科技成果转换等方面的财税政策，完善普惠性税收措施，减免行政事业性收费，拓宽融资渠道，设立创新创业投资引导基金，鼓励金融机构加大对企业创新创业活动的信贷支持，促进创业投资。加强创业知识产权保护，建立便捷的市场退出机制，扶持众创、众包、众扶、众筹等新平台、新模式、新业态的快速发展。加快"创客沈阳"建设，构建一批低成本、便利化、全要素、开放式的众创空间，建设一批小微企业创业创新基地，建立"创业大街""创业园区"，推进以企业为主体的创新链整合。营造浓厚创新创业社会氛围，让人们在创造过程中实现幸福生活和自身价值。

不断优化营商环境。按照中央"完善法治化、国际化、便利化的营商环境"要求，从市场环境、政务环境、社会环境、开放环境、法制环境、要素环境、设施环境7个方面，构建亲商、安商制度，营造稳商、助商、富商的环境氛围，提振企业信心，提升创业投资向往度，聚集创新创业人才，加快科技创新、促进经济转型升级。

4. 完善社会保障体系

坚持全民覆盖、保障适度、权责清晰、运行高效，稳步提高社会保障统筹层次和水平，建立健全更加公平、更可持续的社会保障制度。以增强公平性、适应流动性、保证可持续性为重点，全面建成覆盖城乡居民的社会保障体系。继续扩大基本养老保险覆盖面，发展职业年金、企业年金、商业养老保险，逐步提高企业退休人员养老金、城乡低保、农村五保供养以及残疾人保障标准。提高新农合统筹层级，继续提高新农合政府补助标准，保持参合率稳定在99%以上，提高新农合住院报销封顶线。推进居民医保和职工医保的衔接，实现居民低保和新农合的整合全面推进大病保险制度，鼓励发展补充医疗保险和商业健康保险，到2020年城镇职工和居民基本医疗保险政策范围内住院费用平均支付比例超过75%。实现人力资源和社会保障服务对象的精确管理、标准化经办和个性化服务。深化城镇住房制度改革，继续完善住房保障体系，加快城镇棚户区、危房及老旧小区改造。

健全社会救助体系。统筹推进城乡社会救助体系建设，完善最低生活保障制度，强化政策衔接，推进制度整合，确保困难群众基本生活。加强社会救助制度与其他社会保障制度、专项救助与低保救助统筹衔接。构建综合救助工作格局，丰富救助服务内容，合理提高救助标准，实现社会救助"一门受理、协同办理"。建立健全社会救助家庭经济状况核对机制，努力做到应救尽救、应退尽退。开展"救急难"综合试点。加强基层流浪乞讨救助服务设施建设。

支持社会福利和慈善事业发展。健全以扶老、助残、爱幼、济困为重点的社会福利制度。建立家庭养老支持政策，提增家庭养老扶幼功能。加快公办福利机构改革，加强福利设施建设，优化布局和资源共享。逐步提高残疾人低保分类救助水平，倡导扶残助残的良好社会风尚。大力支持专业社会工作和慈善事业发展，健全经常性社会捐助机制。广泛动员社会力量开展社会救济和社会互助、志愿服务活动。

5. 推进基本公共服务均等化

健全覆盖城乡、普惠可及、保障公平、可持续的基本公共服务体系，从解决人民最关心、最直接、最现实的利益问题入手，增强政府职责，提高公共服务共建能力和共享水平。推进城镇基本公共服务常住人口全覆盖，把社会事业发展重点放在农村和接纳农业转移人口较多的城镇，推动城镇公共服务向农村延伸。建立统一的城乡居民基本养老保险和基本医疗保险。实现就业信息全市联网，建立城乡平等的就业机制，保障农民工与城镇职工同工同酬。将进城落户农民及外来人口纳入城镇住房保障体系，保障农民工随迁子女接受义务教育。

满足多样化公共服务需求。努力增加非基本公共服务和产品供给。积极推动医疗、养老、文化、体育等领域非基本公共服务加快发展，丰富服务产品，提高服务质量，提供个性化服务方案。积极应用新技术、发展新业态，促进线上线下服务衔接，让人民群众享受高效便捷优质服务。

创新公共服务提供方式。健全基层服务网络，加强资源整合，提高管理效率，推动服务项目、服务流程、审核监管公开透明。建立国家基本公共服务清单，动态调整服务项目和标准，促进城乡区域间服务项目和标准有机衔接。制定发布购买公共服务目录，推行特许经营、定向委托、战略合作、竞争性评审等方式，引入竞争机制。创新从事公益服务事业单位体制机制，健全法人治理结构，推动从事生产经营活动事业单位转制为企业。

6. 大力发展人民满意教育

普惠优质发展学前教育。落实政府主导责任，坚持学前教育的公益性和普惠性。落实《沈阳市幼儿园布点规划》（2015—2020 年），确保幼儿园总量供给。实施第二期、第三期《学前教育三年行动计划》，采取多种方式扩增公办学位。加大对普惠性幼儿园的扶持力度，逐步解决"入园贵"问题，到 2020 年普惠性幼儿园占比不低于 80%。加强幼儿园教师队伍建设，提升保育教育质量。

优质均衡发展义务教育。加强学校软件建设，缩小学校间、城乡间教学质量的巨大差异，基本实现义务教育学校在办学水平上均衡发展。放大优质资源的辐射效益，探索推进优质学校向农村学校等同步推送优质课程的途径和办法。继续开展义务教育学校校长教师交流轮岗工作，城镇学校、优质学校每学年教师交流轮岗的比例不低于符合交流条件教师总数的 10%，其中骨干教师交流轮岗应不低于交流总数的 20%。

优质特色发展普通高中教育。制定《沈阳市普通高中优质化办学标准》，以评促建，推进普通高中办学质量整体提升，推送更多的学生升入更好的学校。开展教学常规管理专项视导，形成长效机制。推进高中多样化办学模式，创办综合高中。2020 年高中阶段毛入学率达到 100%，优质化普通高中学校占比达到 90%。

办好高等教育、特殊教育和终身教育。继续加强高等院校内涵发展，鼓励市属高校向应用型转变。统筹布点特殊教育资源教室（中心），接收中轻度残疾儿童少年随班就读，为重度残疾儿童少年提供送教上门、社区教育和远程教育等服务，提高特殊教育学校的办学条件和服务水平。丰富继续教育资源与活动平台，完成 13 个区县级社区学院建设，市、区县、乡镇（街道）三级普遍建有老年大学。通过政府购买服务等方式，为失业者、低技能者、残疾人等弱势群体提供技术技能培训。

7. 推动幸福社区创建

提升社区服务能力。完善城乡社区治理体制，依法厘清基层政府和社区组织权责边界，建立社区、社会组织、社会工作者联动机制。全面推行社区"一口式受理、全科式服务"模式，建设"全科社工"队伍，为居民提供多层次、多样化的社区公共服务。推进智慧社区建设，形成市、区、街、社区四级信息服务网和便捷高效、联审联办的服务机制。发展救助、优抚、养老、家政等基础保障服务，发展社区普惠金融，完善 10 分钟社区便民服务商圈建设。鼓励支持民营企业、民营资本进入社区服务领域，2020 年实现社区志愿服务工作的覆盖率达到 80%。围绕社区管理、社区服务、社区文化和社区教育，实施星级社区创建活动，2020 年全市四星级以上社区达到社区总数 80%。推进农村社区基础设施达标。落实社区工作准入制度，实现社区减负增效。

完善社区居民自治。健全居民民主选举、民主管理、民主决策、民主监督机制。建立社区居民自治体系和社区居委会、业主委员会和物业服务企业协调机制。提高换届选举的直选率，推行户代表直选方式，社区居民委员会换届选举直选率超过 80%。进一步完善党代表、人大代表、政协委员联系社区制度，拓宽社区居民有序参与经济社会发展谋划和管理渠道，建立居民民生事务听证会、民生工程协商等参政议政制度。大力发展各类社区社会组织，支持培育服务类、慈善类、活动类社会组织，提高群众自治、社会管理服务的参与率。加快村民自治与多元主体参与有机结合的农村社区建设。

建设社区精神家园。加强基层文化设施建设，打造风格各异、特色鲜明的社区文化品牌，完善社区公共文化服务网络，不断满足居民多样性、高层次的精神文化需求。深化文明家庭、和谐邻里创建活动，开展传承好家风好家训活动，广泛宣传最美人物、时代楷模、凡人善举，发挥乡贤的引领作用。

8. 推进包容文化建设

继续加强社会主义核心价值观建设，弘扬民族精神和时代精神，提高全市人民思想道德文化素质。借助振兴发展、建设幸福城市的"沈阳梦"来凝聚共识、汇聚力量。深入发掘独特沈阳文化精神，倡导形成诚实守信、见贤思齐、崇德向善、明礼知耻的文化氛围。突出文明创建在"幸福沈阳"中的引领作用，推出更多思想精深、艺术精湛、制作精良的文化产品，培育全体市民的文化自觉和文化自信。塑造与国家中心城市和"幸福沈阳"相适应的开放、多元、诚信、友善的包容文化，建设沈阳"文化名城"。

完善现代公共文化服务。建成覆盖城乡、结构合理、运营有效、惠及全民的现代公共文化服务体系。2020 年，全市公共图书馆、文化馆达到国家一级馆水平，乡镇（街道）综合文化站均达到国家三级以上，基本建成覆盖城乡、便捷高效的公共文化数字化服务网络，实现公共文化服务设施向社会免费开放。实施广播电视"村村通"，基本实现广播电视"双向、数字、智能、文化共享"。

推动文化事业产业繁荣发展。大力发展哲学社会科学、新闻出版、广播电视、文学艺术事业。加快媒体数字化建设，打造一批新型主流媒体，构建现代传播体系。

实施文艺精品工程、文化名家工程和艺术惠民双百万工程，全面推进文化惠民之城建设，着力培育"北方合唱之都"等群文品牌，丰富品牌惠民活动内涵。举办艺术惠民演出和公益性艺术培训，丰富群众业余文化生活。大力发展文化创意产业，引导和鼓励影视、歌舞、说唱艺术发展，形成一批具有市场竞争力的骨干文化企业和文化品牌，发展沈阳创意设计中心，培育新型文化业态。

增强沈阳文化影响力。巩固提升全国文明城市建设水平，深化文明城市、文明单位、文明村镇、文明家庭创建。充分挖掘历史文化底蕴，传承历史传统文化和优秀文化，丰富史前文化、清前文化、民国文化、抗战文化和工业文化内涵，完善城市历史文化遗产保护机制，促进历史文化积淀与现代城市发展的有机融合。推进标志性文化设施建设和历史文化遗产保护工程，加强对外文化交流与合作，全面提升沈阳文化软实力。

9. 大力发展民生科技

发展人口健康科技。围绕重大疾病、传染病、流行病预防和控制等领域，开展应用研究；加快生物医药新药研制，推动企业开展医药生物技术、中药、天然药物、化学药及原料药、医疗器械等领域的科技攻关，支持新药研制、数字医疗设备研发，促进生物医药产业创新发展；推进生态环境科技创新，支持重点生态关键技术研究项目，为人民群众的生活环境改善提供支撑；大力发展生态、绿色、高效、安全的现代农业技术，确保粮食安全、食品安全；开发数字化医疗、远程医疗技术，推进科技健康服务新模式，提升人口健康保障能力，有力支撑健康沈阳建设。

发展城镇化与城市发展技术。推动海绵城市技术研发与应用示范，逐步实现交通、电力、通信、地下管网等市政基础设施的标准化、数字化、智能化。推动研发绿色建筑关键技术、建筑节能与可再生能源开发利用技术、生态居住区智能化管理技术。推动研究城市功能优化与信息化技术、城镇区域动态监测监控与环境预警技术等，构建城市信息化建设平台。开发城市综合交通体系优化系统，发展城市快速轨道交通与新型交通系统成套技术。

发展公共安全技术。支持开展突发事件预警技术、食品安全快速检测技术、突发公共事件防范与处置技术、公共安全综合风险评估技术、全方位无障碍危险源探测定位和信息获取技术，开发火灾、消防、爆炸、危险品泄漏等重大生产事故救援技术及应急救援等安全生产专用设备。

四、建设"幸福沈阳"的保障措施

按照规划确定的发展目标和发展重点，加强规划的组织领导、资金统筹、项目支撑，推进机制和考核监督，确保规划实施。

（一）加强组织领导

1. 强化市委和市政府的领导

设立"幸福沈阳"建设领导小组，由市委、市政府主要领导挂帅，全面负责组织协调指导全市建设人民幸福城市工作。统筹推进"幸福沈阳"建设工作。

2. 形成长效协调机制

设立"幸福沈阳"建设联席会议制度，联席会议办公室设在市发改委，牵头分解落实市级相关部门的任务分工，协调本规划的实施，制订年度行动计划，各项重点工作的开展、评估和考核，组织搭建社会参与平台。

联席会议办公室下设项目推进组、宣传指导组、民意测评组、数据统计组、监督考核组，实行定期集中议事、分散办公。

3. 突出政策导向

根据规划提出的目标和任务，加强经济社会发展政策的统筹协调，注重短期政策与长期政策的衔接配合。围绕建设"幸福沈阳"的重点领域，相关单位和部门要组织研究制定支持配套政策，密切联系宏观环境变化和全市经济社会发展实际，加强政策研究储备工作。

（二）强化资金统筹

1. 优化财政支出结构

统筹资金投入，加大对重点支出项目的财政保障力度。优先安排涉及民生、公共服务和城乡一体化等领域的财政支出和项目投入，确保财政资金更多向以保障和改善民生为重点的社会事业倾斜、向生态建设和环境保护倾斜、向困难地区和困难群众倾斜、向农村倾斜。各区、县（市）政府做好相应的配套财政投入，确保各项民生工程稳步推进。

2. 建立健全财政资金绩效评价制度

最大限度地发挥公共财政的职能作用。进一步统筹、规范、透明使用财政资金，提高政府投资的引导力和带动力，鼓励社会投资。

（三）落实项目载体

1. 积极推进项目建设

坚持以规划确定项目、以项目落实规划。发挥重大项目对改善民生的重要作用，把扩大投资与改善民生、建设"幸福沈阳"有机结合起来。建立民生项目民意征集机制和公众有序参与机制，以民意为导向，精准惠民。提高科学民主决策水平，保障民生工程质量，加强社会监管，增强公众参与积极性，提高工作透明度，努力将民生工程真正建成民心工程、民信工程、民拥工程。

2. 优化重大项目布局

不断扩大投资规模，调整优化投资结构，优化重大项目布局，加强项目实施管理，在社会民生、公共服务、生态环保、公共基础设施等领域，组织实施一批关系建设"幸福沈阳"的重大项目。

3. 突出重点，守住底线

对于社会投资性民生要突出重点，优先发展；对于消费性民生要守住底线。在"幸福沈阳"建设中，既要注重低收入群体、特殊群体、社会边缘群体民生问题的解决，增强社会融入感、温暖感，实现民生投入边际效用最大化，也要逐步扭转最低生活保障已经出现的福利化倾向。

（四）完善推进机制

1. 编制指标体系

对接沈阳市"十三五"规划和各专项规划，按照重导向、能体验、易获取、可量化原则，建立"幸福沈阳综合指标评价体系"和"幸福沈阳统计监测指标体系"，规范统计口径、统计标准和统计制度方法。立足职能分工，以指标体系为工作抓手，动态完善体系、动态检测指标、动态考核结果、动态优化措施，发挥好指标体系的牵头抓总作用。

2. 做好任务落实

按照本规划确定的发展目标、重点任务进行分解，明确工作责任。全市的年度计划、财政预算计划要按照本规划规定的目标和任务，明确年度目标、工作指标和推进措施。

市级相关部门要根据规划任务分工和年度行动计划，抓紧研究制定与本规划相衔接配套的行业性、专题性的实施方案，进一步落实目标任务，细化进度安排。加强部门间政策制定和实施的协调配合，推动各部门形成合力，使规划落到实处。

3. 完善智力保障

智力保障体系是建设"幸福沈阳"的重要依托。要加强"幸福城市"建设理论研究和"幸福沈阳"建设的应用研究，借鉴国内外有益经验，搞好顶层设计，不断完善"幸福沈阳"的规划、建设、管理。依托高校和社会智库研究力量通过评价城乡居民生活质量状况、民生公共政策、城市管理服务等方面的研究，提供前瞻性的政策建议。

4. 搭建参与平台

充分发挥人民建设"幸福沈阳"的主体地位，通过多种形式的主题创建活动，汇聚民智、聚集民力，激发人民和社会组织的积极性、主动性、创造性。健全政府与企业、市民的信息沟通和交流机制。如建立"幸福沈阳圆桌会"机制，定期组织市民代表、相关政府部门代表、专家学者对话交流，随时了解沈阳百姓的诉求，使工作更有效率、人民更满意。

5. 营造浓厚氛围

加强规划宣传，突出互动，增强市民的认同感和参与度，有效引导市民需求预期。着力推进规划实施的信息公开，提高规划实施的民主化程度和透明度，发挥新闻媒体、群众社团的桥梁和监督作用，促进规划的有效实施。

（五）健全监测评估

开展规划实施的监督和评估工作，强化动态管理，提高和促进规划实施的效果，探索引入社会机构参与规划评估工作，增强规划评估的准确性和广泛性。

对约束性指标和主要预期性指标完成情况进行评估，实施动态监测与跟踪分析，建立和完善年度考核、中期评估和终期审核机制，推动规划顺利实施。

附录 到 2020 年"幸福沈阳"主要预期目标

项目	序号	指标名称	2015 年	2020 年
平安之城	1	人民群众安全感、满意度 /%	90	93
	2	食品安全检测率（无主管部门数据） /%	—	100
	3	药品安全检测率（%）（无主管部门数据） /%	—	100
	4	社区（村）"八无"标准比率 /%	45	60
	5	矛盾纠纷调处成功率 /%	95	95
智慧之城	1	智慧产业规模 / 亿元	—	7000
	2	固定宽带家庭普及率 /%	55.3	80
	3	市民卡"一卡通"覆盖率 /%	—	100
	4	社区公共服务信息对全市社区覆盖率 /%	—	100
	5	城市宽带用户平均接入速率 /Mbps	30	70
健康之城	1	城乡居民人均预期寿命 / 岁	79.87	81.42
	2	城市空气质量优良天数 / 天	207	260
	3	市民体质监测达标率 /%	—	94.5
	4	生态保护红线区面积比重 /%	—	19
	5	乡村垃圾无害化处理率 /%	33	65
包容之城	1	城镇新增就业人口 / 万人	7	40
	2	城镇职工基本养老保险参保人数 / 万人	357.9	402.5
	3	全市医疗保险参保人数 / 万人	494.92	517.5
	4	每万人拥有公共文化设施面积 / 平方米	426	1000
	5	新增劳动人口受教育年限 / 年	14.5	15

参 考 文 献

一、著作

[1] 马克思，恩格斯.马克思恩格斯选集：第 1 卷 [M].北京：人民出版社，1995.

[2] 马克思，恩格斯.马克思恩格斯选集：第 2 卷 [M].北京：人民出版社，1995.

[3] 马克思，恩格斯.马克思恩格斯选集：第 3 卷 [M].北京：人民出版社，1995.

[4] 马克思，恩格斯.马克思恩格斯选集：第 4 卷 [M].北京：人民出版社，1995.

[5] 马克思，恩格斯.马克思恩格斯全集：第 2 卷 [M].北京：人民出版社，1957.

[6] 马克思，恩格斯.马克思恩格斯全集：第 3 卷 [M].北京：人民出版社，1960.

[7] 马克思，恩格斯.马克思恩格斯全集：第 40 卷 [M].北京：人民出版社，2001.

[8] 马克思，恩格斯.马克思恩格斯全集：第 42 卷 [M].北京：人民出版社，1979.

[9] 马克思，恩格斯.马克思恩格斯全集：第 46 卷 [M].北京：人民出版社，1965.

[10] 柏拉图.柏拉图全集：第 2 卷 [M].王晓朝，译.北京：人民出版社，2003.

[11] 柏拉图.理想国 [M].郭斌，张竹明，译.北京：商务印书馆，2002.

[12] 亚里士多德.尼各马可伦理学 [M].苗力田，译.北京：中国社会科学出版社，1990.

[13] 亚里士多德.尼各马可伦理学 [M].廖申白，译.北京：中国人民大学出版社，2003.

[14] 亚里士多德.亚里士多德全集：第 8 卷 [M].苗力田，译.北京：中国人民大学出版社，1994.

[15] 亚里士多德.动物志 [M].吴寿彭，译.北京：商务印书馆，2013.

[16] 亚里士多德.政治学 [M].吴寿彭，译.北京：商务印书馆，2009.

[17] 色诺芬.回忆苏格拉底 [M].吴永泉，译.北京：商务印书馆，1986.

[18] 柯彪.亚里士多德与《政治学》[M].北京：人民出版社，2010.

[19] 黄显中.公正德性论——亚里士多德公正思想研究 [M].北京：商务印书馆，2009.

[20] 雨果.雨果论文学 [M].柳鸣九，译.北京：人民文学出版社，1981.

[21] 周辅成.西方伦理学名著选辑：上卷 [M].北京：商务印书馆，1987.

[22] 周辅成.西方伦理学名著选辑：下卷 [M].北京：商务印书馆，1987

[23] 周辅成.从文艺复兴到 19 世纪资产阶级哲学家政治思想家有关人道主义、人性论言论选辑[M].北京：商务印书馆，1966.

[24] 北京大学西方哲学史教研室.十八世纪法国哲学 [M].北京：商务印书馆，1979.

[25] 费尔巴哈.费尔巴哈哲学著作选集：上卷 [M].北京：商务印书馆，1984.

[26] 康有为.大同书 [M].上海：上海古籍出版社，1956.

[27] 恩特·卡西尔.人论 [M].甘阳，译.上海：上海译文出版社，2004.

[28] 张锡勤.中国近代伦理思想史 [M].哈尔滨：黑龙江人民出版社，1984.

[29] 马清槐.阿奎那政治著作选 [M].北京：商务印书馆，1963.

[30] 程颢，程颐.二程遗书：第 24 卷 [M].上海：上海古籍出版社，2000.

[31] 王阳明.传习录.[M].北京：中国画报出版社，2012.

[32] 约翰·穆勒. 功利主义 [M]. 唐钺，译. 北京：商务印书馆，1957.

[33] 高清海. 欧洲哲学史纲新编 [M]. 长春：吉林人民出版社，1990.

[34] 希罗多德. 历史 [M]. 王嘉隽，译. 北京：商务印书馆，1959.

[35] 希罗多德. 历史. [M]. 王以铸，译. 北京：商务印书馆，1997.

[36] 康德. 实践理性批判 [M]. 韩水法，译. 北京：商务印书馆，1999.

[37] 康德. 道德形而上学之基础 [M]. 李明辉，译. 台湾：台北聊经出版公司，1992.

[38] 康德. 历史理性批判文集 [M]. 何兆武，译. 北京：商务印书馆，1990.

[39] 康德. 纯粹理性批判 [M]. 韦卓民，译. 武汉：华中师范大学出版社，2000.

[40] 康德. 实践理性批判 [M]. 邓晓芒，译. 北京：人民出版社，2003.

[41] 康德. 纯粹理性批判 [M]. 邓晓芒，译. 北京：人民出版社，2004.

[42] 康德. 道德形而上学原理 [M]. 苗力田，译. 上海：上海人民出版社，2012.

[43] 斯宾诺莎. 伦理学 [M]. 贺麟，译. 北京：商务印书馆，1983.

[44] 洛克. 人类理解论 [M]. 关文运，译. 北京：商务印书馆，1959.

[45] 黑格尔. 哲学史讲演录 [M]. 贺麟，译. 北京：商务印书馆，1960.

[46] 亚当·斯密. 道德情操论 [M]. 蒋自强，钦北愚，译. 北京：商务印书馆，2007.

[47] 苗力田. 古希腊哲学 [M]. 北京：中国人民大学出版社，1989.

[48] 北京大学哲学系外国哲学史教研室. 古希腊罗马哲学 [M]. 北京：商务印书馆，1961.

[49] 梯利. 西方哲学史 [M]. 葛力，译. 北京：商务印书馆，2004.

[50] 达林，麦马翁. 幸福的历史 [M]. 施忠连，徐志跃，译. 上海：上海三联书店，2011.

[51] 玛莎·纳斯鲍姆. 善的脆弱性 [M]. 徐向东，陆萌，译. 南京：译林出版社，2007.

[52] 边沁. 道德与立法原理导论 [M]. 时殷弘，译. 北京：商务印书馆，2005.

[53] 约翰·密尔. 功利主义 [M]. 叶建新，译. 北京：中国社会科学出版社，2009.

[54] 约翰·穆勒. 功利主义 [M]. 徐大建，译. 北京：商务印书馆，2014.

[55] 王麟. 苏格拉底这样思考：通往幸福的 16 种方式 [M]. 北京：中国国际广播出版社，2005.

[56] 北京大学哲学系外国哲学史教研室，伊壁鸠鲁致美诺寇的信，古希腊罗马哲学 [M]. 上海：三联书店，
1957.

[57] G·希尔贝克，N·伊耶. 西方哲学史——从古希腊到二十世纪 [M]. 童世骏，郁振华，刘进，译. 上
海：译文出版社，2004.

[58] 罗念生. 罗念生全集：第 2 卷 [M]. 上海：上海人民出版社，2004.

[59] 罗念生. 罗念生全集：第 3 卷 [M]. 上海：上海人民出版社，2004.

[60] 叶秀山，王树人. 西方哲学史：第 2 卷 [M]. 南京：江苏人民出版社，2005.

[61] 宋希仁. 西方伦理思想史：第 2 版 [M]. 北京：中国人民大学出版社，2010.

[62] 汪子嵩. 希腊哲学史：第 3 卷 [M]. 北京：人民出版社，2003.

[63] 黄颂杰. 古希腊哲学 [M]. 北京：人民出版社，2009.

[64] 米切尔·兰德曼. 哲学人类学 [M]. 阎嘉，译. 贵阳：贵州人民出版社，1988.

[65] 弗洛姆. 生命之爱 [M]. 罗原，译. 北京：工人出版社，1988.

[66] 林语堂. 圣哲的智慧：第 1 卷 [M]. 西安：陕西师范大学出版社，2003.

[67] 杜维明 . 一阳来复 [M]. 上海：上海文艺出版社，1998.

[68] 杜维明 . 道·学·政：论儒家知识分子 [M]. 上海：上海人民出版社，2000.

[69] 冯契 . 中国古代哲学的逻辑发展 [M]. 上海：华东师范大学出版社，1996.

[70] 高恒天 . 道德与人的幸福 [M]. 北京：社会科学出版社，2004.

[71] 鲍吾刚 . 中国人的幸福观 [M]. 严蓓雯，译 . 南京：江苏人民出版社，2004.

[72] 柴文华 . 中国人论学说研究 [M]. 上海：上海古籍出版社，2004.

[73] 张岱年 . 中国哲学大纲 [M]. 北京：中国社会科学出版社，1985.

[74] 金春峰 . 汉代思想史 [M]. 北京：中国社会科学出版社，1997.

[75] 宗白华 . 美学散步 [M]. 上海：上海人民出版社，1981.

[76] 汤用彤 . 理学·佛学·玄学 [M]. 北京：北京大学出版社，1991.

[77] 王明 . 太平经合校 [M]. 北京：中华书局，1960.

[78] 欧阳竟无 . 欧阳竟无集 [M]. 北京：中国社会科学出版社，1995.

[79] 基托 . 希腊人 [M]. 徐卫翔，黄韬，译 . 上海：上海人民出版社，1998.

[80] 李约瑟 . 中国科学技术史 [M]. 北京：科学出版社，1975.

[81] 刘易斯·芒福德 . 城市发展史 [M]. 北京：中国建筑工业出版社，1989.

[82] 王胜今，景跃军 . 人口·资源·环境与发展 [M]. 长春：吉林人民出版社，2006.

[83] 吴殿廷 . 区域经济学 [M]. 北京：科学出版社，2003.

[84] 南亮三郎 . 人口论史：通向人口学的道路 [M]. 张毓宝，译 . 北京：人民大学出版社，1984.

[85] 王章辉，孙娴 . 工业社会的勃兴 [M]. 北京：人民出版社，1995.

[86] 李其荣 . 世界城市史话 [M]. 武汉：湖北人民出版社，1997.

[87] 杰拉尔德·冈德森 . 美国经济史新编 [M]. 北京：商务印书馆，1994.

[88] 林玲 . 城市化与经济发展 [M]. 武汉：湖北人民出版社，1995.

[89] 盛广耀 . 城市化模式及其转变研究 [M]. 北京：中国社会科学出版社，2008.

[90] 阿萨·勃里格斯 . 英国社会史 [M]. 陈叔平，译 . 中国人民大学出版社，1991.

[91] 陈甬军，景普秋，陈爱民 . 中国城市化道路新论 [M]. 北京：商务印书馆，2009.

[92] 中国市长协会 . 2001—2002 中国城市发展报告 [M]. 北京：西苑出版社，2002.

[93] 朱熹 . 四书章句集注 [M]. 北京：中华书局，1983.

[94] 孔子 . 论语 [M]. 杨伯峻，杨逢彬，译注 . 长沙：岳麓出版社，2013.

[95] 孟子 . 孟子 [M]. 方勇，译 . 北京：中华书局，2015.

[96] 老子 . 老子 [M]. 饶尚宽，译 . 北京：中华书局，2016.

[97] 王弼 . 老子道德经注 [M]. 北京：中华书局，2011.

[98] 王弼 . 周易注疏 [M]. 北京：中央编译出版社，2013.

[99] 大学中庸译注 [M]. 北京：中华书局，2008.

[100] 庄子 . 庄子 [M]. 方勇，译 . 北京：中华书局，2015.

[101] 墨子 . 墨子 [M]. 方勇，译 . 北京：中华书局，2015.

[102] 李零 . 郭店楚简校读记 [M]. 增订本 . 北京：中国人民大学出版社，2007.

[103] 荀子 . 荀子 [M]. 安小兰，译 . 北京：中华书局，2015.

[104] 刘安 . 淮南子 [M]. 陈广忠，译 . 北京：中华书局，2012.

[105] 韩非子 . 韩非子 [M]. 高华平，译 . 北京：中华书局，2015.

[106] 商鞅 . 商君书 [M]. 石磊，译 . 北京：中华书局，2011.

[107] 刘义庆 . 世说新语 [M]. 朱碧莲，沈海波，译 . 北京：中华书局，2014.

[108] 杨伯峻 . 春秋左传注 [M]. 北京：中华书局，1990.

[109] 徐干 . 典论·中论·仲长统论 [M]. 台北：广文书局，1988.

[110] 程树德，焦循，朱熹，等 . 新编诸子集成 [M]. 北京：中华书局，2008.

[111] 增广贤文 [M]. 张齐明，译 . 北京：中华书局，2013.

[112] 许富宏，傅亚庶，张沛，等 . 新编诸子集成续编 [M]. 北京：中华书局，2013.

[113] 李昉 . 太平御览 [M]. 北京：中华书局，2006.

[114] 王明 . 太平经合校 [M]. 北京：中华书局，1960.

[115] 葛洪 . 神仙传 [M]. 胡守为，点校 . 北京：中华书局，2010.

[116] 翟双庆 . 养生延命录 [M]. 北京：中国医药科技出版社，2017.

[117] 道生 . 大般涅槃经集解 [M]. 于德隆，校注 . 北京：线装书局，2016.

[118] 楼宇烈 . 佛教十三经注疏 [M]. 北京：线装书局，2016.

[119] 欧阳竟无 . 欧阳竟无集 [M]. 北京：中国社会科学出版社，1995.

[120] 嵇康 . 嵇康集校注 [M]. 北京：中华书局，2015.

[121] 阮籍 . 阮籍集校注 [M]. 北京：中华书局，1987.

[122] 司马迁 . 史记 [M]. 北京：中华书局，2016.

[123] 颜氏家训 [M]. 北京：中华书局，2016.

[124] 房玄龄 . 晋书 [M]. 北京：中华书局，2015.

[125] 孔颖达 . 礼记正义 [M]. 上海：上海古籍出版社，1980.

二、论文和其他材料

[1] 北京市"十三五"时期信息化发展规划 [EB/OL].http://zhengwu.beijing.gov.cn/gh/dt/t1462004.htm.

[2] "十三五"智慧南京发展规划 [EB/OL].http://www.nanjing.gov.cn/xxgk/szf/201702/t20170206_ 4354911.html.

[3] 上海市推进智慧城市建设"十三五"规划：http://www.shanghai.gov.cn/nw2/nw2314/nw2319/ nw12344/u26aw50147.html.

[4] 周华 . 论亚里士多德的幸福观——以亚里士多德对人本质的两个论断为进路 [D]. 华东师范大学，2005.

[5] 张锡勤 . 尚公·重礼·贵和——中国传统伦理道德的基本精神 [J]. 道德与文明,1998（4）.

[6] 黄勃 . 论墨子的"兼爱"[J]. 湖北大学学报（哲社版），1995（4）.

[7] 谷延方 . 重评圈地运动与英国城市化 [J]. 天津师范大学学报，2008（4）.

[8] 陈爱军 . 第一次工业革命与英国城市化 [J]. 上海青年管理干部学院学报，2005（1）.

[9] 赵煦.英国城市化的核心动力：工业革命与工业化 [J].兰州学刊，2008（2）.

[10] 陆伟芳.19 世纪英国工业城市的环境改造 [J].扬州大学学报，2001（1）.

[11] 梅学芹.19 世纪英国城市环境问题初探 [J].辽宁师范大学学报，2000（3）.

[12] 陆伟芳.19 世纪英国城市化的起步与私人空间的关注 [J].中国图书评论，2007（6）.

[13] 廖跃文.英国维多利亚时期城市化的发展特点 [J].世界历史，1997（5）.

[14] 李世安.美国农村剩余劳动力转移问题的历史考察 [J].世界历史，2005（2）.

[15] 王春艳.美国城市化的历史、特征及启示 [J].城市问题，2007（6）.

[16] 白国强.美国城市化的演进及其对我国的启示 [J].岭南学刊，2005（6）.

[17] 刘瑞涵.美国农村建设的成效和问题 [J].科学决策月刊，2006（7）.

[18] 朱效章.美国的农村电气化 [J].小水电，2005（6）.

[19] 肖绮芳，张换兆.日本城市化、农地制度与农民社会保障制度关联分析 [J].亚太经济,2008（3）.

[20] 王德，彭雪辉.走出高城市化的误区——日本地区城市化发展过程的启示 [J].年会论文选登，
    2004（11）.

[21] 郑宇.战后日本城市化过程与主要特征 [J].世界地理研究，2008（6）.

[22] 邹丽艳.日本城市化对我国的借鉴 [J].山东经济战略研究，2004（4）.

[23] 杨海水.日本怎样推进农村城市化 [J].乡镇论坛，2008（1）.

[24] 李辉，刘春艳.日本与韩国城市化及发展模式分析 [J].现代日本经济，2008（4）.

[25] 董立彬.我国新农村建设的思考——基于韩国新村运动的经验 [J].农业经济，2008（8）.

[26] 于恒魁，王玉兰.韩国的"新村运动" [J].党政论坛，2006（6）.

[27] 金针镐.新村运动改变韩国面貌 [J].业洲周刊，2006（25）.

[28] 李瑞林，李正升.巴西城市化模式的分析及启示 [.l].城市问题，2006（4）.

[29] 陈江生，郭四军.拉美化陷阱：巴西的经济改革及其启示 [J].中共石家庄市委党校学报，2005（7）.

[30] 韩琦.拉丁美洲的城市发展和城市化问题 [J].拉丁美洲研究，1999（2）.

[31] 翟雪玲，赵长保.巴西工业化、城市化与农业现代化的关系 [J].世界农业，2007（5）.

[32] 国家发展和改革委员会产业发展研究所，美国、巴西城镇化考察团.美国、巴西城市化和小城镇发展
    的经验及启示 [J].中国农村经济，2004（1）.

[33] 苏少之.1949——1978 年中国城市化研究 [J].中国经济史研究，1999（1）.

[34] 边洁英."中原经济区"建设过程中"城市病"的防治——以郑州市为例 [J].河南商业高等专科学
    校学报，2011.4（1）.

[35] 张建桥.论"城市病"的预防与治理 [J].郑州航空工业管理学院学报，2011，29（1）.

[36] 左茜."城市病"：以城市化中的水问题为例 [J].学理论，2010（22）.

[37] 商务印书馆辞书研究中心.新华新词语词典 [Z].北京：商务印书馆，2003.

[38] 徐传谌，秦海林.城市经济可持续发展研究："城市病"的经济学分析 [J].税务与经济，2007，（2）.

[39] 郁亚娟，郭怀成，刘永等.城市病诊断与城市生态系统健康评价 [J].生态学报，2008，28（4）.

[40] 郭夏娟.论密尔的功利主义道德标准 [J].中州学刊，1994（4）.